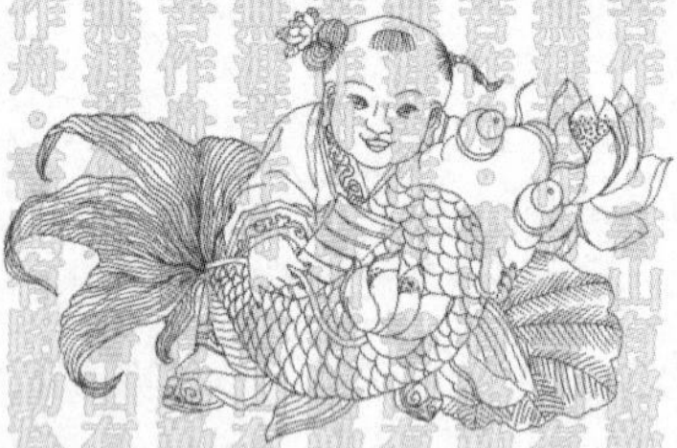

書山有路勤為徑，學海無涯苦作舟。

香港十大企業家創富傳奇

用「拼」「搏」打造
璀璨香港奇蹟的巨人

Hong Kong miracle

「華人首富」李嘉誠──商界超人的絕代計謀
「紅色資本家」霍英東──義薄雲天贏得身前身後名
「亞洲股神」李兆基──地產大王玩轉股市
「娛樂教父」邵逸夫──百年傳奇打造「東方好萊塢」
「香江地產鉅子」郭炳湘──打造香港潮流新商圈
「鯊膽大亨」鄭裕彤──從珠寶大王到地產大亨
「領帶大王」曾憲梓──「正合奇勝」的經營之道
　馮國經，馮國綸──「供應鏈管理」稱霸商界
「風流賭王」何鴻燊──「無冕澳督」誰與爭鋒
「世界船王」包玉剛──「海龍王」鏖戰香江

穆志濱、柴娜◎編著

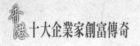

前 言

　　香港，以彈丸之地創造了世界上最令人矚目的商業奇蹟。然而，大勢之下必有英雄，香港商人就是其中的佼佼者。

　　2006年，由北京電視台、廣東電視台與香港貿易發展局聯合製作的16集紀實系列片《香港商人》分別在北京電視台BTV-5及廣東衛視播放，集中展現了香港商人的經商之道，做人之道，也正是此經商、做人之道奠定了香港商人手創的一個個商業奇蹟的基礎。

　　香港商人喜歡說「搏一下」。「搏」不像「嘗試」、「努力」那樣輕描淡寫。搏，是要整頓精神，全力以赴。搏，有時候還需要孤注一擲，絕地起飛。

　　香港商人的燦燦黃金就是在巨大的生存壓力下「搏」出來的。香港商人還為自己「搏」來了「世界上最偉大的推銷員」、「亞洲的猶太人」的名聲。在香港這塊彈丸之地，在弱肉強食的商業競爭中，香港商人「搏」出了一幕幕精彩的商戰大戲。

　　當然，要「搏」得好看，不能只靠匹夫之勇，香港商人還以精明的商業運作技藝著稱於世。他們具有現代意識，上進、堅強，他們以效率和速度著稱……

　　在香港，中西文化各佔一半，既具備現代國際大都會的風範，又充滿濃厚的傳統色彩。在這種中西交融的文化氛圍中，香港商人往往比其他地區的商人顯示出更多的智慧，他們將中西優勢結合在一起，形成了屬於自己的一種經商理念。在他們的經商中，我們可以發現一種東方式的智慧和西方式的精明的綜合體。綜觀香港商界知名人士的商業歷程，我們不難發現其中的要訣：

要訣之一：「快」。香港商人做生意，行動相當迅速。一旦看準了機會，便會馬上付諸行動。「行船爭斬纜，月餅我賣先」便是其果斷行動的真實寫照。

要訣之二：「精」。精是香港新一代創業者的特點。聰明醒目、早成大器往往是人們樂於看到的，與此同時，這種形象也有利其進行創業。

要訣之三：「勇」。香港商人最具冒險精神，凡是新的生意理念，新的市場，都有人敢去嘗試。香港商人還有「扒逆水」之稱，在很多時候，創業者都是在心口寫了「勇」字，在這種精神下去開拓一片新天地。

要訣之四：「一」。香港商人充滿「阿一」精神，因此也特別喜歡「一」字，在廣告標語、企業與市場定位方面，都有不當第「一」不甘休的精神。另外，以「一」定位，還有一種希望別人追隨的心理。

要訣之五：「信」。在香港，信有兩種含義。一是「信用」，二是「信心」。香港商人認為，做生意不但要講究信譽，還要注意培養生意夥伴、供應商及消費者的信心，這樣才能在商場上「如魚得水」，達到自由自在的境界。

本書的寫作目的，就在於從一個個閃光的名字——李嘉誠、霍英東、曾憲梓、鄭裕彤、邵逸夫……以及他們創造商業帝國的歷程中，解密他們商業基因，揭示他們的經商之道、做人之道，為與香港有密切商業聯繫的經營者提供香港商人的商業邏輯，也為把他們視為目標創業者、有志於從商者、準備做大做強者提供實例的參考，以資借鑑。

目錄

第一章 「華人首富」李嘉誠

——商界超人的絕代計謀

　　第一位獲得富比士終身成就獎的企業家、美國《時代》雜誌評選的全球最具影響力的商界領袖之一、香港《資本》雜誌評選的香港十大最具權勢的財經人物之首……擁有這些殊榮和名望的是一個當代中國人最熟悉的名字，李嘉誠。

　　李嘉誠，從一無所有到「塑膠花大王」、「地產大亨」，成為到今天風光無限的世界華人首富；從未遇過一年虧損，被世人奉為「超人」；一個只有讀完初中的人；一個茶樓卑微的跑堂者；一個五金廠普通的推銷員，經過短短幾年的奮鬥，竟然成為香港商界的風雲人物。他締造的「商業神話」，已成為眾多創業者的楷模，他的名字就是成功者的代名詞。

　　在經商方面，李嘉誠自然是超人。既是超人，必有超人之處。作為商人，他的財技和資本營運手段成為人們爭相研究的對象；作為成功的商人，他以信為本的處世哲學讓眾多的同行對他嘖口稱讚；作為成功的中國商人，他不遺餘力的慈善行為讓其他的中國企業家不敢望其項背。「經商要學李嘉誠」，已經成為商界的共識。

◇檔案

中文名：李嘉誠

出生地：廣東潮州

生卒年月：1928年7月29日

畢業院校：北門街觀海寺小學

主要成就：長江實業集團有限公司董事局主席兼總經理

◇年譜

1928年，出生在於廣東潮州。

1943年，父親李雲經病逝，被迫輟學走上社會謀生，在一個茶樓做跑堂。

1947年，到一家五金廠當推銷員。

1948年，不到20歲便升任塑膠玩具廠的總經理。

1950年，在筲箕灣創辦塑膠廠，命名為「長江塑膠廠」。

1958年，在北角購入一處地皮，正式介入地產市場。

1963年，與莊月明女士結婚。

1967年，左派暴動，地價暴跌，以低價購入大批土地儲備。

1972年，「長江實業」上市，其股票被超額認購65倍。

1978年，與國家領導人鄧小平會面。

1979年，斥資6.2億元，從匯豐集團購入老牌英資商行——「和記黃埔」22.4%的股權。

1984年，「長江實業」又購入「香港電燈公司」的控制性股權。

1986年，進軍加拿大，購入赫斯基石油逾半數權益。

1987年，聯同李兆基、鄭裕彤，成功奪得溫哥華1986年世界博覽會舊址的發展權。

1990年1月1日，夫人莊月明女士突發心臟病逝世。

1999年，長江實業集團除稅後盈利達1850億港元。

2000年，長江實業集團總市值約為8120億港元。

2009年，長江實業總市值約為10000億港元。

2010年7月30日，競購法國電力集團旗下部分英國電網業務。

1 · 第一是能吃苦，第二是會吃苦

◎忍受生活中屬於自己的那份悲傷

自古英雄多磨難。今天功成名就、大富大貴的李嘉誠，也是從苦難中熬過來的。回過頭來看，早期的困苦不正是「天將降大任於斯人也」的砥礪嗎？

15歲那年，李嘉誠遭受了人生的第一場劫難——父親不幸去世，為了承擔起撫養母親和弟妹的責任，他不得不忍痛中止學業，找一份工作來換取一家人的生活開支。

當然，找到合適的工作不是一件很容易的事，求職的艱辛，並沒有嚇倒李嘉誠，反而使他很早就以成人的理性審視這個社會，並從中學習生存的本領。如果人生註定要多幾分苦難，那麼李嘉誠難能可貴的是，學會了忍受生活中屬於自己的那一份悲傷，並克服一切困難，直到成功。

在那段難忘的日子裡，李嘉誠靠一雙腳行遍香港，卻屢屢碰壁。雙腳跑得又腫又疼，又得忍受別人的白眼冷語，太多的辛苦和委屈只有自己心裡最清楚。回首往事，李嘉誠這樣描繪自己少年時的心態：「抗日戰爭爆發後，我隨父來到香港，舉目看到的都是世態炎涼、人情冷暖，就感到這個世界原來是這樣的。因此在我的心裡產生很多感想，就這樣，童年時五彩繽紛的夢想和天真都完全消失了。」

但是，面對童年這樣的生活，李嘉誠還不想受他人太多的蔭庇和恩惠，哪怕是親戚。在「踏破鐵鞋無覓處」的時候，舅父讓到他到中南鐘錶公司上班。但

讓母親和舅父想不到的是，李嘉誠顯露了自己個性倔強的一面：「我不進舅父的公司，我要自己找工作。」

商業社會是冷酷無情的，但它又是現實而理智的，這使得李嘉誠意識到，必須丟掉幻想，奮發圖強，依靠自己的力量打開一片天地。就這樣，一個懵懂少年邁開了商海征途中堅毅的第一步。

◎不僅能吃苦，而且會吃苦

1946年，李嘉誠開始在一間小五金廠做推銷員。與別人不同，他做推銷總是用腦子，每次行動都獨具心思。

當時，眾多的推銷員只著眼於賣日雜貨的店鋪，而他直接向酒樓旅館進行直銷業務，每次要貨就達100只。另一方面，他向中下層居民區的老太太推銷，賣一只卻等於賣了一大批；因為，老太太都是他的義務推銷員。結果，五金廠生意興旺。

不久，為了謀求更大的發展，李嘉誠又到一間小工廠——塑膠褲帶製造公司做推銷員。他充分利用當茶樓跑堂時的腳步功和察言觀色的本領，以及富有針對性的說服方法，讓推銷業績遠遠超越了同事。一年後，他的銷售額相當於第二名的7倍，結果自然被提拔為業務經理，那一年他剛剛18歲。

尚未成年的李嘉誠，在推銷上可謂奇招迭出，爐火純青。比如，一家新旅館開張，李嘉誠的同事在旅館老闆處碰了一鼻子灰，可是他卻冷靜觀察，多角度思考，最後採用迂迴包抄策略，從老闆兒子身上打開了缺口。

後來，由於鐵桶在與塑膠桶的遭遇戰中落敗，李嘉誠看準塑膠業必將勃興，毅然投身塑膠行業。在這裡，他照樣做得風生水起，顯露了出色的商業才華。

李嘉誠主張，推銷產品的同時，更要注意推銷自己，強調推銷員自身的包裝。更為可貴的是，李嘉誠在做生意時，有意識去結交朋友，先不談生意，而是

建立友誼。友誼長在，生意自然不成問題。

結交朋友的時候，他不全是以客戶為選擇標準，而是注重長遠的未來。「人有人路，神有神道」，是李嘉誠的座右銘，他相信：「今天成不了客戶，或許將來會是客戶；這個人做不了客戶，他會引薦其他的客戶。即使促成不了生意，幫著出出點子，敘敘友情，也是一件好事。」

推銷工作最考驗人，也最鍛鍊人，讓人吃盡了苦頭。李嘉誠不怕吃苦，而且會吃苦：他總是用腦子推銷，多觀察，勤思考，洞悉客戶的心理和利益訴求，然後找到恰當的策略達成目標。並且，他在推銷工作中與人交朋友，不知不覺中編織出一張人脈大網，為日後縱橫商場奠定了基礎。

【創富經】辦事靠腳，經商靠腦

商人能吃苦，敢創業，很大程度上是因為他們有一顆追求卓越的心。有句話說得好：世上無難事，只怕有心人。一旦認準了方向，就要全力拚搏，不折不扣地把事情做好。這種執著的信念、堅定的執行，是創業者、生意人最寶貴的財富。

還有一句話也要牢記於心：「知彼知己，百戰百勝。」當我們準備開創一番事業的時候，僅僅做好吃苦的準備是不夠的，必須瞭解自己的特長和缺點，知道自己適合做什麼，不適合做什麼，而後用腦子做事，才能揚長避短，充分發揮自己的潛能。否則，吃苦的時候偏離了方向，就會使自己的努力付諸東流，只有付出而無收穫。

在李嘉誠看來，要吃苦，要會吃苦。男子漢第一是能吃苦，第二是會吃苦。人無全才，各有所長，亦各有所短。作為商人，要瞭解自己的優點，發揮自己的潛能，做適合自己長處的生意；要學會觀察，善於思考，總結經驗教訓，等等。這才是會吃苦。

（1）經商需要智慧

曾有一遭到搶劫的富翁，對強盜們說過這樣一番話：「你們可以搶走我的一切，只要留下我的腦袋。用不了多久，你們還是一貧如洗，我還會擁有被你們搶走的一切。」為什麼呢？因為富翁有智慧，智慧可以讓他重新擁有一切。

作為一個成功的商人，不僅要具備一般人所具有的才幹和能力，更要有一個富有思想、知識和資訊的智慧頭腦；不僅要具有戰略家的膽識和眼光，還要有思想者和藝術家的創新思維和創新行為。經商沒有定法，只要我們敢於吃苦，認真去做，靈活應對，就能夠以智取勝，甚至以小勝為大勝。

（2）將謀略運籌於商海

猶太人被世界上公認為最有商業頭腦的民族，為什麼？因為他們不僅在用錢做生意，更是在用大腦做生意。世界首富比爾·蓋茲也說過：「善於少走彎路的人，總是一個用頭腦駕馭自己人生每一步的聰明人。」

做生意，不僅僅是依靠熱情、努力、勤奮就可以成功的。做生意不應該僅僅是一種體力勞動，不應該僅僅是一個「排汗工作」，應該是一個有智慧、有技巧、有思考、符合一些客觀規律的邏輯過程。增加智慧，用智慧立足競爭激烈的市場經濟；運用謀略，用謀略運籌商海，這是商人的基本原則。

2 · 一輩子努力自修

◎自學成材的大商人

李嘉誠少年喪父，只得中途輟學，小小年紀便靠茶樓微薄的薪水，過早地擔負起了家庭的重擔。正值年少的李嘉誠沒有在困頓下沉淪，首先他給自己定下了一個近期目標——利用工餘時間自學完成中學課程。

那時候，李嘉誠每天工作15個小時以上，回家後還要就著油燈苦讀到深夜，有時經常忘了時間，以至於想到要睡覺時，已到了上班的時間。生活的艱辛使李嘉誠的意志逐漸堅強了起來，尤其在學知識方面，他更是有著頗強的毅力。他咬緊牙關，堅持做到學習、工作兩不誤。

隨著時間的推移，李嘉誠求知的欲望越來越強烈。然而，問題很快出現了，他沒有錢買教材。從小心性高傲的李嘉誠不願受人施捨，更不願欠下人情，所以不想向別人借書。但是，李嘉誠工資微薄，不僅要維持全家人的生活，而且還要保證弟弟、妹妹的學費，根本沒有多餘的錢買書看。後來，他發現大多數中學生將用過的教材當垃圾扔掉，而有些頗有心計的學生卻將舊教材出售換錢。

於是，李嘉誠考慮：既然有人收購舊書，就會有專做舊書生意的書店。他開始注意留心觀察，結果證實了自己的推斷是正確的。就這樣，李嘉誠到折舊書店廉價買些舊教材，一次只買一兩種；學完之後，又拿到折舊書店去賣，然後再用賣舊書的錢買回「新」的舊書。透過這種方法，李嘉誠不僅學到了知識，又省了錢，顯露出過人的才智。

之後，李嘉誠始終沒有放棄學習的機會。當然，他的學習範圍很廣，不僅包括書本知識，還包括做人做事的學問，以及經商的大道理。談到自己的成功，李嘉誠總是強調自己「努力自修」的功夫，這是確鑿的事實。

許多大商人、大老闆，都是白手起家，他們往往只有小學畢業，沒念過什麼書。李嘉誠也屬於這種情況，不同的是他勤奮好學，完全憑藉自修學到了書本上的知識。生活帶給了李嘉誠不幸，但是他把不幸變成自我奮鬥的鼓勵，反而獲取了奮進的人生。

◎企業家必須有相當豐富的知識資產

一般的商人，有了錢就花天酒地。與他們不同，李嘉誠沒有沉迷於聲色犬馬，無論工作多忙，身體多累，他都堅持自修功課。臨睡前，靠在床頭，一邊舒展疲憊的身體，一邊翻閱雜誌。他購買和訂閱了大量經濟類雜誌，並從中獲取了大量知識和資訊。

當年，李嘉城透過雜誌上一則消息，意識到只要瞭解雜誌上刊登的這家義大利公司的塑膠產品，就能從中獲得歐洲市場的消費資訊。就這樣，李嘉誠找到了突破口，很快讓長江塑膠廠走在了競爭者的前列。

李嘉誠認為，人生是一個學習的過程，企業家要比別人更努力地學習，掌握更多知識，才有勝算的把握。直到今天，李嘉誠仍然堅持不懈地學習，仍然堅持從中英文報刊上吸收各種知識。

有一次，長江實業的一位高級職員曾經將一篇有關李氏王國的翻譯文章送給李嘉誠看，李嘉誠一看立即便說：「這不就是《經濟學家》裡面的那篇文章嗎？」原來，李嘉誠早已看過原文。

在李嘉誠看來，今天的商業環境與以往不可同日而語。尤其是在經濟全球化、資訊網路化的時代，人們面臨著越來越多的競爭對手，企業家如果對市場環境、商業資源知之甚少，就無法實現發展目標。不學習，不掌握更多知識，做不

到足夠專業，自然難以走向卓越。

進入21世紀，隨著網路熱潮的興起，一個新的經濟時代即將到來。李嘉誠敏銳地抓住這一機遇，在不長的時間裡，李家父子三人靠著網路概念，賺了足足2000億港元。而李嘉誠、李澤楷、李澤鉅三個人，儼然成為亞洲高科技產業的新霸主。

當年，比爾·蓋茲以數百億美元的身價成為全球明星，亞洲的經濟評論家們一致認為，在知識經濟即將到來的時代，香港以李嘉誠為代表的那些靠地產、航運、港口致富的傳統型富豪，將很快被時代所淘汰。

事實證明，他們錯了。從來不放棄學習的李嘉誠，時刻關注著科技最前沿，把握著網路科技對現代商業的影響。因此，當李澤楷試圖發展香港的數碼港時，李嘉誠表示了支持，他說：「李澤楷做了一件好事，對香港有益。」

李嘉誠父子不僅在傳統產業做得風生水起，而且主動擁抱網路科技，表現出了靈敏的商業嗅覺。注重科技、知識，而不僅僅抓住金錢，這才是把握未來商業競爭關鍵的策略。

不會學習的人就不會成功；不會總結的人就難以戰勝失敗。正因為如此，李嘉誠一直以不斷學習和不斷總結的精神督促自己，不斷前進，不斷進步。「今天的企業家必須要有相當豐富的知識資產，有些東西必須非常熟悉，如果對一些東西一知半解，就無法正確決策，也不能迅速打開局面。」這是他的肺腑之言。

【創富經】實踐當中不斷學習、感悟經商的智慧

從1950年只有幾個人的小公司，發展到今天在全球52個國家有超過20萬員工的企業。李嘉誠沒有上學的機會，一輩子都努力自修，苦苦追求新知識和學問。

少年喪父，家境頗艱，15歲的李嘉誠失去了求學的機會，過早地擔負起瞻

養慈母、撫育弟妹的重擔。他深知沒有知識就成不了大事業，小小年紀以少見的毅力，每天工作15小時，仍不忘堅持自修。正如李嘉誠所說：「人家是求學，我是搶學。」

勤奮努力的李嘉誠，憑著心中孕育的一股鬥志，在工作疲累，又沒有時間、沒有資金上學的情況下，仍不忘堅持自修。對一個年僅15歲的少年來說，這種堅強的意志是難能可貴的。

做生意有內在的規律可循，但是，又沒有固定的模式可以遵循。掌握經商的智慧，首先需要當事人在實踐中學習、感悟，從而增強自己對商業的理解和判斷，提升商業素養。

對於學習的重要性，管理大師彼得·杜拉克說過：「知識生產力已經成為企業生產力、競爭力和經濟成就的關鍵。知識已經成為首要產業，這種產業為經濟提供必要和重要的生產資源。」因此，學習、學習、再學習，成為企業家的日常功課，任何忽略學習的經營者都將喪失探索商業和技術新前沿的良機。

李嘉誠學歷不高，但能打出自己的一片財富天地，這與他很早就定下目標，積極努力學習知識是密不可分的。由此不難發現，所謂學歷、知識，在更多時候體現為一個人的學習態度和學習精神。一個人只要肯學、好學，就能有所得，在經商的道路上有所斬獲。

3・先學做人做事，再學經商賺錢

◎厚道做人才能廣開財源

早年，李嘉誠生產塑膠花，曾有一位外商希望大量訂貨。不過，對方有一個條件，必須有實力雄厚的廠家作擔保。這對白手起家、沒有任何背景的李嘉誠來說，無疑是一個嚴峻挑戰。

李嘉誠硬著頭皮，上門求人為自己擔保，最後磨破了嘴皮子，還是一無所獲。看來生意要泡湯了，他只得對外商如實相告。

外商被李嘉誠的誠實打動了：「說實話，我本來不想做這筆生意了，但是你的坦白讓我很欣慰。可以看出，你是一位誠實君子。誠信乃做人之道，也是經營之本。所以，我相信你，願意和你簽合約，不必用其他廠商作保了。」

不料，李嘉誠卻拒絕了對方的好意，他說：「您這麼信任我，我非常感激！可是，因為資金有限，我確實無法完成您這麼多的訂貨。所以，我還要遺憾地說，不能跟您簽約。」

這極富戲劇性的變化，讓外商大為感慨，他沒有想到，在「無商不奸、無奸不商」的商場裡，還有李嘉誠這樣的誠實君子。於是，外商當即決定，即使冒再大的風險，也要與這位誠實做人、品德過人的年輕人合作一次。最後，外商預付貨款，幫助李嘉誠做成了這筆買賣。

◎與人為善自然會有好的回報

香港廣告界著名人士林燕妮，曾主持廣告公司，與李嘉誠的長江實業有密

切的業務往來。談到李嘉誠，林燕妮總是豎起大拇指。

早年，香港的廣告市場是買方市場，往往是廣告商有求於客戶，而客戶絲毫不用擔心找不到好的廣告公司。時間一長，就滋長了客戶——企業盛氣凌人的氣焰，他們根本不把廣告公司放在眼裡。

有一次，林燕妮到長江實業的總部洽談生意。李嘉誠想得十分周到，派服務員在地下電梯門口等待，把林燕妮等人接到了樓上。

恰好那天下雨了，林燕妮被雨水淋濕了，李嘉誠看到這種情形，連忙幫她脫下外衣，並親手掛在旁邊的衣架上，根本沒有大老闆的作派。這種風度，令林燕妮大為感慨。誰能想到，堂堂的李超人是這麼謙和呢？

事實上，李嘉誠多年來都保持了平易近人的作風，這與他平和的做人心態有很大關係。無論對待生意上的合作夥伴，還是對待身邊的員工，他都泰然處之，為人處世讓各方都滿意。這幫助他在生意上取得了更大成就，事業蒸蒸日上。

追隨李嘉誠20多年的洪小蓮，談到李嘉誠的合作風格時說：「凡與李先生合作過的人，哪個不是賺得盤滿缽滿！」

加拿大名記者John Demont對李嘉誠的為人讚嘆不已：「李嘉誠這個人不簡單。如果有攝影師想為他拍照，他是樂於聽任擺佈的。他會把手放在大地球儀上，側身向前擺個姿勢……」

李嘉誠總是說：「要照顧對方的利益，這樣人家才願與你合作，並希望下一次合作。」與人為善，自然容易贏得大家的認同，而有人追隨的人，不愁沒有生意做，這就是李嘉誠「做人做事做生意」的大智慧。

【創富經】人意決定生意

商場上有一則不成文的規則：人脈決定財脈。一個商人若能做到圓通有

術，左右逢源，進退自如，上不得罪於達官貴人，下不失信於平民百姓，中不招嫉於同行、朋友，人脈大樹就能枝繁葉茂。

有了人脈關係，生意就會靈活、方便，各個環節暢通無阻，就會帶給你機遇、利益和幫助，雖然它不是金錢，卻勝似金錢；不是資產，卻形同資產。

李嘉誠能有今天的成就，首先是他人緣好，在為人處世方面做得都很到位，能夠拿捏好分寸，所以人人都信服他，喜歡和他交往、做生意。人緣好，關係就有了，人脈也就很廣，生意就不難做了。

經商盈利有「道」，有規律可循，然而「德」是「道」的化身——懂得如何做人，具備了做人的品德，令人信服，才能做個大商人、成大事。我們常常說「做人要厚道」，意思就是不能違背「誠實」、「豁達」、「感恩」、「直率」、「助人」等品質，成為可信賴、值得倚重的人。此外，講誠信容易贏得合作，也是做人在商場上的勝利。

從更廣泛的意義上來看，懂得如何做人做事還表現為廣積人脈。而人脈資源是一種潛在的無形資產，是一種潛在的財富。一個人的朋友越多，關係網越大，那麼他辦事的能力就越強，成大事的機率就越高。

在商場上，人脈資訊被稱為「情報」，足見它的價值多麼重大。越是一流的經營人才，越重視這種「人的情報」，越能為自己的發展帶來方便。在這個資訊發達的時代，擁有無限發達的資訊，就擁有無限發展的可能性。資訊來自你的情報站，情報站就是你的人脈網，人脈有多廣，財脈就有多少，這是你事業無限發展的平台。

4·「讓生意跑來找你」才是本事

在激烈競爭的商業社會裡，商人之間互相合作，實現共同繁榮，是把生意做大的一個秘密武器。李嘉誠認為，合作就像婚姻，它是你騰飛的起點，是發達的基礎。好的婚姻使人幸福，好的合作使人飛黃騰達。商人不能孤立自己，經營需要的是增強與外界的聯繫，需要與別人的合作，合則兩利，分則兩害。

在爾虞我詐、弱肉強食的商業世界裡，人們精於算計和謀劃，但是李嘉誠秉承「同天下之利者則得天下」的信念，與商界同行打成一片，最終建立了自己的商業帝國。

許多華人都知道，李嘉誠曾經幫助包玉剛收購了九龍倉，又擊敗置地購得中區新地王，但是並未因此與紐璧堅、凱瑟克結為冤家。一場博弈之後，大家握手言歡，聯手發展地產項目。

李嘉誠相信，「人要去求生意會比較難，而讓生意跑來找自己，做起來就比較容易。」所以，他在商業競爭中非常注意加強與對方合作，充分照顧到對方的利益。於是，他和商場上的許多人結成了合作夥伴、打成一片，創造了「只有對手而沒有敵人」的奇蹟。

世界上沒有永恆的敵人，也沒有永恆的朋友，只有永恆的利益。在商場合中，應多結交朋友，並善待他人，充分考慮對方的利益。作為一個生意人，你肯定會有商場上的敵手，如果不能說服或打敗你的敵手，就得和他們合作。這是許多經商人的競爭策略。

競爭求利，難免有矛盾和誤會。用寬容的姿態，為自己在眾人心目中留下

胸懷寬廣和明智聰慧的印象，可以贏得更多的合作機會。企業在自身對矛盾、問題的理解和化解之中，在群體的合作之中得到昇華。這樣也會有源源不斷的生意找上門來，做起生意也會很順利的。

在李嘉誠看來，萬事萬物都是有聯繫的，商人不能被動地等待別人來找自己，而是要主動走出去尋找聯合，尋求合作才能使自己獲得長足的發展。合作是共榮的前提，商人敢於與別人甚至是競爭對手合作，才能獲得共贏。

【創富經】合作才「有利可圖」

為了利潤，靈活應變，具備求和的心態，是商人的基本素養。一個處處與人爭利的商人不能贏得他人的認同與合作，因此改變動干戈、爭意氣的做法，才能成為大老闆，做好大生意。

李嘉誠說得好：「人要去求生意就比較難，生意跑來找你，你就容易做。如何才能讓生意來找你？那就要靠朋友。如何結交朋友？那就要善待他人，充分考慮對方的利益。」

（1）為雙方的共同利益而謀劃

做生意要學會與人合作，在合作中共同發展，這樣才能形成強強聯合。也就是說，合作是經商必不可少的手段，除非你不想做大做出品牌。但合作之難又是顯而易見的，這要牽扯到利潤的分成。所以真正的合作要建立於誠信的基礎之上，為雙方的共同利益而謀劃。

（2）要理智地處理事情

李嘉誠認為，對競爭對手仇恨，並進行報復很難讓人失去勇氣，但能輕而易舉地讓人失去理智。但在商業競爭中，一名商人若將自己的時間和精力浪費在向別人報復的過程中，他只能與成功失之交臂。因此，在日常合作當中，要理智地處理遇到的各種困難和衝突。

（3）堅持同行同利

經商做生意是門大學問。為了各自的利益，同行間互相妒忌，似乎也是常情。李嘉誠認為，一進一出，就能造成賺與賠的差別；一進一退，都有商場上的人情買賣。只考慮一味地賺錢，說不準什麼地方就觸到誰埋下的地雷。尤其與同行之間，有競爭，有合作，但是千萬不要作對，在自己賺錢的同時別擋了別人的財路。因此，我們做生意時，要堅持同行同利，在競爭中合作。

（4）善於和競爭對手合作

俗話說，同行是冤家，競爭對手之間更是很難和平相處，當我們面對競爭對手時，應該保持怎樣的策略呢？有沒有更好的辦法可以達到雙贏的目的？答案很簡單，我們即便與對手發生過激烈競爭，需要合作時，我們也能放下身段，握手言和。考慮一起把市場這塊蛋糕做得更大，讓雙方都分得更多的蛋糕，實現合作雙贏。

5 · 信譽的推銷才是生意的本質

◎只有誠實，才能戰勝一切厄運

當年，李嘉誠準備辭去塑膠公司的工作而自己創業時，向老闆坦誠地說了內心的想法：「我離開你的塑膠公司，是打算自己辦一間塑膠廠，我難免會使用在你手下學到的技術，也大概會開發一些同樣的產品，現在塑膠廠遍地開花，我不這樣做，別人也會這樣做。不過我絕不會把客戶帶走，用你的銷售網推銷我的產品，我會另外開闢銷售線路。」

老闆聽了這些話雖然很生氣，但是對李嘉誠的坦誠卻很佩服。也難怪，換作任何一個人，都不可能跟老闆這樣開誠佈公的。就這樣，李嘉誠懷著愧疚之情離開了原來的公司，走上了自主創業的道路。

俗話說：「精誠所至，金石為開」，一個人誠實處事，老老實實做人，看似愚笨，其實是一種大智慧。而李嘉誠正是靠「誠實」，度過了一次一次生意難關。

和許多人一樣，李嘉誠創業之初，也有不適應症。開辦了塑膠廠以後，他遇到了銷售問題，工廠甚至瀕臨倒閉，上下籠罩在愁雲慘霧之中。剛開始，李嘉誠不敢承認自己的經營失誤。後來，在母親的教誨之下，他才終悟出「誠實是做人處世之本，是戰勝一切的不二法門」。

接著，李嘉誠召集全體員工開會，坦誠地承認自己經營錯誤，不僅拖垮了工廠，損害了集體的信譽，還連累了大家。然後，他才宣佈裁員的決定，並保

證：經營一有轉機，辭退的員工都可回來上班。此後，他一一拜訪銀行、原料商、客戶，向他們認錯道歉，祈求原諒，並保證在放寬的限期內一定償還欠款。

李嘉誠的誠實和誠信，贏得了人們的諒解。留下來的員工士氣大振，比以往更加賣力地工作；銀行放寬償還貸款的期限，但在未償還貸款前，不再發放新貸款；原料商也放寬付貨款的期限，並提出需要再進原料，必須先付70%的貨款。對此，李嘉誠都接受了，並賣力經營管理，結果度過了危機。

企業發展走上正規，生意有了好轉，李嘉誠立即兌現了對員工的承諾，根據個人付出的大小進行獎勵，並通知原來辭退的部分員工，只要願意回工廠上班，就立刻過來。而銀行、原料商等單位透過這次危機，見證了李嘉誠的誠實、守信，都願意跟他繼續合作。

就這樣，李嘉誠依靠誠實經營，使長江塑膠廠終於走出危機，為以後商業帝國的締造奠定了堅實的基礎。

◎有信譽的商人會得道多助

1979年某一天，李嘉誠在記者招待會上宣佈：「在不影響長江實業原有業務基礎上，長江實業以每股7.1元的價格，購買匯豐銀行手中持佔22.4%的9000萬普通股的老牌英資財團和記黃埔有限公司股權。」

匯豐銀行讓售李嘉誠的和記普通股，價格只有市價的一半，並且同意李嘉誠暫付20%的現金（即1.278億港元），這種看似不可能的事情為什麼發生了呢？

事後，匯豐銀行提出了這樣的解釋：「長江實業近年來成績良佳，聲譽又好，而和黃的業務脫離1975年的困境踏上軌道後，現在已有一定的成就。匯豐在此時出售和黃股份是順理成章的。匯豐銀行出售其在和黃的股份，將有利於和黃股東長遠的利益。堅信長江實業將為和黃未來發展做出極其寶貴的貢獻。」

這說明了，信譽對於一個商人來說，是多麼重要。當時，李嘉誠正是憑著

個人良好的實力和信用，再加上船王包玉剛的幫助，才完成了這次交易。常言道商場如戰場，沒有人情可講，但是李嘉誠以他的切身經歷告訴我們，一個維護好個人信譽的人就能得道多助。

後來，李嘉誠又憑藉自己的誠信贏得了眾人的讚許，被選為和記黃埔有限公司董事局主席，成為香港第一位入主英資洋行的華人大班，而和黃集團也正式成為長江集團旗下的子公司。從此，李嘉誠的事業如日中天，勢不可擋，並由此贏得了「超人」的美譽。

【創富經】生意人賣的是信譽

李嘉誠由一個貧窮的少年到成為世界級超級巨富，其成就的取得可以說是必然的。這種成功的必然，在於他一直擁有的銳利而長遠的目光，義字當頭的氣魄，待人以誠，執事以信的品德。

在商場上，李嘉誠以小搏大，以弱制強，靠的就是多年積累的良好信譽和實力。他說：「不論在香港，還是在其他地方做生意，信用都是最重要的。一時的損失將來還可以賺回來；但損失了信譽就什麼事情也不能做了。」

的確如此，哪怕危機來臨，只要有信譽在，你就能在短時間內籌集到各種資源，轉危為安；反之，信譽敗壞的人必然寸步難行，最後面臨破產的厄運。因此，建立良好的信譽是成功商人必備的基本條件。

辦企業要注重積累信譽，對於自己每說出一句話、做出的每一個承諾，一定要牢牢記在心裡，並且一定要能夠做到。有了信譽，就有了市場，也就贏得了利潤。

這是因為，企業一般有其特定的顧客和客戶，只有不斷積累信譽，才能抓住這些救命稻草，獲得回頭客。不注意自己的信譽，在經營中欺騙顧客，只能關閉企業利潤來源的大門，到頭來搬起石頭砸自己的腳。

許多人做生意，只要成交就算完成任務了。李嘉誠卻不這麼看，他認為，把東西賣出去，只是取得了暫時的「勝利」，你要保證完備的售後服務，產品使用過程中有沒有品質問題，顧客對產品的評價如何，等等。

也就是說，銷售商品或服務，賣的其實是「信譽」。顧客對你的商品滿意，還有再次購買的欲望，意味著你可以擁有一個穩定的客戶群體；你的商品口碑好，大家口耳相傳，還會增加潛在的消費群體規模，這都是未來龐大的利潤。

做生意是一個連續的活動過程，只有起點，沒有終點。成交並非是商業活動的結束，而是下次生意的開始。在成交之後，你要研究這次買賣的經驗是什麼，有什麼教訓，以後如何改進，對方是否對你的服務滿意，等等。

維護好信譽，讓顧客滿意，並且長期堅持下去，生意才能做得長久，越做越大。如果認為把手中的商品賣給了顧客，就完成了任務，這種想法會害了你。信譽是得到客戶信任的保證，也是一個商人從市場中換取利潤的「名片」。

6·建立自我，追求無我

◎既要胸懷博大，又要慎思篤行

把事業做大，最根本的一點在於領導者的經營智慧、人生態度。以什麼樣的思維方法做事，往往就有什麼樣的結果。

「建立自我，追求無我」是華人首富李嘉誠的座右銘，同時也是他的切實生活體會，也是企業領導的至高境界。這句話的意思是，讓自己強大起來，要「建立自我」；同時，要把自己融入到生活和社會當中，不要給大家壓力，讓大家感覺不到你的存在，來接納你、喜歡你，這就是「追求無我」。它體現了一個人博大的胸襟和寬廣的視野。

李嘉誠認為，要成為一個優秀領導者，首先要懂得自我管理，逐步建立起自身尊嚴。為此，他對自己要求十分嚴格，常常以古代的哲學思想來作為自己修身養性之道。他說：「老子教人大智若愚，深藏若虛，凡事要留有餘地，才是待人接物的最高準則。」

做生意這麼多年，李嘉誠身邊的誘惑很多，但是他在關鍵時刻總能克制自己，靠的是對自己嚴格要求；經商的風險也是無處不在的，李嘉誠在商海游弋多年，卻穩如泰山，靠的也是強大的自制力，不做投機買賣。

其實，許多時候機遇確是明明白白地向著每個人走來的，人們也是看清它可能帶來的多種結果。但最後，成功的人總是少數，大多數人要嘛錯失了機遇，要嘛因為過於魯莽而遭遇滑鐵盧。這說明，企業領導人嚴格要求自己，控制自己

的貪婪、懶惰，才可以有所建樹，確立一個強大、有作為的人。

◎與人分利則人我共興

一個人建立自我、功成名就以後，聲望、實力都會超越常人，表現出很強勢、高高在上的一面。這時候，如何處理自己與他人之間的關係，就顯露出一個人的智慧，也決定著他的成功能夠延續多久，事業能否再上台階。

李嘉誠的做法是，把自己融入到生活和社會當中，放低自己，抬高別人，並與人分享成功。「在生活中作為一個人，要建立自己對生活的自信心，但同時也要做到追求無我。」這是一種人生態度，更是一種成功境界。

比如，在請別人吃飯的時候，李嘉誠會提前到餐館的電梯口等客人到來，當客人從電梯中出來的時候向他們發名片。吃飯之前，每位客人抽兩個籤，一個是照相的位置，另一個是吃飯的位置，來客人人平等，隨機而安，讓大家感覺很舒服。客人離開的時候，他會和大家一一握手告別，送大家到電梯口直到電梯關上才走。這種低調的作風，令人很受用，也很讓人欽佩。

如果說社交場合這種面子上的功夫不足以看出李嘉誠「追求無我」的精神，那麼與人分利的做法，就把他的分享之心表露無遺了。

（1）讓下屬分享利益

李嘉誠不但重用下屬，而且很顧及他們的利益，當事業有發展的時候，會及時讓下屬分享利益。例如，馬世民（前和黃董事總經理）離職前，在和黃的年薪及分紅共計有1000萬港元，這個數字相當於當時港督彭定康年薪的4倍多。至於馬世民的其他非經常性收入，則很難計算。

商人在商言商，皆為利來。李嘉誠懂得體恤下屬，讓下屬分享利益，從而使集團形成了更強的凝聚力。這樣的結果是，李嘉誠滿足了員工需求，就可以充分激勵大家的積極性和創造力，在工作中創造一種有利的態勢，而無須自己費心費力。

比如，李嘉誠很注意研究員工的個性與需求，堅持情境領導的方法，即針對不同員工和不同境況採用不同的領導方式。他始終堅信的一個領導原則是：「指揮千人不如指揮百人，指揮百人不如指揮十人，指揮十人不如指揮一人。」這是「追求無我」原則在領導工作中的具體體現。

（2）讓合作夥伴有利可圖

在與合作夥伴的利益交往中，李嘉誠善於為他人謀利，做到仁至義盡。尤其是在大規模的商業競爭中，這種方法讓對方有利可圖，可以順利達成合作，同時又能在合作中壯大自己。

例如，當有人問李嘉誠，經商多年，最引以為榮的是什麼事情，他說不是擊敗置地，而是「我有很多合作夥伴，合作後，仍有來往。比如投得地鐵公司那塊地皮，是因為知道地鐵公司需要現金……你要首先想對方的利益。為什麼要和他合作？你要說服他，跟自己合作都有錢賺。」

長期以來與李嘉誠合作最多的是包玉剛、李兆基等人。在合作過程中，李嘉誠一方面使朋友得到了實際的利益，另一方面也逐漸在合作中佔據了主導地位，成為合作中的大贏家。

【創富經】成功後更要嚴於律己、寬以待人

凡是成功的商人，都善於把自己的姿態放得很低，給別人面子，尊敬別人。用李嘉誠的話說就是「建立自我，追求無我」。

一個成功的人對生活的態度非常重要。現實生活中，經常看到這樣一些人，有一點小小的成功，就會傲氣十足，目中無人，唯我獨尊，自私自利，讓別人不舒服，不懂得怎麼尊重別人，他的存在讓人感到壓力，行為讓人感到羞恥，言論讓人感到渺小，財富讓人感到噁心，最後他的自我使別人感到躲避。而李嘉誠卻不一樣，他建立自我同時要追求無我。

對生活的和外在世界的看法，代表了一個人的人生觀、世界觀。尊重別人就等於尊重自己的人生，輕視別人就等於輕視自己的人生。

前*GE*總裁威爾許說：「一個首席執行長的任務，就是一隻手抓一把種子，另一隻手拿一杯水和化肥，讓這些種子生根發芽，茁壯成長。讓你周圍的人不斷地成長、發展，不斷地創新，而不是控制你身邊的人。你要選擇那些精力旺盛、能夠用熱情感染別人並且具有決斷和執行能力的人才。把公司的創始人當成一個皇帝，從長遠來說這個公司是絕對不會成功的，因為它沒有可持續性。」

虛懷若谷的李嘉誠，真正體現了他所崇尚納百川而歸大海的長江風格。在平時，無論碰到什麼樣的情況，李嘉誠從來不像其他的人那樣處事不擇手段，他對人才從不抱有任何成見，也不喜歡報復。成功之後，他在行動中始終堅持的一個原則是「嚴於律己、寬以待人」。

通常，人們習慣放縱自己，降低對自己的要求，而對他人過於苛刻。這是人的一種普遍心理。「嚴於律己、寬以待人」與之相反，它要求一個商人對自己狠一點，對自己提出更高的要求，不達目的絕不甘休。

顯然，挖掘到第一桶金、成為行業黑馬以後，如果只盯著眼前的成功，而個人修養、專業素養、戰略思維不能再上一個台階，生意就無法越做越大。

「嚴於律己、寬以待人」意味著要克服自己的惰性，在完成自我監督的過程中，在商業上有所建樹。尤其在對待自己的生意夥伴的時候，要放眼長遠，放棄自己對於短期利潤的追求，多為對方的需要考慮。

做生意尋求合作是難免的，因為要想從小做大，往往靠一人之力難有所為，此時，就需要在尋求共同利益的基礎上求得一致合作，共謀發展。李嘉誠是一個朋友眾多的商人，他深知「眾人拾柴火焰高」的道理，為了取得共同的利益，敢於給員工讓利，也善於幫助合作夥伴做成大買賣。

7·讓家族生意「富過三代」

◎長久的富貴需要以「賤」為本

創業難，守業更難。對富豪來說，一擲千金很瀟灑，但是奢侈浪費最容易敗家。李嘉誠早年經歷了困苦的人生，所以懂得以「賤」為本，維持長久富貴的道理。他還說，以「下」為基礎，才能長久高高在上，家業興旺的前提是要保持勤儉、低調的作風。

雖然富可敵國，然而李嘉誠在生活方式和個人追求上，卻堅持「以賤為本」的義利觀。李嘉誠住的房子，還是結婚前在香港購置的深水灣獨立洋房，幾十年一如既往。作為香港首富，他並沒有住進頂尖級的豪宅區。

此外，不講究吃穿，也是李嘉誠一貫的作風。他說：「衣服和鞋子是什麼牌子，我都不怎麼講究。手上戴的手錶，也是普通的，已經用了好多年。」在公司，李嘉誠與職員吃一樣的便餐。去巡察工地，工人吃的飯盒，他照樣吃得津津有味。

把生意做大了，坐擁巨大財富，一個人在心態上肯定會發生變化。花錢開始大手大腳，放棄了以往勤儉節約的原則，是許多人的通病。然而，因為財富增加就驕奢淫逸，這樣的人難以讓財富傳承下去，生意也很難做得長久。李嘉誠沒有忘記自己當年窮困潦倒時的窘境，始終保持謙卑的姿態，讓自己的商業王國維持了長久的繁榮。

◎1/3談生意，2/3教孩子做人的道理

望子成龍，是天下父母的願望。在商業上有所建樹，總是希望讓孩子繼承自己的事業，把財富傳承下去。這就涉及到子女教育問題。

如何教育子女，讓他們會做人、成大事，李嘉誠頗有心得：「他們一定要聽我講話。我帶著書本，是文言文那種，解釋給他們聽，然後問他們問題。我想當時他們亦未必能懂，但那些是中國人最寶貴的經驗和做人的宗旨。」

因此，在日常生活中，李嘉誠經常把悟出的人生道理講給兒子聽。早年，他帶著孩子坐電車坐巴士，又跑到路邊報紙攤，看小女孩邊賣報紙邊溫習功課那種苦學態度。

這種方法很管用。每次回憶起父親帶給自己的深刻影響，李澤楷總是說：「我從家父那裡學到的東西很多，最主要的是怎樣做一個正直的商人，以及如何正確處理與合夥人的關係。」兩個兒子都稱讚父親是最好的導師，是最好的商業教授。

後來，李澤鉅和李澤楷在香港讀完中學後，李嘉誠依然把他們送到國外留學深造，他說：「作為父母，讓孩子們在十五、六歲時就遠離家鄉，遠離親人，當然有些於心不忍，但是為了他們的將來，就要忍心。不管你擁有多少家財，對於孩子，應該從小培養他們獨立自強的能力，特別不能讓他們養成嬌生慣養、任意揮霍的生活習慣。」

許多成功的商人都經歷了常人難以理解的辛酸，對人情冷暖體會深刻。因此，在子女教育問題上，如何讓下一代具備成功的品質，從自己手中接過家族財富的權杖，他們更有發言權。

孩子小的時候，李嘉誠更多教導他們做人的道理。隨著孩子年齡增長，他開始讓他們見識做生意的方法，並讓他們親自去投資。到了孩子們能夠賺錢了，乃至他們的公司也越來越大，李嘉誠又回到了當初的教導方法，更多教給孩子怎麼去做人。他說：「以往我是百分之九十九教孩子做人的道理，現在有時會與他

們談生意……但約三分之一談生意，三分之二教他們做人的道理。因為世情才是大學問。」

◎讓接班人從基層鍛鍊做起

在美國，有錢人的孩子上大學，都有私家車。可是，李嘉誠卻不讓孩子買汽車。李澤鉅、李澤楷留學美國，在校園裡就騎自行車，上街坐巴士、坐電車，和普通人沒有分別。

生活中，李嘉誠除了關注孩子的學業，更加關注他們的品質培養，常常鼓勵孩子勤工儉學。有一次，李嘉誠聽說小兒子李澤楷在高爾夫球場替別人撿球，並把賺來的錢資助經濟困難的同學，他十分高興，興奮地對妻子莊月明說：「月明，好！孩子們這樣發展下去，將來準有出息。」

孩子大學畢業後，李嘉誠提出的要求是「從基層鍛鍊做起」，「要看他們自己的才幹和實績」，而不能「自視特殊，子憑父貴」。這顯示了李嘉誠培養接班人的苦心。

他說：「如果子孫是優秀的，他們必定有志氣，選擇獨立自強的道路，不依賴父母，自己憑藉個人的實力去獨闖天下。反之，如果子孫沒有出息，不長志氣，不求上進，一味追求物質生活的奢華享樂，好逸惡勞，存在著依賴心理，動輒搬出家父是某某，子憑父貴，那麼留給他們萬貫家財只會助長他們貪圖享受、驕奢淫逸的惡習，最後不但一無所成，反而成了名副其實的紈絝子弟，甚至還會變成危害社會的蛀蟲。」

讓我們看看李澤鉅的成長經歷：1962年，生於香港。70年代中期被送往加拿大就讀中學。其後，入美國史丹佛大學學習，先後獲土木工程學士、結構工程碩士、建築管理碩士三項學位。1987年，學成回港，入長實集團總部工作。1988年，徵得其父李嘉誠的同意和支持，開始策劃萬博豪園工程。同年，被任命為太平洋協和發展公司董事，專門負責此項工程，其後大獲成功。1993年，升任長實

集團副董事、總經理。*1999年1月1日*，升任長實集團董事、總經理。

人們通常認為，子承父業、子繼父位是順理成章的事。但是，李嘉誠在確定兒子李澤鉅的繼承人地位之後，並沒有簡單地予以宣佈，而是讓李澤鉅放手一搏，以自己的業績來確定其在企業領導中的地位，讓他們憑藉自己的實力在商場博弈，這的確是一種家族財富傳承的大智慧。

【創富經】把孩子培養成接班人是一項戰略任務

一個人經過艱辛努力得到了一個好位子，賺了一大份家業，本想把它千秋萬代傳下去，但是這個美夢總被殘酷的現實擊碎。對此，孟子說：「君子之澤，五世而斬」；而老百姓的說法更令人掃興，「富不過三代」。

富貴人家總是難以持久，似乎成了中國歷史的規律。《老子》認為，上天沒有清靜就會破滅，大地沒有安寧就要傾覆。「貴」必須要以「賤」為根本，才能維持長久的富貴；「高」必須以「下」為基礎，才能長久高高在上。

在激烈的市場競爭中，長江後浪推前浪，一代新人在成長。經歷了早期創業階段，企業穩定發展時期，隨著創始人年齡增長，選擇接班人就成為一個現實的問題。對商人來說，盡力把富貴延續下去，是人們孜孜以求的事情。

有一次，李嘉誠與香港中文大學行政人員、工商管理碩士座談領袖之道時說：「我昨天剛與一歐洲著名家族成員吃午飯，他們已經有五代的成功歷史，十分有修養、有禮貌。中國有句老話『富不過三代』，但今天的教育、組織不同，令事業可以繼續，相信這句話日後將會修正，正如這個歐洲家族今天的事業比過去任何一代都好。」

事實上，李嘉誠一直在朝著這個方向努力。幼年的李澤鉅曾在李嘉誠的耳提面命下，親眼目睹父親「全憑一張嘴搞定」一單單大生意，而不用簽一個字的合同。李嘉誠並不計較孩子聽懂了什麼，重要的是商業氛圍的薰陶。

讓李嘉誠高興的是，自己的兩個兒子已經完全成為老練的商人了。站在一個父親的角度來看，還有比這更令人欣慰的事情嗎！

不過話又說回來，兒孫自有兒孫福，不為兒孫做馬牛。究竟家族的財富能否傳承下去，兒孫是不是經商的料子，全靠他們自己。當然，父母的教育培養是很有必要的，但是這種努力也只是提供外在的環境，最終的決定因素還要看他們自己。因此，對孩子的培養要側重品質、性格的開發，而不是知識的掌握。

有一次，長江商學院組織了30多位內地企業家拜會李嘉誠。當時，鼎天資產管理有限公司董事長王兵這樣問：「您有兩個兒子，我也有兩個。您是怎麼管理他們的？」

李嘉誠回答：「應該讓孩子吃些苦，讓他們知道窮人是怎麼生活的。」顯然，培養孩子獨立的意志品格，不溺愛嬌生慣養，這才是教育的重點，孩子的成才與有多少家財沒有關係。

一個不爭的事實是，許多富家子弟就好像溫室的花朵，根基不穩，經不起風吹。那些在商場有所建樹的人，經歷了艱難的創業，就像在岩石夾縫中生長壯大的小樹。對下一輩來說，如果不培養良好的品格，磨練堅韌的意志，就無法在外界的壓力下存活。

因此，對孩子要多一些磨練，讓他們多吃點苦，也會促使他們思索人生以及自己未來的志向。這對孩子未來的發展，對整個家族生意的興旺，都是很有意義的。

8 · 對自己要節儉，對他人要慷慨

◎衣服和鞋子是什麼牌子，我都不怎麼講究

並不是每一個富豪都愛過奢華的生活，李嘉誠就是一個喜歡節儉生活的人。「我的生活標準甚至還不如1962年的生活標準。我覺得，簡樸的生活更有趣。」這不是故作高姿態，而是他生活的真實一面。

李嘉誠經常穿一套黑色（或者深藍）的西裝，配著雪白的襯衣和條紋領帶。在外人看來，西裝很筆挺，很整潔，很得體。李嘉誠的西裝，十套裡有八套是舊的，春夏秋冬就在這些衣服之間替換。

李嘉誠穿的皮鞋也很普通，當然要擦得光亮，這是禮儀。他出門帶的小皮箱，也簡單得很，洗刷用具、內衣睡衣還有必要的文件。不過，他呈現給人們的形象總是風度翩翩，樸實無華。

在人們的印象裡，李嘉誠從沒有披金戴鑽。他戴的是價值不到50美元的手錶，這一消費水準停留在低收入的打工一族。

李嘉誠擁有名貴的房車和遊艇。但是，他喜歡乘坐普通的轎車上下班，有時候也乘坐計程車。每天早晨六時，喜歡自己開車到高爾夫球場去打球，鍛鍊身體，早飯後九時上班。

在飲食方面，李嘉誠的標準是一菜一湯，或者二菜一湯，飯後加一個水果。有時喜歡吃稀飯或者咖啡、牛奶、麵包。在公司總部宴會廳宴請客人，通常連水果在內八道菜，碗是小號的碗，分量都是控制好的。沒有大魚大肉，只令客

人吃到恰好，不致太飽脹肚子，也不致不夠，更不使浪費。

可以說，李嘉誠多年來過的是普通人的生活，有時甚至比有些普通人還普通。其實，想想也不奇怪，李嘉誠早已經功成名就，根本不需要炫耀什麼衣飾和身分了。他的成功和聲望，來自於每一次的作為，以及榮耀背後那一份淡定。

◎員工養活了整個公司，應該多謝他們才對

在激烈的市場競爭中，有時候普通人謀一個飯碗都要費力，因此許多人認為：員工應該多感謝老闆，因為是老闆給了他們飯碗。但李嘉誠卻不這麼看，他說：「是員工養活公司，老闆應該心存感激。」

20世紀70年代後期，香江才女林燕妮為公司租場地，跑到長江大廈看樓，發現李嘉誠仍在生產塑膠花。當時，塑膠花已經成為夕陽產業，根本無利可圖。而李嘉誠憑藉地產已經站穩腳跟，根本不需要再經營利潤微薄的塑膠花。但是，李嘉誠偏偏維持小額的塑膠花生產。

直到後來，林燕妮才明白，李嘉誠是顧念著老員工，給他們一點生計，所以不忍心拋棄舊產業。而李嘉誠的職員也說：「長江大廈租出後，塑膠花廠停工了。不過，老員工也被安排在大廈裡做管理。對老員工，他是很念舊的。」

一些熟知內情的人提起李嘉誠善待老員工的事，不由得翹起大拇指。對此，李嘉誠總是付之一笑：「一間企業就像一個家庭，他們是企業的功臣，理應得到這樣的待遇。現在他們老了，作為晚一輩，就該負起照顧他們的義務。」

李嘉誠沒有某些商人身上的奸猾，而是為人很忠厚，因此有人對他讚賞有加：「李先生精神難能可貴，不少老闆待員工老了一腳踢開，你卻不同。這批員工，過去靠你的廠養活，現在廠沒有了，你仍把他們包下來。」李嘉誠卻謙虛地說：「千萬不能這麼說，老闆養活員工，是舊式老闆的觀點。應該是員工養活老闆、養活公司。」

商人皆為利來，只為賺錢。商人不是慈善家，工廠沒有效益，關閉是無可

厚非的。從這個角度來看,商場是無情的,也是無奈的。但是,李嘉誠卻化無情為有情,上演一幕幕感人的人情戲,讓員工不得不對他感恩戴德。這不僅是做好生意的韜略,更是一種為人處世的智慧。

◎要多為員工考慮,讓他們得到應得的利益

在李嘉誠的公司裡,有很多人已經工作了幾十年,而且大多身居要職,肩負著重任。這些人忠心耿耿,貢獻著自己的才智,李嘉誠有什麼帶隊伍的法寶呢?

對此,我們可以從李嘉誠的談話裡找到依據。他說:「留住員工的辦法很簡單:作為一個領導者,想一想下屬最希望的是什麼?除了一個相當滿意的薪金分紅,你還要想想他年紀大時怎麼樣。人希望一輩子在企業中服務,最後得到什麼,企業主想過嗎?這涉及一生的生涯規劃,一個家庭的規劃。一個5年以上的企業,領導者身旁如果沒有一個超過5年的主管跟著他,那可要小心一點了。」

顯然,站在員工角度考慮他們的需求,理解他們的追求,並滿足這種需求,是李嘉誠留住人心,進而留住人的簡單操作手法。也就是說,想讓員工踏踏實實工作,一定要給予他們某些東西,這就是「欲先取之,必先予之」的智慧。

在經營過程中,李嘉誠給員工以低價購入長實系股票的機會,讓下屬分享公司的利益,從而增強了團隊的凝聚力和向心力。比如,原和黃董事行政總裁馬世民離職時,用8.19港元/股的價格購入的160多萬股長實股票,當日按23.84港元/股的市價出手,淨賺2500多萬港元。

說得通俗一點,留住員工沒有什麼訣竅,重要的是注意滿足他們的利益,對他們慷慨一些、大方一點。在李嘉誠看來,大企業能夠留住人才,最重要的是企業文化。公司待遇好,大家合作愉快,雙方能夠建立濃厚的感情,自然引來金鳳凰。在所有激勵手段中,不管其他方式多麼重要,物質激勵無疑是最有效的手段。

因此，李嘉誠坦率的說：「我不是一個聰明的人，我對我的員工只有一個簡單的辦法：一是給他們相當滿意的薪金分紅，二是你要想到他將來要有能力養育他的兒女。所以我們的員工到退休的前一天還在為公司工作，他們會設身處地的為公司著想。因為公司真心為我們的員工著想。」

李嘉誠是一個慷慨的人，這不僅表現在他給有功勞的員工很高的回報，還表現在他時刻把員工的前途放在心上，照顧到大家未來的生活。「一個籬笆三個樁，一個好漢三個幫」，李嘉誠做得夠好，也夠妙。

【創富經】

李嘉誠雖是華人首富，但窮奢極侈，極盡富豪之事，我們卻無法在他身上找到任何痕跡。「錢可以用，但不可浪費」，是他的信條。

一位控制者著數百億元以上資產的企業領導人，一位擁有10多萬員工的首腦人物，以一種超人的自律精神，勸導著人們千萬不要浪費。這不得不引起我們的深思。

也許有些人認為李嘉誠是一個守財奴，太過於慳吝，但從他多次慷慨捐贈於不同的教育及公益事業，我們再次印證，富而不奢、崇尚節儉只是李嘉誠先生對個人的生活要求，是他個人生活的一種自律，是對欲望的一種克制，是經商必備的自制。

自制，就要克服欲望。自制不僅僅是人的一種美德，在一個人成就事業的過程中，自制也可助其一臂之力。有所得必有所失，這是定律。商人與錢打交道，更要和欲望戰鬥，與各種利益紛爭相伴。經商成功，從某種意義上說就是戰勝自己在這些方面的貪念。懂得節儉，其實就是對個人欲望的一種克制，是經商成功的內功修煉方法。

成功的商人都有一個共同點——生活中往往很節省，毫不鋪張浪費；不

過，犒賞員工的時候，他們卻出手大方，毫不吝嗇。

從商的人應該明白，人才等於錢財，這是許多商人的生意經。他們認為，「良禽擇木而棲，良臣擇主而侍」，必須為員工提供良好的「福利待遇」，才能留住有才華的骨幹，才可能把生意做大。

其實不難理解，員工是「經濟人」，薪酬是員工獲取生存和發展的基本物質保證。員工透過努力得到豐厚的物質獎勵，不但直接地體現了其價值，更能從根本上激發他們的積極性和創造性。

反之，在一個企業裡，員工付出了艱苦的努力並取得出色的業績後，沒有引起領導者的重視，沒有得到期望的特別獎勵，得到的報酬和其他業績平平的員工相同，那無疑是令人沮喪的。如果這種狀況得不到及時改善，久而久之，業績優秀的員工就會變得麻木或不以為然，他們的工作積極性、創造性將慢慢消失殆盡，最終，損失最大的還是企業本身。

「對自己要節儉，對他人要慷慨」，一捨一得之間，展露的是商人經營智慧的高下。一個對自己慷慨，對員工和生意夥伴摳門的老闆，是不可能把生意做大的。

⑨ ‧ 領導人不一定走在最前面

◎「有頭腦，沒手腳」得到管理之道

幾十年的商海經歷，讓李嘉誠飽嘗了創業的艱辛，也見證了世間的人情冷暖。當然，在商業投資、企業管理上，他的經驗和心得最令人期待。難怪大陸一些企業家多次前往香港，當面求教這位商界超人。

關於創業模式，關於企業運作，李嘉誠有很多話要說。不過，他最寶貴的經驗是管理模式必須與時俱進。比如，領導人的角色就要隨著企業規模的擴大，實現從「前線作戰」到「後方指揮」的轉換。

剛創業的時候，領導人要深入第一線，大膽嘗試做各種事情。這時候，最關鍵的是大家要同舟共濟，從而迎戰隨時可能發生的變故。但是，企業規模增大以後，面臨的問題馬上就顯現出來了，也就是領導人精力有限，不能再具體負責各項業務。這就需要領導人必須在經營管理方式上做出變革，適應新的競爭形勢。

當年，長江實業完成規模擴張後，李嘉誠開始確立財務控制型的商業模式，以便更好地掌控這個巨無霸。對此，他形象地將其表述為「有頭腦，沒手腳」。

李嘉誠旗下的和記黃埔集團，員工超過18萬人，在全球45個國家經營港口及相關服務、地產和酒店，零售、製造及能源與基建業務也在集團中佔有相當大的比重。面對如此龐雜的一個集團，李嘉誠坐鎮和記黃埔的總部，把這裡作為一

個投資決策中心,將注意力更多地集中在財務管理、投資決策和實施監控上。

也就是說,作為集團最高領導人,他主要關注下屬單位的盈利情況和自身投資回報、資金的收益,而對子公司的生產經營不予過問——它們只要達到財務目標就可以。

雖然不再像以前那樣事必躬親,但是李嘉誠沒有放棄對公司的掌控力。表面上看他不參與具體事務,但是透過「財務」這一手段,他把握著長江實業發展的航向,讓每個人都愛崗敬業、貢獻著自己的才智,這才是一個大老闆真正厲害的地方。

◎長治久安需要良好的監督和制衡制度

有人問李嘉誠,企業經營成功的原則是什麼?他回答:「如果一定要說成功的原則是什麼,那應該是追求所在行業最好的知識和技術,要努力,有毅力,還有建立好的制度。」

建立良好的監督和制衡制度,發揮人才的潛能,才能讓企業充滿生機活力,實現良性運轉。否則,領導人事必躬親,必然因為精力有限而導致各方面不到位,這樣的結果是最不應該發生的。

今天是一個多元的年代,四面八方的挑戰很多。長江實業的業務遍佈55個國家,公司的架構及企業文化,必須兼顧來自不同地方同事的期望與顧慮,既要為集團輸送生命動力,還要給不同業務的管理層自我發展的生命力,甚至讓他們互相競爭,不斷尋找最佳發展機會,帶給公司最大利益。

那麼,李嘉誠是如何做到這一點的呢?事實上,長江實業良好的監督和制衡制度是一種清晰的指引,確保了創意空間。多年來,很多不同的創意組織和管理人員表現出色,所有專案不分大小,全部都很有潛力且有不俗的利潤。

任何組織的運行,都有其內在規律。經營者必須掌握其中的門道,讓各種要素自由流動,使各類資源產生最大的價值。為此,領導者要統攬全局,做好監

管等工作，避免頭痛醫頭腳痛醫腳的事情發生。

【創富經】領導人要懂得合理授權

無論是國家治理，還是商業管理，領導人以包容的精神適當給下屬自由，就會激發他們的積極性；下屬沒有感覺到被領導、被驅使，就會主動完成任務。正如一位日本企業經營大師所說的那樣——稱職的管理者應該「只做自己該做的事，不做部屬該做的事」。用現代管理術語來解釋就是，領導人要懂得合理授權。

對此，李嘉誠說得很精闢：「機構大必須依靠組織。在二、三十人的企業，領袖走在最前端便最成功。當規模擴大到幾百人，領袖還是要參與工作，但不一定是要走在前面的第一人。再大便要靠組織，否則遲早會碰壁，這樣的例子很多，一百多年的銀行也會一朝崩潰。」

無論什麼時候，如果過分強調規範的管理體制而忽視領導作用，公司就不會取得重大發展，經營很容易走向盲目。管理雖然重要，但領導才是真正的制勝之道。對領導人來說，重要的不是走在前面開疆擴土，而是扮演好制定戰略方向，以及當好指揮的角色。

東方希望集團董事長劉永行說：「公司做大了，必須轉變凡事親力親為的觀念。一定要讓職業經理人來做，強調分工合作。我原來一人管十幾個私營公司，整天忙得不得了。後來自己明白了，是權力太集中，所以痛下決心，大膽放權。放權之後，我現在每天有七、八個小時的時間學習新知識、接受新資訊。」

10 ·發展中不忘穩健，穩健中不忘發展

◎進入新領域務必要謹慎

李嘉誠進入房地產的時候，已經出現了樓花（預售屋）、按揭（房屋貸款）等行銷方式。作為一個新進者，他冷靜地研究了樓花和按揭，最後得出結論：地產商的利益與銀行休戚相關，地產業的盛衰直接影響銀行。因此，過多地依賴銀行未必就是好事。

於是，李嘉誠根據高利潤與高風險同在的簡單道理，制訂了新的經營方略。

（1）資金再緊，寧可少建或不建，也不賣樓花以加速建房進度。

（2）盡量不向銀行抵押貸款，或會同銀行向用戶提供按揭。

（3）不牟暴利，物業只租不售。總的原則是謹慎入市，穩健發展。

1961年6月，廖創興銀行擠兌風潮證實了李嘉誠穩健策略的正確。廖創興銀行由潮籍銀行家廖寶珊創建。廖寶珊同時是「西環地產之王」。為了高速發展地產，他幾乎將存戶存款掏空，投入地產開發，因此引發存戶擠兌。這次擠兌風潮，令廖寶珊腦溢血死亡。

一向謹慎的李嘉誠從自己所尊敬的前輩廖寶珊身上，更加清醒地看到地產與銀行業的風險。他深刻地意識到投機地產與投機股市一樣，「一夜暴富」的背後，往往是「一朝破產」。

1965年1月，明德銀號又因為投機地產發生擠兌宣告破產，全港擠兌風潮由

此爆發，整個銀行業一片淒風慘雲。廣東信託商業銀行轟然倒閉，連實力雄厚的恆生銀行也不得不出賣股權給匯豐銀行才免遭破產。

結果，靠銀行輸血的房地產業一落千丈，地價樓價暴跌。脫身遲緩的炒家，全部斷臂折翼，血本無歸。地產商、建築商紛紛破產。而在這次大危機中，李嘉誠損失甚微。這完全歸功於他穩健的策略。

經商時，最怕急速擴張，不顧實力盲目做大。在擴展業務、擴張公司規模時，應該先確切瞭解公司在技術、資金、銷售等各方面具有多少實力，在實力範圍內經營，這樣成功的機率會更大，商業運作才會安全。

◎所有的雞蛋不放在一個籃子裡

「發展中不忘穩健，穩健中不忘發展」，是李嘉誠一生中最信奉的生意經。遵循這一原則，他把自己的生意做得足夠大，並且堅如磐石。

1979年9月25日晚上，李嘉誠在香港皇后大道中華人行21樓會議室，興奮地宣佈：「在不影響長江實業原有業務的基礎上，本公司已經有了更大的突破——長江實業以每股7.1港元的價格，購買匯豐銀行手中持有佔22.4%的9000萬普通股的老牌英資財團和記黃埔有限公司股權。」

憑藉沉穩的經營策略，李嘉誠成功收購和記黃埔，成了首位收購英資商行的華人。時至今日，李嘉誠仍然認為這是他創業生涯中最成功、最漂亮的一仗。

李嘉誠是一個「很進取的人」，但是又強調：「我著重的是在進取中不忘穩健，原因是有不少人把積蓄投資於我們公司，我們要對他們負責任，所以在策略上講求穩健，但並非不進取，相反在進取時我們要考慮到風險和公司的責任。」因此，穩健一直是李嘉誠經商哲學的重要內容。

想當年，離開塑膠花而投資地產，但李嘉誠卻沒有關閉塑膠花廠；其後，香港形勢一直不太明朗，李嘉誠就堅持「所有的雞蛋不放在一個籃子裡」的哲學，開拓了向英國、澳大利亞、加拿大的投資市場，後來他做起了股票，卻同時

投資債券。凡此種種，無不顯示了他兩條腿走路才不會摔跤的商業投資理念。

【創富經】

商業投資並不是件容易的事情。它不僅涉及到你的經濟狀況，其結果還會影響到以後的發展。既要投資，想賺錢，風險不可避免，但可以盡力減少風險。比如說調查市場，比如說研究政策，採取合適的、合理的擴張方式等。

對經營者來說，認識自己和公司成員的能力是很重要的。有了準確的判斷、相應的能力，才能在規模擴張中獲得發展，有效地行使各種經營技巧，避免發生錯誤。

李嘉誠向來以穩健著稱，他既看到巨大利潤的誘惑，又意識到誘惑面前埋伏著可怕的陷阱。因此，在商業投資活動中，他時刻提醒自己別失去了應有的理智，如果變成「投資狂」，其危險無異於「盲人騎瞎馬」。

對此，香港錦興集團總裁翁錦通，也說過這樣一段話：「生意越大，越要謹慎，因為一旦遭遇危機，整個基業都有倒下的危險，損失太大了。」後來，翁錦通總結自己的創業經驗，其中有一條是：計畫要縝密，處事要周詳。不可輕舉妄動，意氣用事。

在未來無疆界經濟中，企業就是要追求成長。規模不重要，不是「大」是美、「小」是美，而是「成長」就是美。否則，你就會成為恐龍。

有這樣一種情況，一些經營者在擁有50位員工時能經營得很好，當員工數量增加到100位時，由於沒有那份能力，業績不但沒有增加，公司還可能陷入危機。因此，擴張的時候要堅持謹慎的原則，在各個方面做好充分準備，順利地將眾多的業務得以消化、擴大，直至獲得成功。

由此可見，企業發展應該採取「積木式」的成長戰略——每搭建一塊積木都是扎扎實實，而不是透過一步到位的資本運作提升公司的競爭力。過分追求規

模，追求發展速度，忽略了企業的承受能力，就會帶來不適應，這對企業的健全成長沒有任何好處。從戰略高度上把握企業成長步伐，保持合適的發展速度，是每一位經營者必須堅持的商道真經。

第二章 「紅色資本家」霍英東

——義薄雲天贏得身前身後名

從一個貧困潦倒的打工仔，到擁有百億元的超級富豪；從處於社會最底層的流浪漢，到走進京城共商國事的人大常委。他是第一位到大陸投資的港商，他對中國的經濟發展介入最早，他對中國的老百姓貢獻最大，他向大陸無償捐款10多億元。這就是「紅色資本家」霍英東。

霍英東的發達歷來被認為是個謎。不過，這並不影響他身上閃耀的迷人光彩。他的膽識、他的氣派、他的赤誠、他的慷慨，攝人心魄，使人動情，令人折服，催人奮發！他是香港商界的真君子。

有人評價：「上帝把霍英東送到這個世界上來，就是讓他做生意的。他是一個天生的商人。他的頭腦就像一台運轉得十分靈敏的電腦。」他本人則說：「江山百年一輪轉。輪也要輪到我們霍家出頭了。要發財、要發大財！」霍英東胸懷大志、抓住機遇、敢冒風險，他成功了！

◇檔案

中文名：霍英東

出生地：香港

生卒年月：1923年5月10日～2006年10月28日

畢業院校：香港皇仁英文書院

主要成就：霍興業堂置業有限公司、有榮有限公司

◇年譜

1923年，出生在廣東番禺。

1945年，抗日戰爭爆發輟學，先後當過船上的燒煤工、糖廠的學徒、修建機場的苦力，開過小雜貨店。

1948年，遠赴東沙島與人合股做打撈海人草生意。

1949年，從事海上駁運業務，開始創業生涯。

1953年和1954年，分別創立立信置業有限公司和有榮有限公司。

1955年起，先後創辦霍興業堂置業有限公司、信德船務有限公司等，業務廣泛。

1965年至1984年，任香港地產建設商會會長。

1981年起，先後任國際足球聯合會執委，世界羽毛球聯合會名譽主席，世界象棋聯合會會長，亞洲足球聯合會副會長，香港足球總會會長、永遠名譽會長。

1984年至1988年，任香港中華總商會會長

1990年至1994年，任香港中華總商會永遠名譽會長。

1986年，獲中山大學名譽博士學位。

1994年，獲美國春田大學人文學名譽博士學位。

1995年，獲香港大學社會科學名譽博士學位、國際奧會奧林匹克銀質勳章。

1997年7月，獲香港特別行政區政府頒授的大紫荊勳章。

2006年10月28日，在北京協和醫院病逝。

1· 我出生時貧窮，但不可能窮一輩子

◎苦難的童年

在港台的億萬富翁中，霍英東的知名度可以說是最高的。這不僅因為他個人資產大約有130億港元，在1993年又當選為全國政協副主席。然而，有誰知道，這位日後風光無限、腰纏萬貫的巨富，卻有著淒苦的出身。

霍英東的祖籍是廣東番禺，但是從祖父開始，全家就離開了陸地，長年居住在舢板上，人稱「舢板客」，甚至被貶稱為「水流柴」。

1923年夏天，霍英東就出生在這樣的舢板上。他最初的名字叫霍好釗，後來改叫霍官泰；抗日戰爭爆發後，年輕氣盛的他自己改名英東，意思是要「英姿勃發於世界的東方」！其不甘寂寞的野心由此可見一斑。

霍英東的父母靠著一隻小駁船，在香港做駁運生意，也就是從無法靠岸的大貨輪上，將貨卸上自己的駁船，再運到岸邊碼頭。這完全是一個體力活，賺的是辛苦錢。

7歲那年，在一次風災中，霍英東的父親因為翻船被淹死了。僅僅過了50多天，霍家的小船又一次翻在大海裡，兩個哥哥葬身魚腹，連屍體都沒有找回來。母親死命抱住一塊船板，僥倖被行經的漁船救下一條命。當時霍英東因為在海邊找野蠔，不在船上，才躲過了這場災難。

後來，霍英東找到了人生的第一份工作，在一艘舊式的渡輪上當加煤工。可是他的身體實在太單薄了，顧得上鏟煤就顧不上開爐門，剛上工就被辭退了。

那幾年中，霍英東簡直像俗話說的，「倒楣人喝水都牙痛」。或許，這是上天對他的一種磨礪吧。

不過，早年的艱辛和挫折，並沒有打垮霍英東。他在不斷的失敗中品嘗了人生的艱辛，反覆思考著如何改變命運。為此，他積蓄力量，等待機會，堅信自己總有崛起的一天！

◎艱辛的學習生活

霍英東的母親雖然目不識丁，但希望自己的兒女知書識墨。大約在6歲那年，霍英東便由別人背著去拜師啟蒙。接著，在帆船同業義學就讀，唯一的好處是免費的。

當時，霍英東一家人家住在船上，隨處漂泊，上課很不穩定，有時放學後連船也不易尋找。到第三班時，他轉入敦梅小學。這間小學是要收費的，其中有一個免費班，但僅招收30人。學生要作一篇文章應考，霍英東還是考上了，而且在錄取的名字中排在第一位。

後來，他又轉讀皇仁書院。書院的學制是倒過來從第八班開始的，相當於初中一年級。那時，書院的第八班，共招三個班，每班30人，但大多數是經過老師、家長及各種關係介紹入學的，真正通過考試錄取的不足10人。應考時也要求作一篇文章，霍英東也是第一個被錄取了。

有人說霍英東小時候很聰明，不過，說他更勤奮更合適。因為，在幼小的心靈裡，改變命運這顆種子早已經發芽了，在許多事情上他必須去競爭。因此，霍英東在校讀書很勤奮，成績總是排在前幾名。

回憶起早年的讀書經歷，霍英東深有感觸地說：「那時我讀書十分專心，總是不甘落後，偶有成績落在第三名以下，自己便覺臉紅。」在皇仁書院，他接受了比較系統的教育，除了完成學校規定的學業之外，他還廣泛閱讀了不少文學作品，如《金銀島》、《魯濱遜漂流記》等。

那段日子，生活是相當艱辛的，他不僅要在學習上下足功夫，而且還要為皇仁書院的高學費傷透腦筋。為了省下一點錢，霍英東常常不坐電車，花半個鐘頭急步上學。對於自己喜歡的足球，他也不敢踢得太久，因為要回去幫助媽媽記帳和送發票。

可想而知，這樣的日子又多麼難熬。霍英東後來回憶說：「這種緊張生活，經常弄得我筋疲力盡，頭昏眼花，甚至神經衰弱。不過，這對於我又是一個極好的鍛鍊，使我後來走出社會以後，不管生活多麼艱辛，工作多麼繁忙，自己也不怎樣畏懼，倒是能夠從容對付。」

【創富經】苦難的生活是最好的鍛鍊

霍英東拚搏終生，兌現了「我出生時貧窮，但不可能一輩子貧窮」的志向，也鑄造了紅色資本家的傳奇人生。其成功因素之一，也許就在於早年的困苦生活。

商人只有經受了無數次的挫折之後才能取得成功，在這個鋪滿荊棘的道路上，商人要承受常人難以理解的困苦。一個人早吃苦，就有了迎接苦難生活的心理準備，面對挫折和打擊也會有很強的承受力。

而且，人面對困難、痛苦的時候，就會積極思考，渴望改變命運。因此，困苦的生活、挫折的經歷，是對人們意志、決心和勇氣的鍛鍊。一個商人要想成功必須經過千錘百鍊，才能領會到一些經營的要訣，要勇於面對苦難，汲取教訓。

（1）培養永不放棄的精神

要想成功，在你的心裡一定要有一個不落的太陽。對於商人來說，當放棄抱怨和膽怯後，離成功就不遠了。在前行的路上，當沒有方向時也毅然選擇前行，是成功者的必備素質。成功商人也會害怕，只是他們最終都沒有選擇放棄，他們面對挫折充滿自信，雖然他們沒有必勝的把握，但是他們就是堅持著往前

走、堅決不放棄，他們甚至不容許別人說洩氣話、流露負面情緒。

（2）積極面對人生的苦難

商人在經商過程中，免不了犯錯誤，遭失敗。比爾·蓋茲說：「善於少走彎路的人，總是一個用頭腦駕馭自己人生每一步的聰明人。」現實生活中，有些人面對出現的錯誤，遭受挫折和失敗，就徘徊不前，半途而廢；甚至有人就唉聲嘆氣，激流而退；還有的人則悲觀失望，自暴自棄。因此，一個人能夠積極面對人生的苦難，日後遇到失敗與挫折時就容易輕鬆應對，找到正確的方向。

2 · 小雜貨店初試鋒芒

◎當小老闆勝於打工仔

為了維持生活，霍英東中斷了學業，很早就開始工作了。從鏟煤工到機場苦力，最後到倉庫磅米工，兩年左右的時間裡，他前前後後做過六、七種工作，每次都做不了多長時間就被老闆解雇或自動辭工。他覺得自己不適合於幫老闆打工，自己成為小老闆成為最熱切的念頭。

1943年，霍英東獲得了人生第一次成為老闆的機遇。在母親劉氏的鼓動和遊說下，召集了10多個親戚朋友，湊了一些本錢開雜貨店。在灣仔堅拿道西鵝頸橋，一間名為「有如」的雜貨店悄然開張了，正是這家「有如」，邁出了霍英東艱苦創業的第一步，它讓兩年來一直在外面打工受苦受氣的霍英東初嘗「小老闆」的滋味。

那時候，「有如」做的是小本薄利的生意，經營的貨品主要有鹹魚、鹹菜、腐竹、粉絲……都是家庭每日所用食品。雖然是大夥合資經營的，但實際上別人是出錢，具體出力管理的主要是霍英東一個人在經營。

每天清晨6點鐘，霍英東就第一個開店門做生意。門板每塊約有百來斤，身子瘦弱的霍英東就一塊一塊地將門板搬托出去。店門一開，附近的居民陸續前來買東西。有時會一下子湧來太多顧客，霍英東就叫其他店員到路邊招呼他們，想辦法不讓他們跑到別的雜貨店去。

就這樣，19歲的霍英東把這個小雜貨店作為創業人生的一個起點，用心經

營，正式踏入了商海，開始感悟經商的真諦。

◎商人天賦初露

在經營上，霍英東的商人天賦初露鋒芒。因為是雜貨店，賣的都是小貨品，所以顧客一般都買很多種商品，這需要賣貨的人八面玲瓏才好應付場面。

而年輕的霍英東毫不遜色，眼明手快，腦子靈光，天生就是經商的料。比如，他掌秤的功夫一流，拿著秤，每次總能把秤尾向上翹起，看得顧客個個滿意；他的心算又快又準，算完還要歌詠般讀出來，讓顧客聽了很受用。

欲成大事者，必會有勞其筋骨、餓其體膚的經歷。但是，從小吃慣了苦頭的霍英東並不懼怕這些，他把這些當作一種新的挑戰，歷練自己。經過一段時間的鍛鍊，他經商的本領大有長進，隨時都會體現出自己高人一等的判斷力。

據霍英東自己回憶：「在那段日子裡，吃頓飯也不得安寧，因為要隨時招呼客人。只要有客人進來，就算只是買一塊豆腐乳，也得去應酬。這還不算，夥計個個飯量都很大，所以總是吃不飽。那時我盛飯要講技巧，第一碗裝少些，快快吃完，到第二碗就得裝滿，而且還用飯勺壓緊，這樣就能裝多些。吃完第二碗，就再也沒飯添了。」

隨著創業大師的天賦顯露，「有如」的生意日漸興隆。「有如」為霍英東積累了發展資金，增加了他對商業的直觀經驗，也成為霍英東日後構建商業帝國的一塊奠基石。

【創富經】做生意要不斷超越自我

商場上成為巨富的勝利者，大多數都有一個共同的特點：經歷了常人難以想像的艱難，最後憑藉堅韌執著、意志剛強找到了出路。詢問他們對過往的評價，他們幾乎異口同聲地說，感謝自己遇到的困難、遭受到的挫折。在他們看

來，困難可以幫助一個人成長進步。

霍英東曾津津有味地回憶說：「繁忙時，我時常要面對十幾二十個顧客，這就要面面俱圓。經營雜貨，一定要懂得揣摩顧客心理，比如顧客來買一斤糖，你先稱14兩，然後再加一點，口裡還說：大嬸，不夠嗎？再加一點！其實加了兩杓後才夠16兩。但顧客卻很高興，對我有一種信任感。還有，開店須有敏捷的頭腦，一定要把顧客買貨的錢迅速算出來，慢了就會影響生意。」

有一位美國作家，曾經這樣總結過那些企業巨人所共有的特性：「他們獨具慧眼，能在別人沒有察覺的情況下看到挑戰的機會。有些企業家反應迅速，能在瞬息萬變的環境中發現機會；有些企業家則乾脆自己去主動創造機會。無論是誰，他們都能不顧一切地堅持新的想法，然後不屈不撓地克服困難，用盡自己的儲蓄，有時甘冒生命危險去追求生產新的產品、提供新的服務。他們冒著風險，可是他們常常可以找到創造性的方法來化險為夷。」

持續成功的商人，恐怕沒有時間享受勝利帶來的快感，他們永遠瞄準下一個目標，並對新的挑戰有足夠的心理準備。也就是說，他們永遠在做好更刻苦的準備，研究如何突破自我，向前邁進。

前IBM總裁Gerstner先生說過這樣的話：「長期的成功只是在我們時時心懷恐懼時才可能。不要驕傲地回首讓我們取得以往成功的戰略，而是要明察什麼將導致我們未來的沒落。這樣我們才能集中精力於未來的挑戰，讓我們保持虛心、學習的飢餓及足夠的靈活。」

為什麼有的商人把生意做得那麼大，做得那麼久，很重要的原因是他們永遠不滿足，不自大，絕不被一點點的成績沖昏了頭。他們告誡自己，要永遠面對下一次困難的挑戰，永遠不能自我滿足。

3．大舉淘沙，終成行內巨擘

◎一條舢板創出的奇蹟

1945年戰爭結束，萬物更新，各行各業逐漸活躍起來，運輸業自然急需發展。霍英東和他母親都看準了這個時機，毅然把雜貨店頂給別人，得了7000元，決心重操父輩的駁運舊業。

當時，霍英東也有過謀取一個穩當工作、好好生活的機會——申請到太古洋行當個文員，已被復信接納，月薪300港元，在當時是一個不錯的營生。文員生涯，「朝九晚五」養妻育兒，只要不出大差錯，論資升職，可保生活無憂。

但是，他放棄了，而是選擇了一條坎坷之路：暫時幫母親從事運輸，再尋求別的機遇。這雖前途叵測，卻符合他不甘平淡的個性。於是，這個年輕人踏上了一條充滿風險和誘惑的道路。

霍英東幫母親做駁運生意，負責管帳，沒有工資，而一家人的生活費用由母親包辦。雖然家庭環境仍很艱難，但總算比過去有所好轉，所以大家對明天都充滿了希望。要強好勝的霍英東當然比其他人更有野心，不滿足於眼前的所得。

憑著在社會底層多年闖蕩的經驗和機敏的頭腦，他發現香港在戰後遺棄了很多廢舊物資，其中多數是機器類。那時候，人們對這些東西均不屑一顧，有的可以用，卻以很便宜的價格出售，還有一些東西隨處可以撿到。

發現收購這些廢舊物資將有利可圖，一個大膽的計畫在霍英東的心裡成形——大量收購戰後廢舊物資，然後伺機轉手賣出，從中贏利。他將計畫告訴了

一個很要好的朋友，兩人竟不謀而合，都認為這件事值得去做。

於是，霍英東開始駕著他的小舢舨出沒有港島的各個角落。而這條又破又舊的小舢舨是霍英東唯一的財產。他利用這條小舢舨，並依靠朋友的資助，把一些廉價的機器零件、廢舊的軍用物資都一一收集起來。沒有雄厚的資金作基礎，霍英東只能邊買邊賣，看準機會，很快轉手。好在香港有不少富商已看到此業有利可圖，紛紛收購這類物資，所以很容易轉手賣出去。

霍英東深知，自己家底薄，不能貪圖大的利潤，只能從小處開始積累，逐漸積少成多。於是，他不辭勞苦地駕著小舢舨到處奔波。經過一段時間的辛苦創業，霍英東竟奇蹟般地發達起來。他將舢舨換成了小艇，小艇又換成了駁船，終於積聚了相當的資金，為以後進軍海沙業打下了基礎。霍英東回憶這段往事，不無感慨地說，這確是很好的機遇，如果那時我有足夠的資金，就可多賺幾大筆了。

任何生意都是由小到大做起來的，前提是一定要看準機會，不斷進行積累。隨著資金越來越充裕，對商機的認知和把握也越來越獨到，才可以謀取商機有更大的發展。霍英東從無到有積累起不菲的身價，也再次印證了這一點。

◎淘沙業大有作為

20世紀60年代，伴隨著香港經濟開始起飛，高樓大廈如雨後春筍冒出來。地產業、建築業蓬勃發展，直接導致海沙需求量越來越大。但是，由於經營淘沙業耗費的人工多，收益少，所以利潤微薄，香港商人不敢輕易涉足海沙經營業。

那時候，人們把海沙經營比作吃螃蟹，雖鮮美誘人卻又無從下口。霍英東是個敢於吃「螃蟹」的人，他認定香港建築業會有更大的發展，淘沙業必定大有可為，於是謀劃著一個偉大的商業計畫。

霍英東雖然膽識過人，卻並不盲目行動。為了弄清楚淘沙業令經營者望而生畏的原因，霍英東在大大小小的淘沙船中間出入達數月之久。他是窮苦水上人

家出身，從小就生活在海灣的小舢舨上。因此，當地來到淘沙船工之中，自然如魚得水，經過深入瞭解，很快摸清了具體的情況。

接著，他又瞭解到，淘沙業尚屬自由經營狀態，一些資金雄厚的企業經營者均不願插足，故未形成壟斷局面。由此，霍英東認定淘沙業是一條水上的黃金通道。於是，他果斷投入大筆資金，籌建自己的淘沙船隊。他派人去歐洲有名的廠家聯繫，重金訂購淘沙機船，以便用機器代替人工操作。

1961年，霍英東親赴英國考察建築業，回來時轉道曼谷，以120萬港幣向泰國政府購買了一艘大型挖泥船。這條船重2890噸，長288英尺，原名「曼克頓」號，是美國支援泰國用於浚挖湄公河床的挖泥船。當時趕上泰國政變，該船便被輾轉賣出。

這條船性能良好，每20分鐘可入海底挖泥沙兩千噸，然後將泥沙自動地卸入船艙，每小時可航行七海里，是當時東南亞地區最大的挖泥船。霍英東的「有榮船務公司」原先就擁有船舶90艘，挖泥船20餘艘，還有其他淘沙機械設施。而從泰國買來的這艘大型挖泥船，對於「有榮」淘沙業的發展起了重要作用。該船被命名為「有榮四號」。

當這龐然大物駛進港時，親朋好友均為霍英東捏一把冷汗：如此巨大的投資，假如蝕了本，後果將不堪設想。其實，親友們完全多慮了。「有榮4號」的隆隆轟鳴打破了香港海灣的寧靜，源源不斷的英沙被卸上岸，使看慣了小規模人工作業的人們，一個個目瞪口呆。香港各界在建築房屋時均離不開海沙。霍氏的有榮航務公司的財源如江水滾滾而來，「有榮4號」成了霍氏產業中一艘浮動的「掘金船」。

不久，霍英東輕而易舉地取得了香港海沙供應專利權，壟斷了淘沙業。他用先進的機器生產，使淘沙業面目一新。他在淘沙業崛起後，有位商界朋友勸他乘機攫取暴利，免得失去機會，但被霍英東婉言謝絕。他認為，攫取一時的暴利

不可取，而應謀取長遠的利益。為此他與香港當局和各建築公司都簽訂了長年的供貨合同。

後來的事實證明，霍英東的深謀遠慮是正確的。香港商界幾次發生波動，特別是20世紀60年代中期的波動使香港的地產業一度陷於低谷，但霍英東的淘沙業卻絲毫未受損失，這更顯示了他對商業敏銳的判斷力和前瞻的眼光。

【創富經】經商要有越挫越勇的激情

每一個成功的企業家，都有一本屬自己的「字典」，霍英東也不例外。在他的「字典」中，永遠也找不到「不可為」的詞條。

商場上成為巨富的成功者，大多數都有一個共同的特點：堅韌執著、意志剛強、不達目標、勢不甘休。毅力，是成為巨富的首要條件。

毅力是欲望向財產轉換過程中不可缺少的條件。毅力在跟欲望結合之後，便形成了百折不撓的巨大力量。大多數人才遭到挫折和失敗時，很容易放棄自己的目標，這也正是他們一事無成的貧窮原因。

中國有句俗語：「錢字有兩戈，傷盡古今人。」此話把錢字的形象表達清楚了，更把它的含義說得淋漓盡致。那「戈」是古時的武器，「錢」字是由「金」和兩把「戈」組成的，即指「錢」是靠武器維護著或是經過鬥爭而得來的。

商道的基本準則就是賺錢第一，你要對錢有野心，欲望強烈，才有賺到錢的希望。否則，視「錢」為糞土，絕不沾一切不義之財，絕不為銅臭折腰——這種觀點自然慷慨激昂，但對於一個商人來說，無疑背離了商道精神；以這種心態經商，也不足以支撐著你面對前進中的各種困難和挑戰。

因此，一個商人，首先要對金錢有強烈的欲望，而後要為了獲取金錢不畏艱險，要在充滿荊棘的道路上翻山越嶺，享受風雨過後的彩虹。這既是經商的一種激情，也是商人應該有的一種境界。

4·戰時偷運賺得第一桶金

雄鷹飛得很高，在於牠始終有遠大的志向，所以有了蒼勁的羽翼，遼闊的視野。霍英東的志向並不在幫母親從事駁運生意，他在等候、尋找機會，謀取更大的成功。很快，機會來了，這就是震驚中外的朝鮮戰爭。

*1950*年，隆隆的炮聲在鴨綠江邊響起，中國人民為了保家衛國，與美帝國主義展開了一場大戰。當時，美軍出兵朝鮮半島，支持李承晚政權，攻打金日成的朝鮮民主主義人民共和國的軍隊。南北朝鮮之間的戰爭爆發不久，中國就派志願軍入朝，與朝鮮軍隊並肩作戰，抗擊美軍。

在這樣的背景下，美國找到了制裁中國的「藉口」。*1950*年*12*月，美國商務部宣佈對中國實施全面禁運，「凡是一個士兵可以利用的東西不許運往共產黨中國」。

*1951*年*5*月*18*日，在美國等一些西方國家的操縱下，第五屆聯合國大會通過了對中國實施全面封鎖禁運的決議。之後，有*43*個國家接受了這一決議，並且積極地加以實施。*1951*年*6*月*16*日，英國就此採取措施，禁止*13*大類物品從英國或英屬地（包括其佔領的香港）輸往中國。

結果，內地民眾和援朝部隊所需的一些物資就嚴重短缺了。於是，中國方面做出了適應的調整：貿易方向和工作重點轉移到華南，要求華南財委組織有關部門，團結私商，利用香港作跳板，多做小宗買賣，解決國內及朝鮮戰場的物資短缺問題。

朝鮮戰爭一爆發，香港的窗口作用就充分體現出來。一些商人瞄準機會，

趁機與內地做生意，偷運一些適時的物資到內地去。對此，精明的霍英東憑藉靈敏的嗅覺，很早就聞到了商機，於是開始了從事貿易發財的冒險之旅。

當時，霍英東和其他商人是怎樣從中漁利的，只有當事人最清楚，具體細節恐怕已經無人知曉了。不過，有人曾經專門就這件事詢問過霍英東，當時他做過這樣的描述。

「講來講去，還是市場經濟，在商言商。比如船用的柴油，禁運一開始，一些公司就停止供應柴油。我是做船運生意的，時常有些柴油剩餘，於是就運到澳門。那是小生意，載一船柴油只賺幾百元港幣，做了一年才賺了1萬多元，但已經很高興了。到後來，內地需要大量物資，比如藥品、膠管……差不多所有的物資，我們都經手。

「這段經歷，在1997年前我都不想過分宣傳。但有一條，當時，我們並不是像有些人想像的那樣，用快艇運貨，因為我們運的大多是一些粗重的物資，如厚鐵皮、鐵板、膠管，快艇根本裝不了多少東西。而且我們也是取合理、公道的方法。你知道，與內地做生意、打交道，如果有些東西不公道，就會有人說你發『國難財』、『搶購物資』——罪名可以由人講。我有我的原則。當時，有些人賣西藥，有些是假藥，有些是過期藥，或者沒有消毒膜，這是傷天害理的。」

有人說，霍英東在朝鮮戰爭時賺了100多萬，這在當時的確是一筆大數目。不過，霍英東卻一再強調，那是他幾年間賺來的，而且他當時每天只睡幾個鐘頭，賺的也是辛苦錢，甚至是賣命錢。還有，他當時更多的是賺錢的膽略，而賺錢的技巧根本不成熟，所謂發國難財的奸商之說並不正確。

自古以來，中國社會傳遞著「士農工商」的等級序列。生意人是最被看不起的，他們只是社會中的邊緣人物。戰爭來臨時，他們的命運也被裹脅到別的地方。因此，像霍英東這樣能夠利用戰爭賺得第一桶金，開啟一個新的旅程，確實是一件靠運氣的事。問題是，霍英東的命運足夠好，並且他也把握住了這樣的機

會，所以為日後的發達做好了準備。

【創富經】經商要把握時代的大趨勢

無論你從事任何行業，都逃脫不了社會的大趨勢。如果想有所作為，必須把個人的志向、奮鬥與社會大趨勢結合起來，把握其中的契機，才容易有更大的成就。

1950年代的朝鮮戰爭爆發後，香港成為中國聯繫西方世界的唯一窗口。「西方國家對新中國實行政治孤立、經濟封鎖和軍事包圍。中國政府將原則性與靈活性結合起來，暫時維持香港現狀，保持香港穩定，就可以將香港變為中國與西方國家保持聯繫的一個通道，粉碎孤立、封鎖和包圍中國的企圖；同時，利用香港轉口港的地位，發展進出口貿易，保持中國的外匯平衡，亦是中國恢復和發展國民經濟的特別需要。」

在這個大背景下，許多香港人看準了發財的機會，冒險從事海上貿易，偷偷向內地運送物資，大賺了一筆。精明的霍英東很好地把握住了這次機會，迎來了一生中至為重要的轉捩點。

霍英東參與運送聯合國禁運的物資到中國內地，應該說是不爭的事實，但真實、詳盡的情況卻始終不被世人所知。多年來，對自己這段海上貿易發跡的經歷，雖然不能說霍英東守口如瓶，但說他諱莫如深應不為過。正因為如此，霍英東的發跡史平添了幾分傳奇和神秘的色彩。

當時，霍英東的朝鮮戰爭生意應該是由販賣柴油開始的。而在具體做生意的過程中，他在維持利益的同時厚道經商，也是他的一個基本原則。他說過：「……再講朝鮮戰爭，要賺共產黨的錢，亦要講求合理。我記得當時有些人賣西藥，一些過期的西藥，搞得不少人吃了死亡。」

顯然，對於這種發國難財的做法，他是不恥的。而且，多年後，他與大陸政

73

治領導人走得很近，成為名副其實的紅色資本家，應該離不開他當初在物資供應上的義舉。由此不難想像，他在朝鮮戰爭時賺的錢不會很多，至少不會胡亂開口要價。

「朝鮮戰爭給予香港人一個機會，就是暗中供應中國內地急需的物資，有些人就因走私而起家，今天可以躋身於上流社會之中。」霍英東無疑就是其中的一位，不同的是，他沒有被貪欲沖昏頭腦，而是在國難時刻表現出一位愛國人士應有的情懷和義舉，比起那些看似誘人的利潤，這或許才是他人生的第一桶金。

5 · 以錢賺錢才是經商的真諦

一次偶然的機會，霍英東看到當時香港政府的憲報，刊有不少拍賣戰時剩餘物資的通告。霍英東腦袋一轉，心想：「有不少物資是目前市面上需要的，一買一賣，也許能賺些錢。」

他隨即開始打聽有關情況，誰知很多人都不知道政府拍賣物資的消息。原來港府的憲報全是英文，一般市民即使見過，也不一定明白上面的內容。霍英東中學時讀的是英文書院，自然一看就明。從此，霍英東就時時留意憲報上的招標通告。

有一次，他看中40部輪船機器，這些機器略經修理，就可使用。參加投標，須付100元。他向妹妹借了100元參加投標，出價1.8萬元港幣。幾天後，港府通知霍英東，他得了標，要他準備1.8萬元去取貨。

接到得標通知，霍英東又發愁了：這1.8萬元去哪拿？為了能夠把握住這次機會，他到九龍去找一位好朋友。這位朋友一聽，很感興趣，就一起去倉庫看機器。看了機器，這位朋友對霍英東說：「別到處找人借錢了，乾脆4萬元，把這些機器賣給我算了。」霍英東一聽，喜不自勝，一口答應。

這宗無本生意，霍英東淨賺2.2萬元。在那時，2.2萬元可是個不小的數目，於是他開始琢磨怎樣以錢生錢，由此進入了經商的另一層境界。

【創富經】滾雪球式的財富增長秘訣

　　做生意就像滾雪球，要越做越大。開始的時候，創始人要埋頭苦幹，深入第一線勞動。但是發展到一定規模，尤其是手裡有了資金，而行業經驗也相當豐富的時候，就要以錢生錢了。

　　「錢生錢」，也就是藉由資本實現產業整合，或者在資本市場上套利，讓自己的財富水漲船高。以錢生錢，可以進行投資、理財，而在商業世界中最迷人的方式則是用「資本」撬動「產業」。對此，投資大師巴菲特說：「產業運作是加法，而資本營運是乘法。」會做生意的商人都會借用「資本」的力量完成「產業」的騰飛，實現做大做強的目標。

　　宜華集團有限公司董事長劉紹喜，靠800元起家，從一個小作坊開始，發展成以木製品、房地產為龍頭，兼營投資和文化產業的集團，總資產達30多億，員工3000多人。

　　談到宜華集團的成就，劉紹喜頗有心得，他說：「宜華木業股份公司是汕頭市民企第一股，也是國內木地板行業第一股，這是我們的本業。但是，生意做到一定程度，必然要縱向發展，尋找新的利潤增長點，於是我們選擇了房地產，後來又進軍文化產業，成為一家現代化大型綜合性民營企業，在汕頭市五十強企業中名列第二。」

　　從李嘉誠到霍英東，無不是以「資本」撬動「產業」的高手。他們從無到有，由弱到強，都是以錢生錢，才實現了滾雪球式的發展。而這種財技的高低，恰恰表明了他們經商本領的大小。

　　不過，需要指出的是，進行資本運作的時候不能忽視最後的利潤。也就是說，任何時候做生意的目的都是獲取更多利潤。這提醒我們，如果過於迷信資本營運，不重視產業經營，把生意做大卻沒有利潤，這反而是一種負擔。因為，你的規模越大，虧得會越多，任何時候「盈利」都是根本。

6·我敢說，我從來沒有負過任何人

當霍英東成為富豪之後，曾有人問他是否擔心被綁架。霍英東坦然地回答說：「我從不擔心別人會綁架我，因為我這一輩子沒有對不起任何一個人！」

霍先生不止一次對人說，無論是從政還是做生意，無論你屬於哪個行業，最重要也最根本的，就是做人。會做人，能夠得到別人的認同，而不得罪於人，那麼前面的道路就會很寬廣，做什麼事情都會遊刃有餘。

早年，霍英東和一個合作者共同開發新專案，不料對方公司突然出現危機，急需現金。對此，霍先生主動並巧妙地將利潤重新劃分，不僅不露聲色地幫助對方度過了難關，還有效維護了對方的尊嚴。在那之後的幾十年裡，當年的合作者及他的後代都將霍先生視為最值得信任的朋友，這種身分認同是最難能可貴的。

在香港眾多超級富商中，霍英東是唯一一個敢不帶保鏢獨行的人。在很長一段時間裡，香港市民常常能看見霍先生獨自一人散步、爬山，沿途還不時和大家打招呼，就像一個友善而熟識的好鄰居。

「做人，關鍵是問心無愧！」霍英東不僅是這樣說的，並且用其一生為後人做出了榜樣。叱吒商界半個世紀，他至今沒有在商業行為或其他任何行為上有過負面傳聞，個人形象獲得了很高的得分。

霍英東能有無愧於心的坦蕩，在於他一生都將人與人之間的感情看得比金錢更重要。在很多時候，他寧可犧牲自己的利益，也要維護他人的尊嚴和利益。他認為，只有尊重他人的人，才能贏得人們更多的尊敬。而這樣一個處處得到人

們尊敬，人人都願意為他盡力的人，想不成功都難。

【創富經】「德商」是生意人最好的名片

霍英東坦蕩的胸懷，毫不做作的為人，真誠的處世方式，為他贏得了無數的朋友，也為自己輝煌的事業打下了堅實的基礎。

在經商過程中，商德是決定一個生意人能否成功的關鍵要素。一個沒有商德的商人和企業家，是不可能受到別人尊敬的，當然獲得生意上的成功也就難上加難了。

不可否認，做生意剛開始都是朝著「金錢」來的，是為了利潤整日奔波。做到一定程度，就看你的信譽、品格了，要看你是否會做人。

（1）人格魅力勝萬金

許多成功的商人談到自己的成功之路，都談到了「人格」的作用。沒有人能準確地說出「人格」是什麼，但如果一個人沒有健全的特性，便是沒有人格。人格在一切事業中都極其重要，這是無庸諱言的。無論任何時候，做任何事情，「人格」都是一個人的最大財產。

事實上，一個擁有魅力的生意人在無形中就建立了自己的競爭優勢，你給了很多人深刻的印象，那麼自然與客戶建立合作的可能性也增加了。同時，因為你有了別人所沒有的「好面子」，你往往能做到更有效率地協調人際關係，增強影響力，更容易給對方留下難以磨滅的印象。有魅力的生意人往往在成功的道路上暢通無阻。因此，想做一個成功的商人，首先要擁有「魅力資本」，這是打開生意大門的鑰匙。

（2）做個有教養的人

對商人來說，每天都要和不同的人打交道，應付各種各樣的人。生意人要言行得體，謙和友善，不逞強也不擺闊，喜歡助人為樂，舉手投足間透出紳士的

風範。重要的是，不管是貧窮還是富有，都要掌握行事的分寸，這對你的生意大有裨益。

　　文明高尚的教養能讓生意更加發達。因為教養中包含著許多美德和高尚的氣質，如謙和、正直、善良等等。一個生意人不管他多麼有創見、有能力、有口才，一旦他表露出粗俗、暴戾、野蠻、不合時宜等拙劣的傾向，他自身的形象就會大打折扣，不會贏得別人的喜歡和尊敬，人際關係就得不到提升，生意自然無法展開。因此，修養是提升人緣的利器。

7·我不惹事，也絕不怕事

霍英東一生與人為善，但同時也堅守著自己的做人底線與原則。霍英東先生是商人，但是他身上沒有一般生意人的俗氣和勢力，而表現出有血氣、講義氣的一面。

廣州著名的洛溪大橋是霍英東無償捐款所建，而當地某政府部門卻肆意收取過橋費，此事使霍先生倍感憤怒。於是，他委託別人在報上發表聲明，說明自己並沒有收到過一分所謂的「過橋錢」，以此「敲山震虎」，透過人大來解決這樣的問題。最後的結果是當地政府部門意識到了錯誤，還了霍先生一個公道。

一滴雨露可以折射整個世界，一件小事便能檢驗人的品格。有些商人為了討好相關部門，一味捐款，哪怕捐款的錢用起來不大乾淨，他們也義無反顧。而他們捐款的目的，無非是為了獲取更大的回報，這種過於勢力的算計，是最令人不齒的。

反觀霍英東，他絕不允許玷污自己的聲譽，也無法忍受別人借用自己的名望謀取私利。這種高貴的人品，在今天這個商業世界裡是最稀缺的，也令人敬仰。身價與人品等值，這才是真正的富有者。

【創富經】領袖魅力也能創造價值

霍英東一生歷險無數，嘗遍人情冷暖卻從未放棄，靠的就是這股不服輸，不低頭的血性精神。有人評價，他是頂天立地的血性男兒，是具有人格魅力的企

業家，是恰如其分的。

企業家的魅力來自於歷史的積澱，由於在企業的發展歷史中，發生過一連串的歷史事件，人們在這些歷史事件中獲得了深刻的心理體驗，對企業家的作用產生了共識，於是企業家也就產生了魅力。

蒙牛集團的牛根生、海爾集團的張瑞敏、聯想集團的柳傳志、華為集團的任正非，都以其獨特的個人魅力吸引並領導著他們的員工。很顯然，這幾個人性格各異，思維方式相去甚遠，行事風格也迥然不同，但在他們員工的眼裡，他們都是具有魅力的企業領袖。

領導人的魅力，來自於本身的個性，以及後天的價值追求，特別是他們發達後做人做事的態度、對待財富的評判標準。一個生意人富有了，仍然不放棄最根本的做人原則，不畏權貴，兼濟天下，這種魅力能夠得到人們的贊同，也容易贏得更多追隨者。

因此，做人做事做生意是密不可分的一個整體。商人必須注意修練自己的領導魅力，具備做人的風骨、做事的坦蕩，才容易贏得認同，在商場也有人捧場，給你抬轎子。那麼，有魅力的生意人、企業家有哪些共性呢？

（1）對未來充滿熱情。

有魅力的企業領袖一般都對自己的企業充滿熱情，心中時時刻刻都想著企業的發展，不停地勾畫著企業未來的藍圖。這種對企業的熱情能夠感染許許多多原來只帶著打工心態前來工作的員工，使他們也從內心深處願意為企業的成長和發展做出貢獻。因此，有魅力的領導人能夠昇華員工對工作的看法，使他們在認同領導人的同時認同企業。

（2）保持學習的精神。

有魅力的企業領袖還善於思考善於學習，不斷總結不斷提升自己的認知。去看一看張瑞敏這些年來對運作海爾悟出的道理，去讀一讀任正非寫的《華為的

冬天》、《天道酬勤》等文章,去看一看貼在蒙牛集團辦公大樓裡那些藍底白字的「牛根生語錄」,去聽一聽柳傳志在聯想發展的各個階段所作的演講和報告,我們就不難體會到他們的魅力來自於埋頭耕耘,以及他們永不停歇的思考總結。

(3)自信而不張揚的作風。

有魅力的企業領袖都充滿自信,但同時並不張揚。他們在與人交流的時候總是不急不躁,沉穩耐心,顯得底氣很足。這種自信,尤其在企業面臨危機之時,能夠給員工強大的安全感,使大家對企業充滿信心。

(4)為員工提供成長空間的吸引力。

有魅力的企業領袖也是慧眼識才者,並且能夠捨得為培養企業的管理者投資。在這樣的領導者手下,員工能夠學到新的知識技能,能夠學到溝通管理的技巧,也能夠有不斷成長發展的空間。

(5)化危為機的手腕。

企業領袖的魅力當然更來自在企業生死存亡的關頭,能夠拯救企業使企業轉危為安的能力。當然,企業的轉危為安有多方面因素的影響,但是,如果員工和一般大眾將此現象與企業的領袖相聯繫,那麼這個企業領導者對員工就會有相當的魅力。

8・「一二三四五」的商業模式

◎鵝潭起宏圖

1982年10月，霍英東一馬當先，大手筆建造起中國改革開放初的第一家中外合作五星級酒店——廣州白天鵝酒店。為了爭分奪秒建造酒店，霍英東親力親為，從早盯到晚，有時晚上回家，累得鞋都顧不得脫就睡著了。

對賓館的建設，霍英東傾注了大量心血。他在廣州參加設計賓館的座談會，傾聽來自香港及廣州的建築師、專家們的意見。在座談中他察覺到，由於內地建築業自我封閉*30年*，建築師對新事物缺乏認知，而香港建築師則對內地情況瞭解不多，因此這給雙方的合作帶來了很大局限。

當時，建築設計工作涉及到*30多個部門*，香港方面的設計師未必能考慮這麼多的複雜因素，局限很大。所以，由一批熟識本地情況的內地建築師負責設計是比較合適的。而為了彌補內地建築師對現代建築認知不足的缺陷，霍英東邀請他們到香港參觀考察一段時間，使每個人大開眼界，最終設計出了一間聳立在白鵝潭畔，既具現代氣派，又不失民族風格，屬國際一流水準的賓館。

廣州白天鵝酒店主樓*34層*，附樓*3層*，建築典雅堂皇。步入大堂，一幅三丈多長的人造瀑布，懸空掛在嶙峋的假石山前，引人注目。山上一亭一景，使民族建築風格更加顯著。之後，遊客到酒店留宿，都喜歡在美景前拍照留念，成為一道亮麗的風景。

關於施工問題，霍英東主張還是由內地建築公司承建，但要採取新的辦

法，以承包方式進行。當時內地物資缺乏，許多物品要向世界各地採購。這些採購業務他也交由內地人員自行負責，自己從旁協助。透過這件事，霍英東也為內地培養了一批採購人才。

在管理方面，白天鵝賓館面臨著兩種選擇：其一是交由外國管理集團管理，其二是由當時完全沒有做過賓館行業的內地人士自行管理。外國和香港的高級酒店多是委託管理集團負責組織客源和管理的，但要簽上10年、20年或更長年限的合約，並掌握一切用人用財權，從營業總額收取一定百分比的管理費，而又不負責盈虧。

考慮到內地情況特殊，外國管理集團組織客源不易，對內地情況不熟識，難以妥善安排旅客參觀及提供車票、機票等服務，出外採購也有困難，霍英東放棄了讓外國管理集團打理的計畫。

權衡利弊得失，最後採用了自己管理的方式。整個賓館2000多個員工，沒有一人從事旅館行業，卻管理一家現代化的大賓館，這是個大膽的嘗試。但霍英東安排的團隊有好學精神，開業以來幾經艱辛，終於把白天鵝管理得井井有條，成為服務業的一個金字招牌。

◎「一二三四五」的特色管理

2003年，白天鵝酒店舉行了20周年慶典。看到自己一手培育的酒店長大、成熟，霍英東感觸很深。他說：「20年來，白天鵝賓館的經營發展十分成功，我也傾注了許多心血，有著非常深厚的感情。今天的白天鵝已經不僅僅是一座賓館，更是一個響噹噹的民族品牌。」

的確，白天鵝酒店見證了一個時代的脈動，是改革開放初期變革成果的印證。而以霍英東為首的香港商人投資大陸，掀起了這裡的經商熱潮，也影響到人們商業理念的革新。這種示範效應是巨大的。

香港商人不僅帶來了資金，更帶來了先進的管理經驗，以及拚搏進取的商

業精神。對於白天鵝賓館的特色，霍英東用「一二三四五」進行了概括。他說：

「一馬當先──它是中國改革開放初期落成的中國第一家中外合作的五星級酒店；二十年──從1983年2月6日開業到如今走過整整20年的光輝歷程；三自──它是中國第一家『自行設計、自行建設、自行管理』的現代大型中外合作酒店；四門大開──中國第一家敞開大門允許老百姓參觀遊覽的高級酒店；五十佳──兩度蟬聯『全國五十佳星級酒店』榜首。」

這個管理模式的確立，不僅是港商的傑作，也是他們帶領下大陸團隊成員努力的結果。換句話說，港商激發了大陸人經商的熱情，把這裡變成一片熱土，也讓這裡成為新商業文明的策源地。作為大陸商業文化覺醒、勃興的啟蒙人，霍英東功不可沒。

【創富經】打造商業模式的四要素

霍英東的白天鵝，踏著「一二三四五」的台階造就了三十多年的輝煌。這提醒我們，今天的商業世界早已不是低層次的競爭了，而是商業模式等高層次商業文化的博弈。

從更廣泛的意義上來看，市場經濟發展到今天，競爭已經不再是停留在產品、技術、服務、管理、人才、品牌、文化等方面的功能與功夫上了。全球化要求企業必須以一種有形的模式存在或出現，要把企業各種資源整合到一個商業模式中，從而賦予這個商業模式特殊的生命力，能夠在各種商業環境中落地生根、開花結果。這就是企業複製成功的商業模式的能力。

管理學大師彼得‧杜拉克說過：「當今企業之間的競爭，不是產品之間的競爭，而是商業模式之間的競爭。」複製成功的商業模式，要從如下幾個方面著手：

（1）商業模式一定要有生命力。

優秀的商業模式必須在商業競爭中千錘百鍊，經歷了市場的嚴峻考驗，既有標準化作業流程，也有彈性空間。好的模式才可能打造無數個與「母版公司」一樣有競爭力的「複製公司」。

（2）優秀的職業經理人必不可少。

一支隊伍能否打勝仗，關鍵在於帶隊的人水準如何。優秀的職業經理人是商業模式推廣的指揮者，發揮著不可替代的作用。在一個地方複製商業模式的時候，職業經理人往往會接管被改造的企業，操刀新企業推行商業模式的整個過程，直到最後成功的那一刻。

（3）有一支專業化管理團隊。

實現商業模式的完美複製，需要專業化的管理團隊。商業模式的複製過程，涉及到知識管理的多個層面，不但耗費時間和精力，還需要成熟的營運管理能力，對大局的把握水準。一支專業化的管理團隊，是企業推廣商業模式的組織保障。

（4）複製過程中要堅持「本土化」。

把企業的商業模式移植到另外一個地方，必須使它落地生根，實現真正的本土化。這要求企業空降部隊必須把握好當地文化，在執行中做好完美對接。好的商業模式，沒有出色執行力保證，也會遭遇「滑鐵盧」，最終退出當地市場。

⑨ · 首創「賣樓花」，躋身超級富豪

◎創新地產銷售模式

香港光復時，人口才50萬，之後陸續增加到100萬。人口劇增，住房嚴重不足，加上工商業勃興，形成對土地和樓宇的龐大需求。霍英東審時度勢，認定香港房地產業勢必大有發展。

早在1953年初，他已開始經營房產業，成立立信置業有限公司。那時英國、美國、加拿大及香港地產商都是整幢房屋出售的，由一個公司擁有整幢地產樓宇，非有巨額資金，很難購買，因而房屋不易脫手。過去美國華僑喜歡在九龍深水埔一帶購置物業，作為祖業傳給子孫收租。從買地、規劃、建樓，以至收租，資金周轉期很長。

這種經營模式的風險在於：當時是向銀行貸款建樓，要付一分多利息，如果建成了才賣，人家不買，利息承擔不起，自己只好「跳樓」。霍英東一改過去的做法，將房地產工業化，興建住宅、辦公大樓、商場綜合大廈，分層、分單元出售，預售「樓花」，並提倡分期付款。分層預售「樓花」，分期付款，這種經營方式在當時是一個很大的突破，受到眾多買家的熱烈歡迎。

此外，霍英東還幫助銷售人員改進售樓方式，也促進了地產業的興旺。當時，帶領買主察看樓宇的人都是有名的「負氣佬」，他們對買主很不耐煩，因為反覆帶人上高樓介紹房舍情況，一天不知上下多少次，又往往十之八九會落空，徒勞往返。有鑑於此，霍英東編印了小冊子，對樓宇情況以及有關出售樓宇新措

施廣為宣傳，便於買家瞭解，也減輕了售樓人員的壓力。這在當時也是創舉。

霍英東精打細算，算過一筆帳：那時租樓要交頂手費，一般一個單元7000元。一座樓如果以六層計，位置高，價錢可便宜些，一個單元才賣1‧4萬元，登廣告預售，第一期交費7000元，餘下7000元，每月繳交不到300元，兩年可還清，與租屋無異。但買方卻獲得一個單元住房，是很合算的。

於是，他打出了有針對性的廣告，結果樓花很快便賣光了，而樓房尚未開工。從建樓來說，比如建築費需100萬元，首期預付10%，只須先付10萬元，以後在施工中分期付一定款數。樓房可賣兩三百萬元，淨賺一兩百萬元。先收售價一半，這建樓費用早就解決了，資金周轉很快。

就這樣，霍英東收足定款後才動工，保證了經營上的萬無一失。另一方面，買方仍覺便宜，還是搶著買；往往認購之後，轉手賣出，也有利可圖。有人早上購個店面，下午轉手賣出便賺了錢。這更讓霍英東意識到，房地產業是很有吸引力的，可把人們手上的錢都吸引到房地產業上來。

後來，他首先買入使館大廈，賣了280萬元，賺得不少。之後又陸續興建樓宇，帶頭「賣樓花」，引得地產商紛紛效尤，成為香港房地產市場的一大經營特色。「賣樓花」加速樓宇的銷售，加快資金回收，地產商易於籌措資金，因此掀起了香港人的地產狂潮，許多人都捲進來，蔚然成風。

◎找地盤，建樓房

香港樓房過去一般不超過四、五層。1955年，香港政府修訂建築條例，准許建高層，房地產業發展更加迅速。

當時，香港政府一個星期拍賣12幅地，連續拍賣3年。在這期間，霍英東建起了全港第一座最高的17層大廈，隨後幾年，大廈遍佈港九。在他名下的60多家公司，大都經營房地產生意。霍英東擔任香港地產建設商會會長，該會擁有會員300多名，經營香港7成以上房地產生意。

房地產業的啟動，推動了香港工業的發展。那時紗廠、搪瓷廠、水泥廠、船廠受經濟不景氣影響難以支持。但工廠在市區都佔地不少，有的紗廠佔地幾十萬平方米。這些工廠遷廠賣地建樓，一下子賺了大筆錢，工廠起死回生，又可擴大了生意。高樓大廈一建，其他有關工業便帶動起來。1959年，香港的紗廠總共才38萬錠，但到1967年就擁有90萬錠了，原因在於房地產市場熱絡。南洋紗廠搬到荃灣，一搬就發了。

那是香港地產業的黃金年代，大家都爭地盤。霍英東拆建利園山舊樓，收購了部分渣甸倉，牛奶公司貨倉；海軍船塢開投，他也投了標，這都是為了找地盤，建樓房。香港政府還開山填海賣地，他也承辦開山填海工程。

房地產業的繁榮，不但推動了工業發展，也推動了旅遊、商業、飲食業，還推動了金融業的發展，使整個香港繁榮起來。

20世紀50年代以前，銀行是不輕易貸款的，不收存款。匯豐銀行早期就不收存款，要經有名望的人介紹才能開戶。許多人士的產業，不是早已存足樓款的，而是把所購樓宇按揭（抵押）給銀行，向銀行貸款購買。樓宇按揭貸款當時便成為銀行的主要業務。香港金融也隨之日益活躍。

今天，香港許多富豪，大都是經營房地產發跡的。霍英東的革新措施把香港房地產業推進到一個新的高峰。現在回頭看來，他當時採取的經營房地產業的新措施，在香港經濟發展中確是重大突破。從房地產業到工業、金融業，香港整個經濟都獲得了飛速發展。

【創富經】創新是商業的源泉

霍英東加入香港地產業後，首創「賣樓花」，很快帶動了香港地產業的繁榮，而這種好勢頭延續下去，引發了工業經濟、金融業、旅遊產業的繁盛。這是許多人始料未及的。由此，香港迎來了歷史上最好的時代。

　　商業的迷人之處，恐怕就在於其不確定性，並且往往能創造出超越想像的財富奇蹟。對商業人士來說，能夠引領一個時代的商業潮流，也就是一件快慰的事情了。除了香港的霍英東，我們還能看到掀起*IT*風暴的比爾‧蓋茲、引領互聯網熱潮的*Google*雙人組，等等。

　　而這些商業菁英之所以能夠有這樣的佳績，在於他們完成了某種程度的商業創新。當然，這種創新不是憑空而來，而是建立在前人基礎上的，甚至是進行的創造性模仿。而後者，也是離我們最近，應用得最多的創新技巧。

　　無數後來居上的故事告訴我們：後來者完全可以依靠自己創造性的模仿超越先行者。管理大師彼得‧杜拉克甚至認為，創造性模仿就是一種創新戰略。

　　哈佛大學教授希奧多爾‧萊維特說：「創造性模仿不是人云亦云，而是超越和再創造。」企業間互取所長，模仿先進技術及觀念既有助於市場競爭，又能更好地為消費者服務。但是，我們要學習的是如何巧妙模仿——即以不竊取知識產權的方式學習他人技術。

　　商業世界中，許多領導人是財務或物流方面的專家，但是對人力資源或行銷知識往往體會不深；他們可能在下屬面前是個好領導，但在市場面前卻不是出色的博弈者。於是在弱肉強食的市場叢林法則面前，大浪淘沙過後總有失敗者的影子。究其原因，最根本的一點是這些人不懂得變革，不善於根據情勢變化做好執行工作。

　　成功的商人，一定有他變與不變的地方——變的是「隨時應變」的執行策略，不變的是對「變革」的堅守。最後，讓我們牢記國際戰略管理專家哈默爾的教導：「好的企業都是在寬廣的戰線上進行創新，面對全新的商業環境挑戰。它們無須操心預測未來五年會發生什麼事，因為在這個快速變革的年代，能預見十二個月以後的事似乎都超出能力範圍。應付快速變化的方法是創造一個適應力強、無時間差的機構。」

10 · 無怨無悔的「南沙情結」

霍英東這一代人的財富生涯，大多歷經驚險，為時代左右，受時間煎熬，如火中取栗。因而，其進退往往慎獨有序，眼光毒辣而在於長遠。

霍英東祖籍廣東番禺，對故土有著濃烈的情感。在生命的最後十八年，他把很大精力放在了番禺最南端的一個叫南沙的小島開發上，獨見其情感之真切。

這是一個面積為21平方公里的小島，若非霍英東，至今仍可能沉睡於荒蕪之中。從1988年開始，霍英東就發誓要將之建成一個「小廣州」。這位以地產成就霸業的「一代大佬」顯然想把自己最後的商業夢想，開放在列祖列宗目力可及的土地上。這也許是老一輩華人最值得驕傲的功德。

據稱，在十多年裡，只要身體狀況許可，霍英東每逢週三必坐船到南沙，親自參與各個專案的討論。從1988年到2004年8月，他參加的南沙工作例會就多達508次。修輪渡、建公路、平耕地，先後投入40多億元，以霍家一己之力，硬是把南沙建成了一個濱海花園小城市。

霍英東的南沙項目在商業上曾被認為是一個「烏托邦」，十餘年中，只有支出沒有收入，有段時間，甚至還有「霍英東折戟南沙」的報導出現。

艱險還不止這些，還有他與當地政府的合作，也頗為曲折。霍英東基金會顧問何銘思，曾描述了這樣一件事：

有一次，討論挖沙造地專案，南沙方提出挖沙費用需每立方20元，霍英東一愣說：「你們有沒有搞錯？」他知道，如果請東莞人來挖，是8元一立方，請中山人來挖，是10元一立方，政府的人嘻笑著說：「是呀，我們是漫天要價。」

　　何銘思說：「霍先生咬緊牙根，似乎內心一陣憤懣，兀自抖動不止。我跟霍先生40年，從未見他對人發脾氣，當日見他氣成那樣，可見受傷之重。」

　　霍英東也曾對人坦言，「我一生經歷艱難困苦無數，卻以開發南沙最為嘔心瀝血。」但是，儘管如此，這位號稱「忍受力全港第一」的大佬卻始終不願放棄。在2003年前後，霍英東更是大膽提出以南沙為依託，打造粵、贛、湘「紅三角」經濟圈的概念。其視野、格局之大，已非尋常商人所為。

【創富經】財富是搏來的

　　風險有多大，成功的機率就有多大。由貧窮走向富裕需要的是把握機遇，而機遇是平等地鋪展在人們面前的一條通道。具有過度安穩心理的人常常會失掉一次次發財的機會。所以，做生意要抓住稍縱即逝的機會，過度的謹慎就會失去它。

　　台灣富豪郭台銘說，創業和用兵作戰一樣，謀略一經確定，決心就應堅定，特別是在執行的過程中要堅決。如果優柔寡斷，不能出色執行自己的想法，往往會貽誤時機，不但葬送發展機遇，還會使人心渙散。

　　眾多商人之所以做生意很有一套，就在於他們認準了方向就不拋棄、不放棄，自己認定的事情一定堅持到底。曾為泰國華人首富黃子明說：「審時度勢，認定機會，不借一搏。」商人一旦認準了方向，就全力拚搏，不折不扣地把事情做好。

　　做生意，具有這種執著的信念、堅定的執行，是生意人，尤其是創業者最寶貴的財富。因為，它確保了你行動起來，使自己的想法和邏輯得到驗證，而不管最後的結果是成功還是失敗。

　　美國著名管理學家杜拉克所說：「管理是一種實踐，其本質不在於『知』而在於『行』；其驗證不在於邏輯，而在於成果；其唯一權威就是成就。」把創業

的夢想變成現實，創業者本身要具備堅韌的意志，擁有堅定的決心，學會出色的執行。

世上沒有萬無一失的成功之路，動態的市場總帶有很大的隨機性，各種組合要素往往變幻莫測，難以捉摸。所以，要想在波濤洶湧的商海中自由遨遊，又非得有冒險的勇氣不可。看準了目標，就要大膽行動。當然，冒風險並非鋌而走險，敢冒風險的勇氣和膽略是建立在對客觀現實的科學分析基礎上的，順應客觀規律，加上主觀努力，力爭從風險中獲得效益，是經商者必備的心理素質，這就是人們常說的應當膽識結合。

作為一個成功的經營者，就必須具備堅強的毅力，以及「拚著失敗也要試試看」的勇氣和膽略，對認準的東西，必須大膽行動。在李嘉誠看來，行動前要知道自己的優點和缺點，更要看對手的長處，掌握準確、充足的資料，做出正確的決定，這才是商人必備的素質。

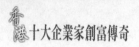

第三章 「亞洲股神」李兆基

——地產大王玩轉股市

　　有這樣一位企業家，他雖只是小學畢業，但卻身懷絕技：用算盤計算快過電腦；被人稱為「亞洲股神」，香港著名商界巨頭；作為地產界的「大哥大」，他在香港政府適應市民要求壓樓價之時，曾帶頭將馬鞍山新港城最新樓盤自貶身價百分之八，為其他地產公司做出了一個榜樣；他屢次捐款支持國際康復機構、香港公益金及愛丁堡公爵獎勵計畫……這就是「亞洲股神」李兆基。

　　李兆基，在香港這個全球有名的營商之都，先後創造兩次傳奇。第一次成功打造了恆基集團這個房地產王國；第二次是在幾年前，他卻看準香港房地產業已是微利行業，轉而善用香港這個國際金融中心，讓雲集於此的數以萬計全球金融專才，將他擁有的巨額財富，變成更巨額的財富。

　　至此，從幾年前的成功「轉行」，把500億港元變成1200億元，榮膺「亞洲股神」，成功地實現了地產大王玩轉股市的神話。正如他本人的座右銘說的那樣：「先疾後徐，先聲奪人，徐圖良策。」他認為凡成功不可或缺的是培養好自己的能力，做好事前準備，有獨到眼光，方能先別人一步。

◇檔案

中文名：李兆基

出生地：廣東順德市

生卒年月：1928年2月20日

畢業院校：小學畢業

主要成就：恆基集團主席

◇年譜

1928年，出生於廣東順德。

三十年代中，李兆基的父親從順德來到廣州，開了一家銀莊。小學剛畢業的李兆基也隨父親來到廣州，在父親的銀莊裡打雜，開始了他的創業生涯。

1948年，懷揣一千元錢，隻身來到香港，利用他熟悉貨幣兌換業務的優勢，在幾間銀鋪掛單，從事買賣外匯和黃金的生意。

五十年代初，又轉行做五金生意和進出口貿易。

1958年，和馮景禧、郭德勝等八人合股組成永業公司，開始涉足地產生意。

1963年，與馮、郭兩人甩掉其他五位股東，另組新鴻基企業有限公司，李兆基任董事局副主席兼公司總經理。三人聯手，在地產界聲名遐邇，博得「三劍客」之名。

1972年，新鴻基地產股票正式上市，合作了十餘年的「三劍客」也於此時拆夥了。

1972年底，用拆夥後得到的地盤和物業，和胡寶星合作，組建了「永泰建業有限公司」。

1973年初，永泰公司上市，每股一元的股票一下子漲至一元七角，李兆基大撈了一把。

1975年，香港股市開始復甦。也在此時成立了自己的公司——恆基兆業有限公司。

1981年，成功地將恆基兆業推上市，一舉集資十億港幣，充實了自己的實力。

1988年，恆基兆業地產公司全面收購了永泰建業，將之改名為「恆基兆業發

展有限公司」。同年，澳門東亞大學頒贈工商管理學博士學位給李兆基，對他在香港商界的卓越成就致以崇高敬意。

1993年，與鄭裕彤、何鴻燊以14.9億港元收購加拿大Westcoast Peboleam公司。同年被國務院港澳辦和新華社香港分社聘為港事顧問，並成為「廣州市榮譽市民」。

1994年，出售加拿大物業百福軒（總樓地板面積要1.63萬平方米），市值1.6億美元。

1995年，被聘為香港特別行政區籌委會委員。

1996年，恆基兆業地產在香港上市公司排名中位居前列。並於當年，成為首支在日本上市的香港股票。

1997年，獲得香港理工大學榮譽工商管理博士學位。

1998年，獲得香港大學名譽法學博士學位。

2007年，捐款4億港元予香港科技大學，支持科大發展成為世界一流的教研學府。

2005年至2007年，李兆基僅向香港各大院校捐贈的數額就已超過11億元。

2008年，捐一億元支援復旦大學教育建設。

2009年，向北大、清華捐贈4億元，並與中國教育發展基金會、北京大學、清華大學正式簽署捐贈協議書。

2010年，《富比士》公佈的香港富豪排行榜中，李兆基居榜單亞軍。

1.隻身帶一千元到香港創出一片天

◎經商世家的薰陶

1928年，李兆基出生在廣東順德市的一個富裕家庭。其父李介甫當時經營黃金匯兌外幣的買賣，生意做得很不錯，因此家境十分富裕。

幼年的李兆基在父親的教導下，經常到「鋪頭」學習，對於做生意很快熟稔起來。他頭腦聰穎，表現出了很強的金融天分，很快就成了父親的得力助手。

一開始，他被銀莊的鈔票迷住了。看著各種各樣，大捆小捆，出出進進。他想，什麼時候我也能賺上幾捆鈔票呢？漸漸地，他在業務上也入行了，荷包裡也裝進了一些鈔票，有了最初的成就感。

愛動腦筋的李兆基不滿足於賺錢，他開始思索更深層的東西，研究身邊的經濟現象。比如，為什麼吃飯沒有鈔票不行，但這些鈔票今天可以買到一斤米，過兩天就連一兩米也買不到了。顯然，僅僅懂得怎樣賺鈔票還不行，要發財必須懂得繁雜經濟現象背後的奧秘。

父親的生意越做越大，等到李兆基小學畢業的時候，生意已經做到了廣州。這時候，人手不夠用了，李兆基便聽從父親的安排棄學從商，來到父親的身邊做起了生意，開始了他經商的傳奇生涯。

◎金融業發家，更看重實業

就在李兆基對銀莊的生意起了興趣，開始懂得怎樣賺鈔票的時候，由於時運世運，國事家事，文明轉型的災難迫使他重新建構了對於生活和世界的認知。

八年抗戰終於結束了，可惜，隨之而至的並非真正歌舞昇平的日子。面對貨幣因時局動盪而變為廢紙的浩劫，李兆基也對鈔票失去了信心，他覺得，鈔票遠遠不及實物有價值。

1948年的春天，銀莊待不下去了，李兆基經過深思熟慮之下，毅然辭別了父母，帶著1000元錢隻身來到香港。年輕的李兆基有的是豪情幹勁，他相信靠著金銀業看家本領，一定能在香港打造出自己的一片天地來。

靠著自己在銀莊時的經驗，李兆基先後在文咸東街「灑利金號」等幾間金鋪和找換店「掛單」，買賣外匯和黃金，業務性質和他家的銀莊沒有什麼分別。早已練就了識別黃金成色成分成數專業本領的李兆基，非但不會被走賣黃金的水客佔去便宜，而且心算越來越精確，對黃金市道走勢越來越有把握的李兆基，每次在一買一賣彈指之間就可以獲得一筆相當可觀的利潤。

有了本錢之後，李兆基如虎添翼，開始做五金生意，從事進出口貿易，鈔票越來越多。這時候，錢對他來說已經不再是可望而不可即的東西。但不知為什麼，他對這些生意始終提不起興趣。可能是因為小時候的經歷讓他知道，無論是什麼樣的錢幣，都可能隨政治局勢變化在一夜之間變成廢紙，而有保留價值的唯有實物。於是，李兆基毅然選擇了地產，走上了一條日後為他帶來無量前途的實業之路。

【創富經】對商業理解越深，定位就會越準

「天將降大任與斯人也，必先苦其心志，勞其筋骨，餓其體膚，」正是李兆基的這種腳踏實地和胸懷大志的性格，決定了他將變成一個在香港商界叱吒風雲的超級富豪。

在安逸中，在正常而又舒服的環境中，容易喪失鬥志，習慣了安穩與平庸，就無法再次起航。事實上，這樣的時候應該學會思考，努力發現自己的不足之

處，對過去的失誤進行總結，準備下一次的騰飛。

創業就是要開創新局面，因循守舊是創業的大忌。創業需要一往無前的勇氣與魄力，需要在做出決定之後義無反顧的前進。勇氣與魄力既是創業的支點，也是創業持之以恆的動力。

當然創業的勇氣與魄力並不是魯莽與衝動，它是冷靜思考之後的一種決斷。創業所需要的勇氣與魄力是一種由衷的自信，是一種萬事俱備之後的東風。我們不能盲目的捨棄現有的生活，一味的追求新奇與未知。創業不能意氣用事，需要從細節著手，勇氣與魄力是做決定那一瞬間的果敢。

李兆基學會了賺錢，更看透的錢的本質——有時候它們不過是一堆廢紙。所以，千百遍思索之後，他把目光瞄準了更具穩定性的實業，躊躇滿志地向地產業進軍了。這種冷靜分析和思考，對一個商人來說是最難能可貴的。

從更廣泛的意義上來看，一個人在創業、經商的過程中，對商業理解得越深，定位就會越準。因為，一個人一旦參透了行業本質，以及商業模式運作等秘密，就能透過繁雜的現象深入到商業的內核，做出準確、超前的決策，大獲成功。

2·「三劍俠」借勢合作，進軍地產

◎一個好漢三個幫

*1958*年，李兆基和兩位志同道合的朋友郭得勝、馮景禧共同組建永業企業公司，正式向地產業進軍。

在這三位好友中，郭得勝經驗豐富，老謀深算；馮景禧精通財務，擅長證券；李兆基卻足智多謀，反應敏捷。他們為了共同的目標勇於進取，一起合作，各展所長，在商場上遊刃有餘，配合得天衣無縫。

永業公司成立後，憑著三人的經商天分，準確的發現香港有很多價格低廉而又非常有發展潛力的地皮，於是三人以低價收購後，重新建築好出售。而後，永業又奇兵突出，在地產業攻無不克，戰無不勝，郭、李、馮於是聲名大震，得到了「三劍俠」的讚譽。

*1963*年，三人又合資創建「新鴻基企業有限公司」，李兆基出任了公司董事局副主席兼總經理。由於是李兆基、郭得勝和馮景禧另起爐灶脫離的永業公司，所以這次重組新公司，所投入的資金和規模都不是很大。而唯一能與其他地產公司一較高低的是，他們雄心勃勃，充滿著自信。

在此之前，「三劍俠」經過5年的合作，積累了地產經驗，有了新公司，更是雄心勃勃，誓與其他地產公司一較高低。別人開發地產多集中在商業和工業用地，即使興建住宅樓宇，也多往大型屋村或豪華住區發展。但新鴻基卻看準了中小型住宅樓宇，這正適應了工商業的急劇發展及年輕一代組建家庭的特點，因

此，新鴻基的地產事業，正可謂一日千里。

在創業過程中，單憑一個人的力量不足以成就大業，必須有一支團結合作的隊伍。李兆基與郭得勝、馮景禧聯手，正應驗了「三個臭皮匠，勝過一個諸葛亮」那句老話，他們表現出強勁的戰鬥力，很快就在市場上打開了局面。這正是借勢合作帶來的好處。

◎咬住青山不放鬆

李兆基在新鴻基出任總經理之職，靠著他永不放棄的性格，加上早年歷練的商業嗅覺，上演了一齣又一齣的商業神話。

有一次，他聽到這樣一則消息：位於黃金地段的勵晶大廈舊地的業主鄭宗樞要將地皮出售，並以1100萬的價格，口頭答應賣給別人。聽到這個消息後，李兆基簡直有些興奮，他怎麼捨得放棄這次大好機會呢？

不過，馬上有人提醒他，明天就要簽定買賣協議了。李兆基聽後，眉頭一皺：「我只有今天晚上這一晚上的時間了！」於是，他絞盡腦汁，像熱鍋上的螞蟻，考慮獲得轉機的方法。他始終保持這樣一個觀點：辦法是人想出來的。

的確，方法總比問題多。在當晚深夜，李兆基忽然想起證券商何廷錫跟鄭宗樞很熟，馬上就打通電話給何廷錫，開門見山地說：「拜託你無論如何要幫我拿下那塊土地，1300萬之內，你給我拿主意，你的佣金我們一分都不會少。」

何廷錫很給面子，第二天苦口婆心地勸說，果真以1200萬的售價遊說鄭宗樞將地皮轉售給了李兆基。與其說，這是何廷錫的面子大，不如說李兆基認準了方向就不放棄，才有了整個最好的結果。

香港的房產銷售，以前流行整幢物業買賣，這其實在很大程度上限制了自己的客戶，阻擋了很多需求旺盛但資金實力不足的買家。要知道，那樣的交易，無非是局限在了富人的身上，但是香港究竟有多少那樣的富豪呢？

為此，李兆基籌畫著找到一種新的銷售方式，提升地產銷售的革新。後

來，他運用貨如輪轉的方法，去開發那些中下層的市場，實行「分層出售，分期付款」的制度。他的這個決策，深受廣大群眾的歡迎。並且，李兆基極力與銀行交涉，鼓勵買家做銀行按揭，使買家月供樓價等於交租，以此作為置業的原則。

就這樣，在一買一賣之間，李兆基運籌帷幄，收放自如，表現出了「咬住青山不放鬆」鍥而不捨的精神和他的商業才華，賺得盆滿缽滿。

【創富經】精明的算計不可少

創業很難，失敗的人可以找到各種理由；創業又很簡單，它只需要你選準方向，然後堅定執行。

對李兆基而言，他堅信做小生意最重要的是勤。至於說做大生意，最重要的是計算精確。生意額大，牽涉的本錢和盈利大，一出一入的利息，多一分少一分是很重要的。

為了從鄭宗樞手中拿下地皮，李兆基冥思苦想，最後聯繫上了何廷錫，從這裡找到了突破點。這種商業攻關術，課本上沒有，更多需要當事人多鑽研，忍耐舉棋不定的煎熬，承受決策之難的痛苦。

有人說無奸不商，是有道理的。因為，做生意就是要周密計算，考慮各方面的利益關係，最後保證自己有足夠的回報。所以，精明的算計必不可少。

作為一個生意人，在創業之初，每一項支出和收入，均非常重要，有許多人就是因為在創業初期不能忍受超過心理壓力以上的支出費用而不得不放棄創業念頭的。因此，如果你打定主意要創業致富，一定要對自己的事業有一個全面的衡量。

一般來說，做生意是先有意念，後有行動。在你既定的創業意念之後，按下列四個步驟走，成功是不難的。

（1）知道財富對你有什麼意義。認定了目標，凡事都要朝著目標思考問

題，切勿偏離。

（2）精於算計。不要只顧埋頭賺錢，仔細研究不同的賺錢方法或所帶來的利潤差別，是贏利的關鍵。

（3）選擇賺錢的方式。不熟不做是做生意之道，但在你在什麼也不熟的情況下，就需要慎重選擇賺錢方式了。

（4）尋找最佳的創業夥伴。如果資金和經驗不夠豐富，不妨選擇用合股經營的方式。但是，要避免產生分歧而導致合作失敗，學會化解利益上的衝突。

3·創建恆基兆業，獨自展翅

◎合久必分，單飛追夢

天下大勢，分久必合，合久必分。郭、李、馮經過十餘年的合作發展，各自的羽翼已經豐滿了。這時候，他們都覺得自己有獨闖天下再建王國的必要。於是，三個人好聚好散，各自踏上了新的征程。

1975年，李兆基終於開創了自己的王國——恆基兆業有限公司。開辦之初，還是一家未上市的私人公司，股本15億港元，李兆基任董事局主席兼總經理。

恆基兆業公司一成立，李兆基即以物業換取永泰建業公司1900萬新股方式，掌握了永泰42.9%股權，成為最大股東而入主永泰董事局，使永泰迅速脫胎換骨。至1979年度，永泰市值已躍至9億港元，擴大了20多倍，成為了一支中型地產股，擁有26個地盤，總樓地板面積260多萬平方英尺。從物色、收購、發展到時機掌握永泰的過程，體現了李兆基獨到的眼光、才智和魄力。

1981年6月，李兆基抓住股市牛市和地產高潮的大好時機，一舉將恆基兆業地產公司上市集得資金10億港元，充實了資金實力，從而在緊接而來的股市、地產低潮中平穩地度過了不景氣一關。危難時刻顯身手，這一次顯露了他應對危機的能力。

1988年，恆基兆業集團再次改組，恆基地產收購了永泰建業。並將永泰建業改名為「恆基兆業發展有限公司」，而在此之前，永泰曾購入28%香港小輪股

權和26%中華煤氣股權，此次改組同時又宣佈發行約12億新股，實力更顯雄厚。

按1988年底市值計算，已有36億港元之多的市價，堪稱大型上市公司，與恆基地產並列為恆基兆業集團的兩大公司，成為李兆基的左膀右臂。十幾年前永泰市值只有4千萬港元，而今的恆基發展，市值竟達40多億港元。

至此，李兆基精心設計的收購、吞併戰終於實現了圓滿的結局，李兆基透過完全吞併原來實力比他強的胡寶星，達到了利用別人發展自己的目的。而李兆基的借殼上市、以小搏大的收購、吞併戰術，至今仍成為股市收購戰中的成功範例，成為香港的經濟學教授課堂上經常引用的著名例證。

◎轉變策略，度過難關

說到真正讓人承認李兆基是香港地產霸主的事情，還要說到當年確定香港回歸日期後，整個市場表現出來的不安與焦慮。

1982年，中國正式宣佈將於1997年7月1日恢復行使香港主權，讓香港各行各業顯得極為蕭條，地產業也尤其顯得疲弱，手足無措。李兆基知道地產是香港的命脈，下定決心絕不離開香港，一定要將難關度過。

在地產低潮時期，恆基欠下二十多間銀行不少的數額，銀行緊縮貸款，李兆基既要應付銀行還款，又要支付發展地盤的建築費，壓力之大可想而知。

就在這段非常時期，李兆基採用了分散、分細、分期、分層和先行擱置大的工程發展，興建小型住宅單位，向中下階層推銷。李兆基就是這樣屬行「四分」辦法，才有了足夠的空間，套回了大量的現金，解了燃眉之急，度過了難關。

期間，曾有外國的地產投資人士來香港考察，訪問了許多地產公司，但都不再接收業務，當他們看到恆基兆業還在簽約賣樓買樓的時候，這些有遠見的專家看到恆基兆業這種鶴立雞群的表現，對李兆基給予了極高的評價。而恆生銀行創辦人何添和廖創興銀行之廖烈文，都基於李兆基的誠實從商、嚴謹處事的態

度，對他充滿了信心，慎重選擇了李兆基為支援對象。

艱難的歲月終於過去了，李兆基不但承受住了考驗，屹立不倒，而且在香港回歸的地產風暴裡力挽狂瀾，成為了香港地產業的霸主。

【創富經】任何時候都別坐以待斃

在瞬息萬變的商場上，時時都有機會，但是能否抓住機會，機會能否變成自己的機遇，這就要看自己的準備了。

機會總是留給有準備的人，我們不能總是等待命運的垂青，總是等待天上會掉下餡餅。在這個競爭激烈的年代，即使上帝愛戀你，也只會給你原材料，至於是否能做成餡餅還得由你自己決定。

也許李兆基並沒有意識到自己的拚搏、努力會成就後來的地產帝國，但是他肯定明白每一分努力都是為了提升自己，都是以備不時之需。凡事豫則立、不豫則廢，走在機會的前面，當機會降臨的時候我們才能都真正的把握住！

由此可見，在創業、經商的過程中，風險是無法避免的，市場的風雲變幻更是常態。想在市場競爭中取勝，必須果斷應變，苦苦追尋應對之策，並大膽實踐。不坐以待斃的人，才能在實踐中摸索出一條成功之路，比別人贏得先機，分到更大一塊蛋糕。

在許多商人身上，我們都能看到一股拚搏進取的精神。遇到再大的困難和挑戰，他們都能不畏艱難，用寶貴的時間去試錯，而不是抱怨、等待。結果，他們最後在苦苦思索中增加了對市場精準的理解和判斷，在實踐中收穫了高超的執行力。用行動打開通路，這才是商人最可貴的品質。

4·四兩撥千斤的上市術

◎買殼上市

1975年，香港股市開始復甦。李兆基也在此時成立了自己的公司——恆基兆業有限公司。股本*1.5億港元*，地盤20個。公司成立之後，李兆基有意將恆基兆業上市。他選擇了一個最便利的方法——買殼上市。即收購一家小型上市公司，然後將之改造，以嶄新面目上市。

李兆基的目光瞄向他與人合股的永泰建業公司。他以物業換取了永泰*1900*萬股的新股，成為最大股東，取代胡寶星出任永泰董事局主席。李兆基接手永泰後，他又將面向廣大市民的經營方法注入永泰，使永泰發展良好，股價也隨之上漲，由原先不足一元漲至*1976年*初的三到四元。

在李兆基經營下，永泰生意蒸蒸日上，盈利迅速增長。至*1979年*，由於盈利增加一倍多，李兆基決定派發新股，這樣永泰股數逾億股，市值已達九億多元，擁有二十餘個樓盤。

按香港法律規定，一家上市公司的股票，私人不能擁有超過百分之七十五。李兆基在永泰已擁有百分之七十的股票，因此，他無意將永泰再擴大。他的目的，還是要將作為永泰總公司的恆基兆業早日直接上市。

恆基兆業成立之初，僅有股本*1.5億元*，樓盤二十個。但幾年之後，它的地盤激增至逾百個。李兆基高超的財技可見一斑。

◎利用別人發展自己

1981年6月，在香港股市的再一波狂潮中，李兆基成功地將恆基兆業推上市，一舉集資十億港幣，充實了自己的實力。成功地度過了二十世紀80年代初、中期香港地位未定時的低潮期。

渡過了這次危機之後，李兆基和他的恆基兆業沒有停止前進的步伐，很快又上了一層樓。1988年，恆基兆業地產公司全面收購了永泰建業，將之改名為「恆基兆業發展有限公司」。與此同時，恆基發展又宣佈發行十二億新股。由於該公司擁有28.7%的香港小輪公司股權和26.4%的中華煤氣股權，更顯得實力雄厚。

就這樣，擁有恆基兆業地產和恆基兆業發展這兩個實力雄厚公司的李兆基，也一舉躍入香港十大富豪榜中，成為名副其實的大富豪。

香港地產界權威人士在評判李兆基與李嘉誠、郭德勝、鄭裕彤四人時，曾有這樣的評語：長江實業雄才大略，新鴻基地產穩健有為，新世界發展勇氣逼人，恆基兆業則眼光遠大、先聲奪人。

至此，李兆基精心設計的收購、吞併戰終於實現了圓滿的結局，李兆基透過完全吞併原來實力比他強的胡寶星，達到了利用別人發展自己的目的。

【創富經】選擇上市要慎重

李兆基的借殼上市、以小搏大的收購、吞併戰術，至今仍成為股市收購戰中的成功範例，為人們津津樂道，也成為許多商界人士學習的對象。

誠然，企業上市可以為企業帶來諸如融資、提升品牌等優勢，但是上市也意味著企業必須增加透明度，改革相應的管理模式，還需要花費大量的成本。一個渴望持久成功的企業家會把上市作為自己企業發展的一個里程碑，而不是把它當作是一個圈錢的遊戲，所以任何企業對於上市與否一定要等到時機成熟。

大部分的公司都是股份制度的，當然，如果公司不上市的話，這些股份只

是掌握在一小部分人手裡。當公司發展到一定程度，由於發展需要資金。上市就是一個吸納資金的好方法，公司把自己的一部分股份推上市場，設置一定的價格，讓這些股份在市場上交易。

在這裡，股份被賣掉的錢就可以用來繼續發展。股份代表了公司的一部分，比如說如果一個公司有100萬股，董事長控股51萬股，剩下的49萬股，放到市場上賣掉，相當於把49%的公司賣給大眾了。當然，董事長也可以把更多的股份賣給大眾，但這樣的話就有一定的風險，如果有惡意買家持有的股份超過董事長，公司的所有權就有變更了。

總的來說，上市有好處也有壞處。在選擇的時候，應該結合企業自身的發展戰略、市場趨勢，以及資金等各種情況，權衡利弊。

5 · 「百搭之王」的生意經

◎帶頭大哥的獨門功夫

香港商界風雲變幻，合縱連橫，商權更迭，關鍵時刻往往總是需要「帶頭大哥們」來穩坐泰山。李兆基，一位單純的超級富豪，在商界眾人競相效仿。「超級」總該有不同之處，李兆基的不同應該就在於他的「百搭地王」和「平民股神」兩個稱號。

《戰國策》中記錄著一種很有特點的人物：游離於各大統治集團、不受權勢拘勒，他們以自身的標準、個人的恩怨來決定自己的行動，重義輕生，感情激烈，顯示出具有傳統平民意味的道德觀，因而具有重要的史料價值。

在商場、人情方面，李兆基就強烈地表現出仗義的個性。20多年來，他在澳門炒過黃金，在全球做過地產，對香港地產業及其走勢瞭若指掌。一個商人能夠在各個行業都吃得開、做得順，必然有非同一般的手腕，李兆基除了投資眼光快且準外，待人接物很注重傳統的人情味，絕不像有些商人只認錢不認人。

幾十年來，他的恆基公司幾乎與香港各大地產公司都合作過，被譽稱為「百搭」地王。作為地產界的「大哥大」，李兆基在香港政府適應市民要求壓樓價之時，曾帶頭將馬鞍山新港城最新樓盤自貶身價百分之八，為其他地產公司做出一個榜樣。這種迎合民眾、政府的做法，雖然不符合市場的一般規律，卻贏得了眾人的欽佩。

當然，李兆基能夠遊刃商場，並不是單純會做人的結果，更在於他會做

事，在商業上有足夠的財技。他認為，事業所帶來的成功感，不完全在金錢方面。在他心目中，做地產最重要的是有預測能力和鑑別能力，買地就像買衫一樣，買得便宜穿得久，便說明你眼光好、買得值。大家一齊去買地，誰識貨，誰不識貨，「有料無料」，幾年後便見分曉。總括來說，投資有如一塊試金石，能分辨「高」「低」、明察秋毫，是為最成功的境界。

因此，「帶頭大哥」的稱呼，不是空頭名號，而是有著實實在在的根基。李兆基在做人上能夠贏得各方的認同，在商業上又技高一籌，表現出過人的才華，所以才能吃得開、混得好，能夠叱吒風雲。

◎調解豪門恩怨

香港地區商業發達，造就了許多富可敵國的家族企業。豪門家族之中，利益紛爭向來不斷，李兆基憑藉自己左右通吃的本領，調停了多次財富戰爭。

近年來，香港地產豪門——新鴻基地產發展有限公司曠日持久的兄弟之爭，成為人們關注的焦點。最終，大哥郭炳湘被董事局罷免集團主席及行政總裁職務，他此前的職務一分為二——主席職位改由郭氏郭老太太鄺肖卿女士擔任，行政總裁則由兩位弟弟郭炳江和郭炳聯分擔。

家族紛爭不斷，已經開始影響這個市值3000多億港元、員工逾2.7萬人的香港最大地產公司的發展。當時，身為新鴻基副主席和恆基地產主席的李兆基出面調停，希望郭氏三兄弟能平心靜氣地尋求和解方法，

李兆基向香港傳媒就郭氏三兄弟風波公開表態，當年郭氏三兄弟父親郭得勝創立基金判斷正確，除非郭老太太鄺肖卿有其他意見，否則應延續郭得勝的意思，不要分家，郭炳湘要順應母親的話，繼續休假。

李兆基同時強調，郭老太太雖然已80歲了，但有責任在身，他會站在郭老太太鄺肖卿的一方支持郭老太出任新地主席一職，郭家如果未能平息這次風波導致分家，將對三兄弟十分不利。他還以筷子作比喻，勸說三兄弟要以和為貴，

「三個人好比一把筷子，一支就容易斷，團結一起就不容易斷。」

香港富豪如此之多，為什麼出面調停的偏偏是李兆基？這全因為多年前「三劍客」的故事。1958年，李兆基、郭得勝、馮景禧共同組建永業企業公司，正式向地產業進軍，李兆基與郭得勝是情同手足的兄弟。

《三國演義》中劉、關、張桃園三結義的故事，一直是朋友之間恩義深重、至死不渝的佳話。好漢相遇於江湖，惺惺相惜，義結金蘭；同樣，在商界，這些被稱為冒險家的樂園、金錢社會的地方，也同樣有桃園結義式的朋友。李兆基調節郭氏三兄弟的恩怨，相信郭得勝九泉之下知曉，一定會倍感欣慰。

【創富經】交朋友就是求生意

李兆基號稱亞洲股神，同時在地產生意上做得有聲有色。這份成功的背後，有一個很重要的原因是他懂得如何做人做事，從而幫助他在商場上能夠呼風喚雨。「帶頭大哥」的稱呼，調節郭氏兄弟的紛爭，都表現了他會做人、能做事、善經商的本領。

由此說來，做生意離不開會做人。顯然，如果你善於跟別人交朋友，能夠廣結善緣，那麼必然容易贏得他人的信任、支持，生意也就不求自來了。這才是經商的絕技。

如何讓生意來找你？那就要靠朋友。如何結交朋友？那就要善待他人，充分考慮到照顧對方的利益。李兆基是一個朋友眾多的商人，因為他善於與朋友合作，能夠把雙方的關係處理得很妥帖。

與朋友一起做生意，實現雙贏的目標，需要先考慮對方的利益，而後再打好自己的算盤。這樣做，才容易讓各方圓圓滿滿。在此，有三點最重要：

（1）與別人合夥做生意，要堅持「共享共榮」。

商業合作應該有助於競爭。聯合以後，競爭力自然增強了，對付相同的競

爭對手則更加容易獲得勝利。

但是，在現實的商業世界裡，許多公司之間的聯合只是一種表面形式，在利益上沒有達到「共享共榮」，結果合作的基礎並不穩固，一旦被競爭對手找到空隙，與合夥人的關係很容易破裂，導致合作失敗。

因此，商業合作必須有三大前提：一是雙方必須有可以合作的意願；二是必須有可以合作的利益；三是雙方必須有共享共榮的打算。此三者缺一不可。

（2）既要互惠互利，更要共度難關。

做生意堅持「互惠」的原則，才能形成自由貿易的關係，實現「互利」的目標。反之，如果有人破壞這一原則，就容易形成保護主義，從長遠來看危害到彼此的利益。

因此，與人做生意的時候，要積極主動向對方敞開大門，這樣不但可以吸收對方的有利方面，也有利於發揮自己的優勢，從而達到互通有無、融合共生的目標。

在今天的商業世界裡，企業適應未來市場趨勢、技術進步的需要，必須結盟才能實現更大的發展。從技術、資訊，到資金、人員，任何一個企業都需要在合作中完成自我超越，因此必須堅持「以和為貴」的原則。特別是遭遇困難時，企業更需要精誠合作，共度難關。

（3）財散人聚，善於分享的商人更能做成大買賣。

有句話說得好：財散人聚。對於經商，中國人一直以謀求利益為經商之目的。你把利益與別人分享，就會贏得信賴、聚集人心，這樣一來自己的業務範圍、合作夥伴才會越來越多，生意越做越大。與人分利、誠實經商，是李兆基獲得成功的重要秘訣。

6 · 小生意靠勤奮，大生意靠計算

◎勤奮，積累第一桶金

從一個默默無聞的年輕人，幹出了一番轟轟烈烈的大事。短短幾十年時間，李兆基創下了令世人矚目的永恆基業。那麼，他的經商之道有哪些獨特之處呢？

厭惡應酬，是李兆基一個鮮明的特色。他最不喜歡把時間及金錢花用在吃吃喝喝的應酬之上。在他看來，這樣表面上是在談生意，卻有太多虛偽和矯情在裡面。他喜歡真情的互動，真心實意地幫助別人，進而贏得對方的支持。

此外，他處事心細，精於計算，信奉一句格言：「小生意怕食不怕息，大生意怕息不怕食。」這句話的意思是：做小生意要勤奮，做大生意要精於計算。對李兆基而言，他堅信做小生意最重要的是勤；至於做大生意，最重要的是計算精確。生意額大，牽涉的本錢和盈利大，所以要計算周密，不浪費每一分錢，保證賺到每一分錢。

李兆基經常奉勸年輕人，特別是初出社會的年輕人，第一桶金很重要。他說：「最重要先找到『第一桶金』，然後以錢賺錢，才容易致富。」「小儉就致富，儲到第一個100萬，然後去投資，就可以變出200萬、300萬。」

他說自己就是從打金儲備一點一點做起來的。李兆基的第一桶金就是剛到香港不久後從事的「黃金買賣」中收穫而得，之後透過房地產買賣，收購「中華煤氣」，並在幾年前成功「轉行」，從「樓神」到「股神」，把500億港元變成

*1200*億元，自然就容易得多了。

由此看來，做生意最根本的一點是勤奮。勤奮，才能聚財，才能積累第一桶金，而後才能在投資中完成財富滾雪球式的增長。這就是李兆基創富歷程中非常重要的一個心得。

◎決策要有魄力

香港作家梁鳳儀，曾這樣評價李兆基：「過往無論香港地動山搖，滔天風浪，他一概不動心、不移志、不外騖、不從俗，總之樓照起，地照買，最終就是名照升，錢照賺。」敢在古稀之年轉業炒股而且越炒越精，也應該和這些有關。

在商業社會上，競爭特別激烈，對前景正確的判斷往往決定了事業的成功，李兆基就是這樣一個有獨到眼光的人。

從創業之初，涉足外匯兌換業務及黃金買賣，很快為他贏得第一桶金；接著他又適時從金融生意中全身而退，轉行做五金生意和進出口貿易，業務開展也是十分的順利；然而他又很快發現了香港的房地產是個金蛋糕，雖然李兆基當時的財力還不足以在房地產市場上安基立業，於是他便採取了集腋成裘的發展策略，以合作經營的方式躋身於香港的房地產行業，一直發展到後來的地產老大。

不過，李兆基卻看準香港房地產業已是微利行業，轉而善用香港這個國際金融中心，讓雲集於此的數以萬計全球金融專才，將他擁有的巨額財富，變成更巨額的財富，被稱為「亞洲股神」。在我們稱呼這位「亞洲股神」時，我們不得不佩服李兆基的獨到眼光，和他對市場精確的把握。

當然，這些經驗和眼光並不是與生俱來的，而是他勤奮努力的結果。李兆基幼時讀書不多，但他的腦力驚人，恆基一百多處地盤，他都記得清清楚楚，哪裡進度如何，哪裡面積多少，隨口可出，可見他對事業的勤奮才贏得他今日的成就。

他的兒子李家傑就強調說，父親給他的最大財富是耐心、毅力和勤奮，以

及精神上的執著和勇往直前的勇氣。對於什麼是成功的秘笈,李兆基自己也說,首要的一點是「刻苦耐勞,勤奮努力」。

【創富經】天道酬勤

勤奮刻苦,是中華民族的優良傳統。對一個商人來說,只有多吃苦,才能積極思考、正確思考,才能找到財富之路。反之,掌握財富密碼,則為天方夜譚;不吃苦,而想從父輩手中延續家族財富,也是無法實現的。事業成果百分之百靠勤勞換來,沒有捷徑可走,運氣只是一個小因素,個人的努力才是創造事業的最基本條件。

做生意需要靈活的頭腦,精明的算計,從根本上說不是「排汗的過程」。但是,對生意的理解,對市場環境的熟悉,原始資金的積累,又離不開多流汗,正所謂:「吃得苦中苦,方為人上人。」

俗話說,天道酬勤,勤能補拙。命運掌握在自己手中,不怨天,不尤人,應多想想自己的行為,自己才是決定因素。這個世界上,日夜夢想成為富翁的人可謂多不勝數。有的人談到成功者總是以「運氣」兩字以蔽之,但李兆基卻認為,事業的成果有運氣的成分,但主要還是靠勤勞。

特別是在一個人尚未成功之前,事業成功百分之百靠勤勞換來。一個人所獲得的報酬和成果是成正比的,付出多少就會得到多少,運氣只是一個小因素,個人的努力才是創造事業的最基本條件。

7・「平民股神」挽回公眾投資熱忱

◎兆基財經橫空出世

2007年，恆指在6月還是22000點，9月已經到25000點，10月12日再直沖29000點，大家驚慌失措，又狂喜狂愛，10月26日，恆指真的破了30000點大關，之後又大跌又大漲。就這樣，10多年來別具一格的港式風格被掃蕩一空，一個新的資本市場誕生了。

投資者也好，炒家也好，旁觀者也好，都在頂禮膜拜一個80多歲的香港老人，白髮不少，精神甚好，這個香港股市平民百姓的「帶頭大哥」人物——李兆基。

他動輒大聲放言，動輒到處傳授自己的投資攻略，大讚國企股，他說自己比美國的股神巴菲特更好，言語直接簡單，沒有太多技術分析，也不講究資料，更不說那些行話套話，他就直接告訴你買還是不買。

「人家傳授投資經驗，要收錢的，我都是免費公開說，大家都受用。」李兆基靠實力和招牌說話。

2004年12月15日，李兆基基成立了私人投資公司——兆基財經，初始規模500億港元，在海內外四出搜羅股票、債券及地產專案，投資的大方向由李兆基親自掌舵。新手總是不乏好運，剛剛入市的李兆基在兩年時間搏得六成的回報，在看重穩健回報的香港市場，李兆基「亞洲股神」的名號開始不脛而走。

期間，中資股迎來了數年的牛市，也將兆基財經資產規模一路推升至最高

2000億港元。李兆基這樣解讀他的投資理念:「商人的投資行為就好像吃東西一般,嗅得哪兒有香味便往哪兒跑。」

◎長期持有中國人壽,獲益不菲

2003年12月,李嘉誠、李兆基和鄭裕彤三富豪同時出現在中國人壽H股的策略投資者名單當中,三人以每股3.59港元的發行價合共認購了10.7億股中國人壽。而在一年禁售期之後,李嘉誠和鄭裕彤先後急急離場,兩人的回報率分別有40%和50%,獲利也不菲。

投資感覺不同的李兆基卻按兵不動,似乎在學巴菲特價值投資的做法,看好經濟成長階段的中國龍頭保險公司的無限空間,他決定長期持有。到2006年,中國人壽發力勁升,一年內升幅達兩倍半,12月中旬收在24元,屢創新高,李兆基手持的中國人壽股票,帳面足足賺了90億元。

到2007年8月,股價再升到34元,李兆基的一筆16億港元的投資已經賺了130億港元。而中國人壽強悍急升,絲毫不退讓,2007年11月中旬,股價一度高達54元,李兆基的賺頭跨越200億,即便2007年12月股價回落到44元上下,其盈利依然有180億左右。

「當市場走弱時,大部分人都只能是爭取少輸,而非多賺。在不少中資股股價慘遭『腰斬』之後,主力投資中資股的兆基財經之所以還能保持1500億港元的規模,已經不算簡單。」一位投資客對李兆基的表現大加讚賞。

事實上,當時李兆基說得對不對不重要,關鍵是他的精神作用,他挽回了公眾的投資熱忱,對市場的信心。在風雲變幻的市場上,這件事情港交所、證監會、恆指紅籌、指標股都沒能做到,只有這位「亞洲股神」做到了。

【創富經】炒股先要會選股

股票投資的成功，除了基本素質和心理承受能力外，個人的偏好與選擇極其重要。在接受媒體採訪時，李兆基就表示，股票可以用金、木、水、火、土「五行論」來劃分種類，而他最喜歡「金」，即銀行、保險及交易所，包括招商銀行、中國人壽等；另外，他又稱看好「火」類股份：即易燃液體，特別是中海油及中國神華等。

「炒股先要會選股，我有五條秘笈」，李兆基這樣推薦自己的炒股秘笈，可以作為大家的投資參考。下面是他接受採訪時的原話：

第一條是選國家。各國當中當然以中國好，看淡美國。美國現時面對雙赤問題，外貿和財政都有赤字，同時有10萬億美元的國債，單是要支付的利息已經很驚人。如果恆基背負這樣沉重的債務便死定了，但美國是有錢佬，所以可以支持一段時間，但已經有麻煩。所以我的建議是持有中國、沽空美國。

第二條是選行業。我不是教你們，你們自己可以決定，衰了不要罵我。我會首選保險、能源、地產、銀行四大行業。

第三條是選公司，要選行業的龍頭股，龍頭股升得差不多便選找龍尾股。具體公司我推薦中國人壽（*2628-HK*）、平安保險（*2318-HK*）、中石油（*0857-HK*）、中海油（*0883-HK*）、神華能源（*1088-HK*）、中煤能源（*1898-HK*）、碧桂園（*2007-HK*）、中國海外（*0688-HK*）和富力地產（*2777-HK*）。

第四條是轉本位。美國突然減息半厘，令美元下跌，港元也跟隨下跌。換言之你手上的100元，今天只餘99元，如果減息幅度增至1厘或1.25厘，你手上更只餘96或95元，所以一定要轉本位。

現時中國基於自身經濟狀況持續加息，美國則迫無奈減息，美元肯定會弱。所以如果你仍然以港元為本位，一年下來最少會損失10%。所以我建議將手

頭現金購入澳元，賺取年息6～7厘，勝過港元存款利率的2～3厘；如果要做生意則借港元，年息4～5厘，可以賺息兼賺價，財息兼收。

第五條是沽空一支、持有一支。現在香港可以買賣全球股票，所以不要只買單一產品。你看好一個國家、一個行業，同時看淡一個國家、一個行業，便可以從中取利。我建議買重中國人壽和平安保險，沽空美國地產股或日本銀行股。

炒股是一項重要的投資手段，不過掌握這項本領除了要借鑑他人的經驗之外，更重要的是自己去感悟。李兆基在股票投資上很有見地，大多是他勤於思考、冷靜分析得來的。對投資者來說，努力學習他的方法，並用心的體會，才是最重要的。

8 · 他山之石，可以攻玉

◎我就是要爆冷門

李兆基在香港回歸前夕，不像許多富人有「回歸恐懼症」，把大量資產轉移到國外。在審時度勢之後，他堅信香港仍將是房地產的黃金市場，於是毅然、決然地把80%的投資放在香港。

他引用鄧小平理論，確立了「兩個面向」，即「面向香港廣大工薪階層，面向中小類型項目住宅，而向成本低廉，但回報豐厚的項目」。他的觀點在當時曾經不被許多企業菁英所理解，因為那時高科技、網路、資訊、等時髦產業已漸成氣候，許多人看不起這種酷似原始積累的做法，尋求的是一夜暴富。

李兆基不為所動，堅持自己的做法，「別人都做的是熱門，別人不做的是冷門，我就是要爆冷門。無論什麼事，都要有人來做。」

那時，香港政府剛通過一項新政策，推行新貸款政策，資助公房居民5萬元購買私人住房。雖然數額很小，在樓價高攀的情況下起不到作用。李兆基仔細分析後，認為這是一個訊息，說明政府的政策正在由工業、政府需要向普通居民的住宅需要傾斜，因此他投入鉅資建造大量以中小型樓宇為重點的住宅樓，他說，要做好儲備，並幽默地解釋，所謂儲備就是「儲著備用」。

此後的房地產市場證明了他的決斷。不到兩年，香港的私人住房由於需求旺盛，房價猛攀新高，李兆基前期的儲備投入得到了巨額回報。李兆基還命手下人到處搜索舊樓改建，特別是升值無限的香港心臟地帶的舊房，他透過香港及海

外經紀人，以重金四處「獵頭」，物色舊樓，誠意收購，為李氏恆基公司的日後大步發展打下堅實的基礎。

◎多元化努力

從20世紀50年代開始，恆基公司就一直把房地產業作為自己的發展主業，對其他業務很少涉及，業務比較專一，這曾經是恆基的最大優點。但社會發展到今天，發展到知識、資訊、網路社會的今天，這無疑就變成了最大缺陷，業務不是專一，而是比較「單一」了。

因為這種留「自留地」的做法，不僅使恆基公司「畫地為牢」，喪失了去其他行業賺取超額利潤的機會，同時也大大增加了從事房地產業的風險。原因在於，與過去比較起來，發展房地產的環境已完全改變了，同時經過幾十年的發展，香港的房地產市場已基本處於飽和狀態。

李兆基注意到了這一點。但是，怎麼實現轉型，實現由古老產業向現代產業的轉變呢？這位70餘歲的老人一直在思考著、觀察著、準備著。此時的他，就像一頭隨時準備出擊獵物的豹子，在時刻尋找著機會。

機會來了，年輕新銳李澤楷的電盈科技一直在1元左右徘徊，正處於股市低迷時期，於是李兆基果斷出擊，以合理價格收購原英國大股東所配售的電訊盈科股份。這是驚險一跳，這是鳳凰涅槃，因為恆基公司不僅利用李澤楷對高科技業務的熟悉，間接地實現恆基集團邁向高科技產業的嘗試，而且為眾多的房地產商轉型做出了榜樣，為「房壇」吹來了一股清風，同時恆基公司學會了兩條腿走路，無疑這是最重要的。

正像李兆基過去做過的所有決策一樣，人們對此舉充滿了疑慮和擔心，但正如恆基過去走過的路一樣，未來必將會證明一切。

【創富經】果斷決策才能把握先機

　　李兆基認為，想吃房地產這碗飯，鑑別力和預見力特別重要。不要「一哄而上」，遇事要先看個清楚，討個明白，要明辨高低，暗辨盈虧，總之謀事在人，成事在天。

　　一個公司的速度越快，那麼它的競爭力就會越強。生意人要善於抓住時機，一旦時機成熟，就像猛獸下山、餓鷹撲食一樣迅速採取行動。對生意人來說，對市場行情、資訊瞭若指掌，市場預測也深思熟慮，再加上有利的組織決策環節繁瑣，果斷地進行戰略決策，就會抓住商機，否則就會貽誤商機，失去許多發展機會。

　　(1) 發揮自身優勢果斷出擊

　　「快魚吃慢魚」，其實就是「搶先戰略」。現在商業社會中，競爭早已不局限於小範圍的爭奪。競爭的邊界日漸打破，商場變成了商海。公司要善於發揮自身優勢果斷出擊、靈活經營、先人一步，就能以最快的速度進入「無人競爭」的差異化市場，取得令大公司驕傲的業績。

　　(2) 克服盲目膨脹的心理

　　對於商人來說，雖然「速度」是第一，但對於那些迅速成長的新型公司，一定要克服盲目膨脹的心理，避免無端增大營運成本、降低辦公效率，走出「做大」的誤區。生意人要做到適量的人力資源，恰到好處的公司規模，可以保持公司長期高效的營運效率。

　　(3) 生意人絕不能有任何僥倖心理

　　市場是不斷變化的，企業如果不懂得尊重市場變化規律，掌握消費動向，不能用新的眼光、新的方法去處理所面臨的新問題，則難免會令企業陷入被動挨打的境地。商人在帶領團隊參與市場競爭的時候，不要有任何僥倖心理，一旦有合適的機會就要力爭走向前台，要努力建立自己的競爭優勢，讓自己強大起來。

⑨·生財之道：「養雞下金蛋」

◎高額派息吸引股東

1996年，美國財經雜誌《資本家》公佈的當年度全球億萬富豪排行榜中，李兆基由前一年的第3位躍升至第4位，成為亞洲首富。而其最令人矚目的是他的資產增長幅度十分驚人：由1995年的60億美元增長到1996年的127億美元，升幅為95%，

有人說，李兆基生財有道，財產倍增的絕竅並不神秘，就是他「養了一隻下金蛋的母雞，母雞下蛋後，他又讓蛋孵出日後會下金蛋的小雞。」恆基地產有限公司就是他會下金蛋的母雞。該公司增長的動力之猛十分驚人。1994年7月1日至1995年4月，其營業額、稅前贏利及資產總值，與上一年度同期相比，分別增長了60%、80%和50%。

20世紀90年代中期，李兆基脫穎而出，個人資產暴漲，超過李嘉誠、郭炳湘等香港巨富，關鍵在於實行高派息增持股的辦法，使恆基兆業為自己多下了幾個「金蛋」。

即使在香港地產市場不景氣時，恆基也仍然一如既往，以較高的利息分派股東。李兆基當時曾經表示，「這幾年正是公司的收穫期，收成多了一點，所以派息就高一點。有如種一棵樹，剛剛這時候果子成熟了，所以這個時候派息就高了。」

李兆基說的是實情。當年播種時，是在1973年的香港股災，地產也陷入低

潮，李兆基趁物業及土地價格大跌，不斷進行收購。1975年成立恆基兆業公司之初，股本1億5000萬港幣，只擁有30個地盤，但不到幾年，急增至100個地盤，靠的就是高額派息吸引股東，實現了資金聚集效應。

財富的增長，除了實業以外，最重要的就是金融。作為亞洲股神，李兆基諳熟錢生錢的技巧，所以他透過「高額派息吸引股東」的做法，把香港地區的資金吸引過來，就有了施展資本手腕的本錢。這是他創富的一個秘訣。

◎土地儲備數一數二

論土地儲備量，恆基兆業在香港地產界數一數二，但卻很少見李兆基在政府公開賣地時與人高價競技。如何購得「價廉物美」的土地，李兆基頗有心得。

李兆基指出，恆基兆業目前的生地儲備，相當大部分來自「換地權益書」。港府從前收購新界農民的耕地，交換條件是另撥出建房的土地給他們，通常是2.5平方英尺耕地換一平方英尺屋地，而恆基兆業則從農民手中購得大量的這類「換地權益書」，再向政府換得屋地發展房地產。

另外，長年累月雇用專人遊說舊樓的業主售樓，說服業主出售，然後將整幢樓宇拆除重建，是恆基兆業增加土地儲備的又一高招。因為這些舊樓，通常地處居民聚集的鬧市區，交通便捷，在政府公開賣地場合通常是買不到的，用以發展商業或住宅樓宇，都有很大潛力。恆基兆業還長期在美、加的中文傳媒刊登廣告，向老華僑徵求他們在香港擁有的戰前樓宇，由於缺乏競爭對手，遂成為恆基兆業保持土地儲備的另一有效管道。

恆基兆業地產有限公司發展的地產項目，八成為住宅，兩成為工業或商業樓宇，其中，尤以發展中小型住宅為集團的地產支柱。因為中小型住宅，不論市道好淡，人們都需要有屋棲身。中小型住宅好比麵包，豪宅有如鮮奶油餅，鮮奶油餅乾未必可以日日食，但麵包卻是人人都需要。

【創富經】先聲奪人，徐圖良策

李兆基的座右銘是：「先疾後徐，先聲奪人，徐圖良策。」他認為凡成功不可或缺的是培養好自己的能力，做好事前準備，有獨到眼光，方能先別人一步。這也是戰略管理的精髓。

戰略管理是指企業確定其使命，根據組織外部環境和內部條件設定企業的戰略目標，為保證目標的正確落實和實現進度謀劃，並依靠企業內部能力將這種謀劃和決策付諸實施，以及在實施過程中進行控制的一個動態管理過程。

做生意，要做大必須有遠大的眼光，能夠根據自身的情況與市場的變化，對自己企業的定位與發展方向有一個很好的定位。而對於危機，戰略管理尤為重要。可以遵循以下三個步驟，以應對危機所帶來的挑戰，真正化危為機。

（1）識別危機：識別影響企業的外部直接因素和間接因素。確定決定企業未來的產業環境以及一般環境的重要因素及其變化。只選擇最重要的而且是不確定的變化環境因素進入情景規劃。直接因素是產業環境因素，間接因素是一般環境因素。

（2）評價危機：透過分析間接因素對直接因素的影響，判斷直接因素發生的趨勢及機率，評價直接因素各變化趨勢的戰略重要性。

（3）應對危機：根據各直接因素趨勢的發生機率和戰略重要性，繪出危機情景規劃矩陣。

根據不同情景制定不同的戰略：依據戰略上重要而且發生機率大的直接因素變化趨勢，制定基本戰略方案。依據戰略上重要而可能性不大的直接因素變化趨勢，制定備用戰略方案。對於戰略上不重要的因素，無論發生機率大還是小，在戰略管理中都可以不予考慮。

10 · 做善事有錢出錢有力出力

◎熱心慈善事業

李兆基雖然幼時讀書不多，但他頗有古文修養，購買、貯存了大批古書。所以在講話中，也常常引用古語。這是李兆基的經商之道：做人應該要有自己的原則和理想，不可以不擇手段、沒有道義，發達了也沒有用，做人應該要有自己的原則和理想。

從經營黃金買賣，做進出口貿易，接著轉投房地產，到將投資重點移至金融行業。每一次的轉變，都顯示出李兆基具有戰略家的眼光，並且精於計算，能夠把握住每一次投資機會。巨額的財富得到了，接下來要做的事情便是尋找一個最好的花錢方式，李兆基也為自己找到了人生後半程道路上的閃光點——慈善。

「我們做生意的人，愛說回報和效益，像股票投資。有時候幫助內地院校，付出很少金錢，效益卻很大。例如我捐款培訓內地100萬名農民，不用花很多錢，但很值得。他們住在內地最窮的鄉村裡，沒有工作。你去培訓他們，令他們有一技之長，可以在城市找工作。一人工作，全家得益。這是投入少、回報多，像這種投資就太值了。」

李兆基強調，捐款時機很重要，由於各種業務仍在發展，要多點籌碼，就像打仗要多留一點子彈，這樣收穫才會更多，將來就可捐贈更多。李兆基指出，當業務及事業正處於發展期時，需要有多一些「籌碼」，正如打仗一樣，子彈要夠多，這樣收穫才會多一些，當收穫達到相當水準時，便有能力做出更多的捐

贈。

◎體恤下屬

1983年，香港經濟市道處在風雨飄搖之中。在李兆基身邊任事多年一位姓陳的老下屬因自己炒樓炒股失敗，血本無歸，又被證券經紀行迫倉，真是走投無路，欲哭無淚。

這事被李兆基發覺了，也不待對方開口求援，李兆基就把會計何永勳叫進辦公室來，囑咐他：「替他平倉吧。」

何永勳忍不住問：「在這個時候幫他嗎？」意思是說又不是太平盛世，在此大難當頭，誰都兼顧不了誰。況且，其時恆基也欠下銀行相當多的債務，應是自顧不暇。

李兆基說：「就是這個時候，我不幫他，還會有誰幫他？」

別說是跟了自己一輩子的老下屬，就是才在李兆基身邊任秘書不久的郭志雲，也有類似的危難發生，只不過不是她本人，而是她的家人。

李兆基發覺了郭志雲有一點神不守舍、愁眉不展，於是關心地向她查問，郭志雲把心中的困擾說出來。她說：「我想幫助家人，可是，自己沒有能力，但見死不救，又於心不忍。」

於是那個慷慨而又關懷下屬的老闆李兆基，又悶聲不響地為一個好下屬解決了難題。這樣的例子還有很多，熱心的李兆基默默幫助他人，正是得益於「幫人幫己」的處世哲學。

【創富經】小勝靠智，大勝靠德

企業家是決定企業生死存亡的關鍵，企業家的綜合素質尤其是文化素質是決定企業能走多遠的重要因素。企業家們如何在全球市場的競爭中立於不敗之

地？我們的先賢早就做出了回答：小勝靠智，大勝靠德。

老子云：「知人者智，自知者明。」如果對自己缺乏真正的瞭解，那是很危險的。曾子云：「吾日三省吾身」就是這個意思。自知並不是件容易的事，而達到明的程度更不容易。今天的民營企業家，僅僅知道自己姓啥名誰、學歷如何、有多少財富，是遠遠不夠的，必須看到自己知識結構的缺陷，與競爭對手的差距，特別是未來競爭中自己的地位如何。德，即道德、德行。

細化起來，各行各業都有其道德遵循，而這些職業道德，都源於中國的傳統文化精髓。師有師德，醫有醫德，官有官德，商有商德，但萬變不離其宗，這種傳統一直傳承至今。尤其今天的企業家，一定要以德潤身，大勝靠德。

李兆基談到個人財富問題，常常引用一句古語：「不義而富且貴，於我如浮雲。」財富並不是用來炫耀的，財富的作用是取之於社會、用之於社會的。一個成功的商人，不僅在於他創造了多大財富，更在於他個人的道德操守。

由此可見，真正的光輝，往往閃爍於常人的見識中；訣竅的靈光，也頻頻顯現於日常的生活裡。一個人要想在事業上取得成功，就務必戒奢克儉，節制欲望，只有有所棄，才能有所得。

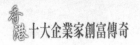

第四章 「娛樂教父」邵逸夫

——百年傳奇打造「東方好萊塢」

　　香港娛樂業教父，香港電視廣播有限公司主席，電影公司邵氏兄弟的創辦人之一，香港著名的電影製作人，即使是內地人，對這個名字也耳熟能詳，他就是著名的「娛樂教父」邵逸夫。

　　邵逸夫，這位史上最年長的在任上市公司主席，TVB的創建者，無疑也是一個電視王國的締造者，TVB在他手裡，在香港電視圈乃至華語電視圈呼風喚雨四十年，長年擁有港島八成以上的收視率，所出品的電視劇銷至全球華人世界，在這個電視王國的全盛時代，不客氣的說，有華人的地方，就有TVB！

　　邵逸夫的一生，遠比他所拍攝的任何一部影視作品都要精彩動人。他並非是香港最有錢的人，但他樂善好施，熱心公益，是港島屈指可數的大慈善家。目前，在中國，以他名字命名的校園建築遍佈各個城市。邵逸夫所經歷過的百年，不僅是締造東方好萊塢、影響中國電影的百年，還是他散盡千金濟眾生的百年。

◇檔案

中文名：邵逸夫

出生地：浙江寧波鎮海

出生年月：1907年11月19日--

畢業院校：中學畢業

主要成就：創建亞洲最大的電影拍攝基地，被譽為東方私人擁有量之首。

◇年譜

1907年，出生於浙江寧波鎮海。

1926年，中學畢業後便隨兄長邵仁枚到新加坡開拓電影市場，從此對電影製作產生興趣。

1928年，赴南洋協助兄長發展電影發行公司。

1930年，與三哥邵仁枚成立邵氏兄弟，先後購入多間戲院，更到歐美搜集西方的先進電影及器材。

1934年，邵氏兄弟第一部有聲電影《白金龍》在香港推出。

1957年，從新加坡正式到香港發展，接管邵氏公司業務，建立清水灣影城。

1958年，與邵仁枚成立「邵氏兄弟（香港）有限公司」，在香港製作電影，邵逸夫任總裁。

1961年，位於九龍清水灣的邵氏影城於12月6日正式啟用。

1965年，與利孝和、余經緯等創辦無線電視台，於1967年11月19日開台啟播。

1974年獲英女王頒發CBE勳銜以表揚他在娛樂事業的成就，港督麥理浩爵士主持授勳。

1977年，獲英女皇冊封為Knight Bachler，賜予爵士頭銜。

1980年，以無線電視最大股東出任董事局主席至今。同期，邵氏的電影業務不斷收縮，減少電影製作。

1990年，中國政府將中國發現的2899號行星名為「邵逸夫星」。

1991年，美國三藩市將每年的9月8日定為「邵逸夫日」，以表彰他在社會公益方面所做的貢獻。

1997年，在美國拉斯維加斯迎娶方逸華，時年*90*歲。

1998年，獲特區政府頒發的*GBM*勳銜。

2002年，創立「邵逸夫獎」。每年選出世界上在數學、醫學及天文學三方面有成就的科學家，授予*100*萬美元獎金。

2006年，獲台灣金馬獎頒「終身成就大獎」，香港電影金像獎頒「世紀影壇大獎」。

2006年，因患肺炎一度入院，雖無大礙，但透露想退休的意思。

2007年，邵氏兄弟公司成立五十周年，邵逸夫迎來百歲誕辰。

1·「邵氏兄弟」打造東方好萊塢

◎小試牛刀

　　邵逸夫，生於1907年，祖籍浙江寧波，。1925年9月，邵氏兄弟創建了「天一影片公司」，在上海閘北的橫濱橋開張。長兄邵醉翁自任總經理兼導演，二哥邵村人任會計兼編劇，三哥邵山客任發行。

　　當時，在兄弟中排行第六的邵逸夫還在上海念書，是美國人辦的「青年會中學」的一名中學生。大哥就讓他一邊讀書，一邊熟悉這個行業，做做外埠發行。

　　邵逸夫人雖小但志氣不小，而他又特別喜歡電影。經過一段時間的操練，他已不滿足這些瑣事，也想做些大動作嘗試拍攝劇情片。

　　1926年，年僅19歲的邵逸夫在大導演徐紹宇的指導下初試鋒芒，獨立拍攝了一部上、下集的巨片《珍珠塔》。他的名字第一次和大名鼎鼎的「徐紹宇」三個字並列在一起出現在海報和銀幕上。這對當時的邵逸夫來說，是最開心的時刻。《珍珠塔》上映後十分賣座。

　　隨著《珍珠塔》的成功，邵逸夫便正式扛起了大旗開始了獨當一面的拍攝製作。那年年底他一個人獨立操機，由王士珍配合拍攝了一部《孫悟空大戰金錢豹》。領銜主演的是當年上海灘頭號明星，後來榮登「影后」寶座的胡蝶。這部電影同樣很受歡迎，成了邵逸夫的成名之作。

　　從此以後，邵逸夫又連連拍攝了幾部電影，而且都取得了輝煌成績。一出

手就不同凡響，這預示著這位年輕人將在這個行業有所建樹，也將有一番大的作為。

◎打造東方好萊塢

1957年，邵逸夫從新加坡來到經濟開始起飛的香港，開始創立屬於自己的電影事業。兩年後，邵氏兄弟（香港）有限公司成立。期間，邵逸夫傾力打造位於香港清水灣、佔地近80萬平方英尺的邵氏影城。

這一工程歷時七年始告完工，其規模宏大，氣勢恢弘，被稱為「東方的好萊塢」。從此，從這裡拍攝的影片源源不斷地流向邵氏電影發行網，每年高達40多部影片，歷經數十年的風雲變幻，至今仍是香港最大的影視拍攝製作基地。

進入20世紀60年代後，邵氏公司長期稱雄香港市場，曾拍攝過1000多部電影，獲得過金馬獎、金像獎等幾十項大獎。最興盛的時候，每天有100萬觀眾光顧他的影院。

邵逸夫最早在香港推行電影明星制，造就了一大批大明星、大導演和名編劇，如胡蝶、阮玲玉、李麗華、林黛、凌波、李翰祥、鄒玉懷、張徹等人，無不出自「邵氏」門下。其中《江山美人》、《貂蟬》、《傾國傾城》、《梁山伯與祝英台》、《大醉俠》、《獨臂刀》等影片都曾享譽海外，在華人世界引起巨大的回響，傾倒無數觀眾。

據說，《梁山伯與祝英台》在台灣上映時「完全瘋狂」，有位老太太連看100多場，由《梁祝》而在台灣掀起黃梅調狂熱；而《天下第一拳》更掀起功夫片新狂潮，發行到全球各大洲近百個國家和地區。

【創富經】創業要顧及到現實條件

「創業，一定要具備相當的條件」，所謂「相當的條件」，其實是你選擇某

一行業前，你在這一領域應該具備一定的經驗，對運作的流程有瞭解，甚至對行業本質應該有所體察。

俗話說，「不熟不做」。如果你對這個行業根本不熟悉，怎麼能下決心投資呢；即使投資了，又怎麼開展工作呢？因此，僅有創業的意願還不夠，你的專業經驗也很重要。

此外，開始創業以後，還要有足夠的耐心，踏踏實實走好每一步。而「自立」無疑是賺錢的第一步。許多商人一開始都只是一個小老闆，他們一步步慢慢積累，把生意做大，在自立中獲得了財富，也實現了自己的價值。

邵逸夫的成功，是建立在志向、知識、恆心三塊基石的基礎之上，缺一不可。確立了遠大理想，就要隨時磨練自己的工作能力，任何事都要做好，睜大眼睛望著一切接觸到的事物，並觀察思考得完全明白。只要隨時抓住機會學習、磨練、研究，就能有大收穫。

有長兄在前面開路，自己有了歷練的機會，再加上勤於思考、積極進取，邵逸夫一手在香港創立了邵氏兄弟有限公司分部，開始了自己一個世紀的財富傳奇故事。

2·拍片不為得獎，為賺錢

◎縝密的市場分析

1895年，電影在歐洲和美國幾乎同時誕生。在中國，電影首先選擇了上海這塊相對肥沃的土壤生根發芽。而正是這個時期，「邵氏兄弟」的前身「天一影片公司」在上海成立。上海在電影業上的統治地位一直持續了將近半個世紀。

邵逸夫認為，電影事業是一個離不開資本經濟的產業。它的發展壯大必須是在一個穩定的、自由的、有潛力的地方進行。而這個地方便是香港。環視中國大陸周邊，台灣雖然同樣也是個人口眾多，經濟也比較發達的地方，但由於長期受到日本殘酷的殖民統治和國民黨的一黨專制，電影事業要想得到自由發展是難上加難。於是1957年，邵逸夫選擇在香港成立邵氏電影公司。

根據分析，邵逸夫得出結論，中國在海外的僑民數量已經是世界少見的，而由於東南亞離中國大陸最近，那裡的僑胞數量最多最集中。那裡地大人多，然而由於當地的經濟政治原因，電影市場十分封閉。除了新加坡有幾家像樣的電影院外，其他地方的人民一年能看到一部電影已經是十分奢侈的了。

與此相反，香港雖然經濟發達，但由於受到地區面積和人口的限制，並且眾多的電影公司為了自己微薄的利潤相互廝殺。想到剛剛成立的邵氏公司實力不夠雄厚，在香港市場佔有率不高，因此邵逸夫把放映市場放在了東南亞。新加坡建造的邵氏影城便是邵氏在東南亞的大本營。這裡的發行放映和香港的製片活動相互支援，邵氏的很多電影在這裡受到眾多華僑的熱烈歡迎，高額的票房便不

在話下。

　　商業上的成功，一定要有精準的市場判斷為基礎。當事人對整個行業與市場的理解和分析，必須有前瞻性，才能在具體執行過程中方向對路，這種投資才會有較高的收益。邵逸夫從小接觸電影，對這個行業形成了獨到的認識，這為他在香港、東南亞市場大有作為贏得了先機。

　　◎高跟鞋的比喻

　　邵逸夫從不避諱自己對於賺錢的需要：「我拍片不是為了得獎，是要賺錢的。」他曾將自己的經營之道比作女士選擇高跟鞋，一會兒粗跟，一會兒細跟，美與醜的取捨只在於是否合時宜。

　　為此，邵逸夫適時的開創了商業電視台黃金模式：一是仿效西方管理制度，建立一條龍機制；二是創辦無線藝人班。一條龍機制開創了TVB電視劇的核心競爭力：從資金注入、編劇、演員，再到拍攝至播放一手包辦，然後把音像製品的版權銷售給海外。自給自足的自拍劇機制逐漸成熟並發揮功效。但藝人必須忍受低工資和長期合約。

　　對此，電視業資深人士韓澄宇說：「在80年代只有電視一種媒介形式的時代，藝人要依附於電視的光環。無線把人的成本降到最低，盈利能力增強。」

　　無論是電影上的成功，還是電視經營上的勝利，都得益於邵逸夫市場化的經營思維。不過分追求名氣等虛無的東西，從一開始就瞄準市場賣點，直接奔著盈利的目標去，這在最大程度上保證了邵逸夫的投資都有很好的盈利水準。即使出現失誤，但是有盈利的強烈訴求，反而能從失敗中汲取教訓，為下一次的勝利打好基礎。這才是邵逸夫真正厲害的地方。

　　【創富經】把賺錢作為第一目標

邵逸夫認為，「做生意和指揮作戰一樣，需要審時度勢，才能把握時機。」審時度勢，主要是要求人們認清客觀形勢，明察事物發展過程中顯露出來的時機。

現代社會正處於高速發展期，市場千變萬化，充滿生機，做生意，永遠不要怨天尤人，抱怨市場不好，真正要反思的是我們的商業頭腦、商業眼光。做生意要拋棄面子，想發財要不怕羞，什麼生意都可以做，只要能賺到錢，絲毫不受世俗觀念的約束。什麼生意都可以做，什麼錢都可以賺，只要有錢賺，就是一門好買賣。做生意不應該有禁忌，不能給自己預先設定行業。

現實社會中，有的人做生意很挑剔，這也不做，那也不做，到頭來不知道自己適合做什麼，最終一事無成。海爾集團總裁張瑞敏曾說過：「只有淡季思想、沒有淡季市場，只有疲軟的思想、沒有疲軟的市場。」做生意，首先要有商業頭腦、市場意識，不要戴著有色眼鏡看市場。如果你顧慮重重，先要解放思想。要大膽想、大膽做，突破禁忌，這樣會發現遍地都是財富。市場永遠是充滿活力的，只要我們換個思路想問題，大膽嘗試，與形形色色的人接觸，瞭解各個行業的特點，體察商業世界中的人情冷暖，感悟、把握商業的真諦。

商人最大的優勢就是思想開放，能夠靈活適應形勢變化，從中發現並把握商機。在經濟全球化、資訊網路化時代，一個商人應該追隨著市場的趨勢行動，去贏利。如果抱著種種禁忌不放，對商人來說不但是可憐可悲的，也是危險的。

邵逸夫從一開始就朝著賺錢的目標而去，比起那些所謂做文化、盡社會責任的經營者，顯得更純粹。也正是這份純粹，讓他在經營過程中少了許多牽絆和掣肘，反而在市場競爭中贏得了先機，很早就步入了收穫的季節。

3·大投資、大製作的大手筆製片

總結自己多年來的經驗，邵逸夫感覺到要拍攝觀眾喜歡的高水準電影，一定要有完善的設備，引進新的技術，特別是要有一個配套完善的攝影棚。拍電影沒有攝影棚就如同做工業沒有工廠一樣。

於是，邵逸夫掌管邵氏後，毅然投下鉅資，買下了香港清水灣附近一座半荒的山岡，開山填海，大興土木，建造了當時香港乃至亞洲最大的影視製作基地———邵氏影城。影城佔地200餘萬平方英尺，有影棚10座，場棚10餘處，員工1000餘人。

有了這樣的一座影城，邵氏電影事業進入一個新的階段。從這裡拍攝的影片源源不斷地流向邵氏電影發行網。1965年，邵氏出片15部電影，而1966年已經高達31部，到了1967年更是達到37部。從1973年開始，邵氏每年都有40多部電影問世，並且其中不乏大投資、大製作的電影。

1959年，邵逸夫在鄒文懷的協助下，開始實施具有歷史性的計畫———大投資、拍大片、賺大錢。第一年就連續拍攝了高水準的大製作電影《江山美人》、《倩女幽魂》、《百美千嬌》、《楊貴妃》、《武則天》等等。並且每部電影投資高達百萬元港幣。

大投入為邵氏換來的不僅僅是高額的回報，也為邵氏電影迅速佔領香港電影市場以及亞太電影市場產生了帶頭作用。邵逸夫自認，他對於電影的大投入並不是盲目性的，而是在對不同地區的觀眾群的經濟、文化經過深入的調查瞭解後所做出的決定。

【創富經】大生意做趨勢

在商業社會中，流傳著這樣一句話：「大生意做趨勢，中生意看形勢，小生意看態勢。」邵逸夫就是深諳此道，他的成功也正說明了，任何一個商家，要生存、要發展、要取勝，必須要能審時度勢，充分掌握市場環境。

一個出色的生意人，要在環境「欲變未變」之時，見微波而知必有暗流，在順境中預見危機的端倪，在困難時看到勝利的曙光，駕駛著企業的大舟，機動靈活地繞過暗礁險灘，駛向勝利的彼岸。而且對於生意人來說，做出正確的決策，馬上行動，全力以赴，是至關重要的。

做生意，不管你願不願意，你都必須尊重市場規律，跟著「行情」走。敵變我變，關鍵在於一個「先」字，必須搶在敵人再次「變化」之前，改變已經「過時」的作戰計畫。同樣道理，市場行情發生了變化，你要比競爭對手更快變更經營項目，才能掌握經商的主動權，先發制人。你要研究「行情」，掌握「行情」變化規律，抓住「行情」變化給你帶來的機會。從而靈活變更經營項目，把生意做活、做巧妙。

總之，做生意不全面瞭解市場，甚至一葉障目，決策就容易失誤，生意就容易虧本。所以，商人必須具有國際視野，能全景思維，有長遠眼光，時刻留心捕捉生意資訊並且加以全面科學的分析，是一個高明商人必須要修練的基本功。

4 ·「觀眾至上」的價值觀

　　電影製片人的身分具有二重性，一是要有文化使命感，二是必須研究觀眾的喜好。對許多製片人來說，做到第一點已經成為一種自覺，但是能夠做到第二點，甚至做好第二點，就難上加難了。

　　在中國電影史上，湧現出了許多優秀製片人，比如張石川、羅明佑、黎民偉、嚴春棠、李祖永等等。不過，他們有一個共同缺點──只知道拍好片，不知道拍怎樣的好片才能打動觀眾，讓觀眾排隊掏錢。

　　而邵逸夫不同，他從18歲便開始直接面對觀眾，哪些場景能令觀眾哭，哪些場景能讓觀眾笑，哪些電影一定受觀眾喜歡一定能賺錢，哪些電影可能會爆出冷門，他都一清二楚。並且，日後投身電影事業以後，他更把這種可貴的品質變成一種商業自覺，直接推動了邵氏電影的成功與輝煌。

　　邵氏「天一影片公司」成立後，大哥邵醉翁並沒有讓邵逸夫當小老闆，而是把他當成普通員工，分配他去做後勤。兩年以後，邵逸夫幾乎做遍了天一公司的所有部門。正因為如此，邵逸夫熟悉觀眾，也瞭解觀眾的觀賞心理。這在無形中培養了他的「觀眾至上」論。

　　作為生意人，邵逸夫對於如何處理好藝術與市場的問題，是從「觀眾至上」的價值觀念出發的。邵逸夫剛到香港樹起大旗的時候，很多編劇名家認定跟著邵老闆肯定可以幹出一番事業，便紛紛前來投靠他。不幸的是，他們寫的好多優秀的劇本都讓邵老闆「槍斃」了。這是為什麼呢？

　　其實，邵逸夫不是不要藝術，電影對於藝術的追求固然必不可少，但邵逸

夫更看重的是大眾化的藝術。在他看來，沒有觀眾的藝術便不成其為藝術。因此，他審閱編導提供的劇本，以是否具有票房價值為取捨。在邵氏公司，導演、明星是否受重用，也以票房紀錄為依據。沒有這一點，一切都無從談起。

想當年，著名導演李翰祥在邵氏時，十分瞭解邵逸夫的原則，連續拍了十幾部邵氏擅長的低成本的喜鬧片，獲得了票房的大豐收。而且這些李式電影，別人想學又學不會。就這樣，李翰祥在邵氏樹立了極高的威信，迫使當時邵氏的第一導演張徹不得不到台灣組建邵氏外圍子公司——長弓公司。

此外，邵氏公司前期的電影重視民間故事，就是為了迎合海內外的觀眾。當然，由於各地觀眾的形形色色，喜好不一，作為一個製片家，在滿足大眾欣賞的同時，也不能完全忽視「小眾」的喜好。因此，邵逸夫的拍片原則是：大眾化的通俗電影要拍，賣座叫好的要多拍，「小眾」的電影，藝術的電影也要拍。邵氏出品的電影各種類型的都有，並且包括不同語言，國語、粵語、廈門語、潮州語、英語等都有。

既優先滿足大眾的需求，又不忽視小眾的需求，邵逸夫最大程度上照顧到了廣大觀眾的利益，也因此把邵氏電影公司一手打造成極具市場號召力的專業影視公司。時到今日，它的地位和影響力在華語世界裡也是無人可以撼動的。

【創富經】消費者是企業利潤的源頭

1957年，邵逸夫從新加坡來到經濟逐漸起飛的香港，開始創立屬於自己的電影事業。兩年後，「邵氏兄弟（香港）有限公司」成立。自公司成立起，雄心壯志的邵逸夫便開始構建自己的電影王國。

與前人和自己的幾位兄長不同的是，邵逸夫有自己獨特的電影價值觀念——「觀眾至上」，觀眾的整體就是邵逸夫的市場，觀眾的個體就是邵逸夫的客戶。這也可以解釋，為什麼邵逸夫那麼成功，邵氏電影那麼輝煌。

　　由此可見，研究市場，圍繞市場轉，歸根結底要以顧客（客戶）為中心，提供他們喜歡的產品或服務。而要抓住顧客，就必須創建以顧客為中心的超強服務模式。正如阿里巴巴創始人馬雲所說：「丟了一個重要客戶不可怕，可怕的是沒有建立一套服務的體系。」

　　為此，把握好以下五點，是贏得顧客（客戶）滿意的關鍵：

　　（1）真正理解顧客

　　首先，必須瞭解自己的行業，知道顧客為什麼要來惠顧你的公司；其次，必須瞭解顧客的一些資料和資訊。準確的市場細分，尤其重要。

　　（2）發現顧客的真實需要

　　這可以透過簡單的詢問來獲知，可以是面談、電話交談或去函詢問，也可以是調查問卷或其他任何能夠使你獲知顧客想要何種類型產品、何種類型服務的有效方法。

　　（3）使顧客成為回頭客

　　擁有一批固定顧客，是私營公司成功的奧秘。許多事實證明，培訓一批固定顧客遠比吸引新顧客要容易得多，為什麼不把精力放在吸引「回頭客」上呢？

　　（4）讓顧客一傳十，十傳百

　　傳言的力量是非常巨大的，非常有效而又花費便宜。讓顧客來為公司做廣告，是一個既十分有效又可信度很高的行銷策略。

5 · 既有藝術家之眼，又有商人之眼

◎邵氏出品，必屬佳片

「邵氏出品，必屬佳片」，這是邵氏電影最著名的一句宣傳語，被作為字幕打在每部邵氏電影的結尾處。儘管作為商業化的製片公司，邵氏電影不可能做到每一部都「必屬佳片」，但在很長一段時間裡，「邵氏兄弟」確實在各種不同的題材、類型和風格影片中製作了大量的傳世佳作。

據說，邵逸夫為保證出品影片的品質，甚至多次將劣質的影片膠片燒掉，以免影響到邵氏的聲譽。他說：「在早期，我成日燒片，沒有好的戲，我寧願燒。」從1958年至1973年，邵氏公司拍攝的影片，在歷屆亞洲電影節中，共獲得各類榮譽獎46項，創下中國電影史上的高紀錄。

如此榮譽令世界影壇為之震驚，同時邵逸夫製片的「求精」精神於此可見一斑。「邵氏出品，必屬佳片」，果不虛言。

這種嚴苛的品質觀，最大程度上保證了文化產品的高品質，也有效維護了邵氏的良好形象。邵逸夫對影片品質嚴格把關，既有藝術角度的考量，也有商業角度的計算。他相信，對公司的影視作品要求越高，產品的競爭力和文化持久力就越強，這樣做才能保證公司在激勵的市場競爭中生存下來，進而成為一家百年老店。

◎看電影最多的人

邵逸夫是精通業務的電影企業家，他很早就熟悉了電影製片的每一個環

節，剪輯、攝影、化妝、劇本、導演等，樣樣內行，在業務上提出的意見，往往十分中肯，令人口服心服。

邵逸夫雖年屆高齡，仍然精力充沛，起早睡晚，緊張忙碌地工作。邵逸夫有一套健康秘訣，用他自己的話來說，那就是：「我每天晚上睡5小時，午睡1小時已足夠，每天早上5點鐘起床，然後練氣功，睡得很熟，所以每天睡6小時完全可以消除一天的疲勞。」

他經常觀看不限於本公司出口的各種影片，在20世紀70年代，他一年能看600到700部影片，最高紀錄一天看9部。上了年紀以後，每天仍看兩三部影片。所看影片包括他自己公司出品的，世界各地出品的，以及競爭對手出品的。

有人說，邵逸夫是「看電影最多的人」。當然，看這麼多電影，首先不是為了娛樂，而是為了他的電影事業。他是帶著戰略思想和市場觀念看的，是為了比較各種影片的優劣，權衡其利弊，揣摩觀眾欣賞的心理，分析國際電影藝術思潮，瞭解環球市場動向，從而改進本公司的工作，發展自己的事業。

因此，即使看一部他認為並不好的影片，也很少中途而廢。他認為每一部影片，都有可取的地方。這種長時間的觀摩、思索、評判，磨練了邵逸夫敏銳的藝術鑑賞力，使他對市場趨勢有一種本能的直覺。

什麼是專業，邵逸夫恐怕是最好的明證。但從看電影這件事來說，他耗費的時間和精力，用在這件事上的心思，就足以令人感動。專業，不僅僅是空泛的頭銜，更多是辛勞付出的結果。

【創富經】專業來自於持續不斷的付出

能把藝術與商業結合得如此之好，並且持續相當長時期的人，只有邵逸夫。而這離不開邵逸夫的勤奮、毅力和對電影行業孜孜不倦的追求。

賺錢真正的動力不是錢，而是興趣。為錢而工作缺乏主動性，反過來，如

果能把錢和興趣結合在一起，那你的事業和生意就會興旺發達。一般來說，把自己喜歡的事奉為職業，做起來就會事半功倍。

另外，還有一項影響生意人成功的因素，就是個人的特長或潛能。一個人如果具有某方面的潛能，只要稍加指點或訓練，就可以輕而易舉地掌握。不過，興趣是特長的先決條件，沒有興趣，也就談不上特長。

（1）保持對生意的興趣和熱情

從事一件工作，一定要有相當的耐力，並專注工作，藉以培養自己對工作的興趣。成功的生意人懂得，這個世界上沒有不辛苦的工作，他們視工作為樂趣。須知：「要怎麼收穫，先那麼栽！」

（2）對經商感興趣

對經商感興趣，不僅在於金錢，更多是把經商當作一項事業，從中體驗人生的酸甜苦辣，把財富當作一種成功的象徵。只有對一椿生意有了感情的投入，理性自覺才會更徹底，行為也才更自然。

（3）選對做生意的方向

我們學習邵逸夫的經營之道，就是要勤勤懇懇，紮實努力，在人生的道路上不斷拚搏做出一番不愧對人生的事業。但更重要是要明確自己的優勢，知道自己應該從事哪個行業。遭遇挫折的時候，你能否在這個行業堅持下來，直到成功的那一刻來臨。正如德國哲學家尼采所說的：「要知道你是個怎樣的人，只須看看你自己喜歡什麼。」這裡所謂的「自己喜歡什麼」，其實就是個人的興趣。

總之，選定適合自己的行業，只要時機成熟，就會有成功的那一天。如果硬著頭皮勉強從事自己不適合的行業，便是費力不討好，最後還得「賠了夫人又折兵」。即使再執著，再努力，恐怕也會浪費時間，枉費心機。商場是最殘酷無情的，每一個商人都應正確認知自己的能力和實力，充分發揮長處進而選擇適當的行業，才可以在競爭激烈的環境下獲得成功。

6 · 「鐵打的營盤流水的兵」

◎創立無限藝人班

「鐵打的營盤流水的兵」，人才的流動在市場中是一種正常現象。但是，對任何一個企業來說，優秀人才的流失，都不是什麼好事。

在邵氏創立的TVB，超低的收入使得許多一線藝員不斷流失。於是，邵逸夫創新性的辦起無線藝人班、歌手大賽、選美比賽。這樣超前的對於人的商業開發，使得明星資源、音樂資源、選秀資源整合進入TVB商業電視。

一位資深人士分析，「藝人班的模式使得無線並不依附於某一個藝人，相反對於藝人的離去從不刻意挽留。」在無線電視，80%的藝人都是出自藝人班，藝人基本處於同一水準，走一個，馬上就能有另一個遞補。

結果，藝人班滿足了TVB迅速發展的人才需要，整個公司迎來了黃金發展期。這些藝人中不乏巨星，包括梁朝偉、周潤發、周星馳、劉德華……而幕後的操控者，就是邵逸夫。

「TVB的成功符合商業電視台的資源開發，這種對人的壟斷很長時間是其成功的保障。一次性投入低成本，卻產生複合型的系列收益。但這些多少是時代賦予的。TVB的成長恰逢香港娛樂和電視的黃金時期。」

邵逸夫看透了TVB「鐵打的營盤流水的兵」這一特點，乾脆專門培養優秀人才，為自己的子公司供血。即使優秀人才離開，也不用擔心，新陳代謝反而能讓TVB不斷有新面孔出現，顯得更有朝氣與活力。這恰恰是邵逸夫的高明之處。

◎堅守資源模式

1950年代的邵逸夫，就是邵氏影業的化身。這家電影公司在管理上實行高度的中央集權，其核心就是邵逸夫。當他的陣地轉移到TVB，這個掌舵人的管理風格也開始變得含蓄。

資深演員廖啟智回憶說：「各種層次的人員都在場，六叔的說話方式是有彈性的，同時也很有針對性。他敘述問題的態度很寬容，但認真聽的話，你就知道他是有意向的，能聽出他話語中有決定的意思。」

由於年輕時就進入電影工業，邵逸夫精通西方的電影製片體制——這包括與編輯、導演簽訂優先合同，雇用合約演員，以及炒作明星私生活等等。其手段之老練，非同一般。

今天，TVB有近1000個合約藝人。而地球上沒有哪家大型電視台，像TVB那樣至今仍「頑固」地保留「一條龍」模式的資源制度。只要你的項目計畫能在TVB高層通過，TVB能提供一切你需要的電視製作資源。邵逸夫就是這一切的收集與掌控者。

如此大手筆與長期的影視歌資源積累，邵逸夫在香港可謂無人能出其右。徐小明曾是挑戰邵逸夫的人，他在1990年代末替ATV（亞洲電視）引入《還珠格格》，令習慣了強勢的TVB一度陣腳大亂。不過，徐小明私下卻把邵逸夫奉為偶像，甚至每到春節時，都會到邵氏公司專程向邵逸夫夫婦拜年。

徐小明最佩服的是邵逸夫在電影行業中的長線作風。「他覺得某個導演或演員有潛質，就會不斷讓他們嘗試。因為他很清楚，公司跟他們簽下的是長約，是投資。我跟你簽十五年約，你兩年內紅了，我就能賺十三年錢，五年內紅了，我就賺十年錢。」

這種放長線釣大魚的做法，其實是一種高明的投資策略。這也能夠解釋邵氏公司為什麼基業長青，在這個行業裡做了那麼久。

【創富經】人才是基業長青的根基

「儘管已經是年紀很大的長者，但你能感覺到他思路清晰，精神和樣貌都很好。他很知道自己需要下屬如何配合他，話語裡也交代得很清楚。更重要的是，他瞭解各種員工的長處，以及他們各自掌管的業務，真是難得的將才。」

邵逸夫一手打造了邵氏公司這家百年老店，最根本的一點是他把優秀人才聚集到自己的麾下，培養他們，開發他們，讓他們成為造錢的機器。為此，我們可以想見邵逸夫選人、育人、用人的高超手腕。

做生意，需要助手，一個公司就是一個團隊，你的員工能力如何、能否勝任工作，決定著你的生意能否做大，公司能否做強。因此，打造一支有戰鬥力的隊伍，必須在人才的選拔和培育上下足功夫。

7・「愛才、容才」的用人之道

◎愛才

電影公司想發展，人才必不可少。「邵氏兄弟」公司剛一成立，邵逸夫便抓緊時間網羅人才。從演員、導演到公司的管理人才，他都親自出馬去請。

以當時的情況而言，邵氏在香港的實力與聲望，遠不及新馬影業大亨陸運濤手創的「電懋」。當時「電懋」財雄勢大，明星與導演陣容強大。單論明星，「電懋」就有林黛、尤敏、林翠、葛蘭、葉楓、李湄、丁皓、王萊、蘇鳳。小生則有張揚、雷震、陳厚、喬宏、田青等。「電懋」的導演陣容則有岳楓、陶秦、唐煌、易文、王天林等。更有高級職員宋淇、秦亦孚，更有張愛玲編劇助陣。在鍾啟文的領導下，成就蒸蒸日上。邵氏想與這樣的對手硬碰硬後果可想而知。

在這樣一個局勢下，邵逸夫親自出馬，挖來電懋的台柱林黛後，又找來張徹、劉家良、李翰祥、桂治洪、楚原、陶秦、岳楓、程剛等人。有了這批優秀人才，邵氏開始形成自己的風格，作品大都十分賣座，由此邵氏電影在香港闖開了一片天地。

邵逸夫能用才，更有「容才」之道。他自己每天9點一定準時到達片場，公司經理、製片經理、導演只要工作表現良好，遲到他都可以容忍。試片、開會他總是先到，工作人員遲到他也從不追究。

寬鬆的氛圍，讓這些優秀人才把自己的才華和潛能充分發揮出來，才有了邵氏公司優秀作品的湧現。

◎人才是能賺錢的

說到邵氏電影的輝煌，有兩個人不得不提，一個是李翰祥，一個是張徹。他們能夠在邵氏公司大放異彩，離不開邵逸夫的賞識與栽培。

李翰祥也算得上是老邵氏人了。早年，他在香港創業10年，但是一直時運不濟，默默無聞。邵逸夫接管邵氏後，獨具慧眼，決定讓他主導《貂蟬》。結果，他一炮而紅，不僅成了邵氏頭號導演，而且一夜之間成了香港影壇炙手可熱的紅人，徹底改變了命運。

《貂蟬》的成功給邵逸夫一個很大的啟發，拍「美人電影」系列成了邵氏以後幾年的重頭戲。1959年，李翰祥執導了大型古裝片《江山美人》，仍是由林黛主演。該片不僅再一次創下票房新高，而且在第六屆亞洲影展上獲得「最佳影片獎」。

此後，李翰祥在邵逸夫的支持下，又接二連三地開拍了《楊貴妃》、《王昭君》、《武則天》、《傾國傾城》等多部「美人電影」，讓邵氏的攝影棚裡一天到晚花團錦簇萬紫千紅一派古色古香。

在1958年至1962年的五年中，「邵氏」在亞洲影展中共獲各類榮譽獎46項，這不得不令世界影壇震撼。當時香港電影界流傳一句話：「邵氏出品，必屬佳片」。這句不是誇張的言辭，而是實實在在的能力。

另一個為邵氏打天下的是導演張徹，他為邵氏開創新武俠片時代立下了汗馬功勞。早在1966年，邵逸夫就嘗試拍攝新武俠片《大醉俠》，雖口碑不錯但票房不是很理想。邵逸夫沒有灰心，1967年又請來導演張徹對他以禮相待。

果然，張徹果然不負眾望，由他執導的《獨臂刀》異軍突起，轟動了整個香港。上映一週，《獨臂刀》的票房就突破100萬元，刷新了香港電影史的票房紀錄。這在今天看來，仍然是一個神話。

之後，張徹又一鼓作氣，在1967年到1974年的7年當中，為邵氏拍攝了一連

串賣座武俠片。最讓邵逸夫高興的是,張徹不僅為邵氏創造了巨額的票房價值,而且為邵氏培養和造就了一大批武打明星和出色的工作人員。

今天,在華語武俠電影世界裡,無論是徐克,還是劉偉強,談到對武俠影片的看法,都無法迴避張徹當年的創造性開拓功績。邵逸夫能夠培養出這樣有才華的導演,是因為他始終把人才看作賺錢的機器,必須啟動他們才行。

【創富經】經營人才,經營人心

三顧茅廬,固然是敦請人的渴望和誠懇的心情,也是一位領導者老闆不恥下問,虛心求才,但何嘗不是施恩馭下之術呢?邵逸夫一手打造了邵氏電影公司,從本質上說是培養和開發人才的歷程。要想知道邵逸夫和他的公司有多厲害,只要看看從那裡走出的厲害演員、導演,就一目了然了。所以,高明的經營者,一定愛惜人才、容忍人才,讓他們發揮自己應有的才華。

韓非子說:「下君盡己之能,中君盡人之力,上君盡人之智。」一個人走向成功,需要竭盡自己的能力去拚搏、奮鬥。

然而,一個人或一個團體,僅靠自己的力量是不足的,特別是在當今社會科學技術高度發達的情況下,善於借助別人的力量和幫助,才會早日實現預期目標。個人經商,企業發展,都是如此。

美國鋼鐵大王卡耐基曾預先寫下這樣的墓誌銘:「睡在這裡的是善於討求比他更聰明者的人。」的確,卡耐基能夠從一個鐵道工人變成一位鋼鐵大王,是他能夠發掘許多優秀人才為他工作,使他的工作效力增值了成千上萬倍的結果。

經商不是單打獨鬥,以識人的眼光,抓住別人的優點,把每一個員工的位置都分配得十分恰當,使每個員工的力量和智慧能淋漓盡致地發揮出來;以市場的眼光,抓住發展機遇,滿足某一特定的市場需求,才能創業成功,使企業有更大的發展。

8‧奮鬥一生才能收穫一生

　　從基層做起，涉足電影工業的各個環節，最後升任到大老闆的位置，這就是邵逸夫奮鬥的歷程。無論是剛加入這個行業，還是日後風光無限，邵逸夫都沒有放鬆對自己的嚴格要求，始終努力拚搏、進取。

　　邵逸夫說，自己沒有什麼娛樂活動，看電影就是他的娛樂與工作，也是他拿來教育員工的一種手段。在邵氏公司，有大小兩個試片室，大的猶如電影院，是工作人員進修，偷師的場所。有時候邵逸夫會和員工們一起看，看過後，他會考問員工，或是一起學習、一起檢討。邵氏員工的素質便由此高於其他的電影公司員工。

　　在20世紀的前半葉，歐美電影工業的塔尖上，電影寡頭們透過形形色色的合約雇用了大量的內部演員、導演和編劇，以及幾乎一切與電影製作和放映有關的人力與物力資源，從而獲得了巨大的競爭優勢。

　　在電影事業中獲得成功的邵逸夫，也把這些手法引入到電視圈。*1980*年代初，邵逸夫將昔日旗下的電影明星都網羅到無線（*TVB*前身），於是無線旗下第一批活躍在電視上的藝人，就是一些粵語片演員，最典型的例子就是鄭少秋和沈殿霞。

　　現在*TVB*的製作方式與當年的邵氏影業沒有兩樣：有自己的*studio*（工作室），把藝人、導演、工作人員都簽下來，有自己的製作廠房和發行，為員工們提供宿舍。

　　*TVB*製作資源部總監樂易玲認為，這種模式能夠保證「夢工廠」的產量、品

質和成本控制，也有利於控制競爭帶來的風險。

「一方面，這樣的運作模式需要龐大的資金，你要很小心做到收支平衡才能維持；另一方面，一旦收視率受到威脅，你要搶拍新戲對戰，到時明星演員、導演們沒有檔期怎麼辦？我們要儲存足夠的導演、編劇、監製、演員去應付。」

而當競爭對手形成強大威勢的時候，邵逸夫坐鎮後方，指揮若定，調集各種資源頻頻發力，最終把對手擊敗。誰能想到，這是一位老者在幕後謀劃的結果？

1980年代初，麗的電視（ATV前身）著名劇集，人文關懷味十足的《大地恩情》在黃金時段佔據了收視率半壁江山。為了扭轉局面，邵逸夫先是腰斬同時段的無線劇集，又迅速拉來汪明荃和謝賢合拍《千王之王》，結果這部關於賭博江湖、恩怨情仇的電視劇最終戰勝了《大地恩情》。

1990年代末，TVB迎來了有史以來最「黑暗」的時期。當時，ATV削減了邵逸夫那種資源儲備、自產節目的製作方式，向外來片源下手。結果，一部非自產的《還珠格格》，令TVB（無線）在黃金時段收視率首次被打敗。

為了度過危機，TVB一邊調動王牌綜藝節目應對，一邊又調動100多名明星陣容拍攝《創世紀》，競爭者ATV卻後繼無力，既無明星也無出色故事繼續推出，最終在風光數月後，收視率重新跌到了10點以下。

從一個年輕的小夥子，到一個超過百歲的世紀老人，邵逸夫奮鬥了一生，把邵氏公司打造成一個百年老店。其中的艱辛、挑戰，恐怕只有當事人最清楚。尤其是看著身邊的人一個個先於自己而去，看著一批批新人成長起來，心中那份孤寂，又有誰能夠體察呢？所以，他唯有以奮鬥，來證明自己的存在。

【創富經】榮耀來源於不懈的奮鬥

早先，邵氏的當家導演張徹曾說過：「邵逸夫的勤奮、毅力、認真，非一般

人可比。他每天工作時間長達16小時，數十年如一日。每天9點上班，上班時交代各主管的工作他都是預先寫在條子上，每人一張，親自交付。到了公司第一件事情便是看各位導演前一天拍好的毛片。每個月要開拍的新片的劇本、故事，他都要親自審閱，自己忙得顧不得看時，由導演或看劇本的人向他報告，最後他來裁決。」

人生不是鋪滿玫瑰花的途徑，每天都是奮鬥。每個人的人生過程，是繼續不斷在奮鬥的，人生的目的是爭取勝利與光榮。人自呱呱墜地以至衰老，無時無刻不是在奮鬥狀態中。你想做一個正人，或紅人、名人、偉人，須拿出你全副的精神，與社會奮鬥，為事業奮鬥打出一條血路來。等到奪取據點，腳跟站穩，然後運用你的地位、權力、經濟、手腕各種力量。發展你的抱負，發揮你的才能。日積月累，由小而大，須時時保持繼續不斷的，精益求精的，實事求是的加以改良，充實，擴展以成就輝煌。

有這樣一句話：「要造就一位成功的政治家，也許只需要數年的工夫；但要造就一個成功的商人，尤其是一個白手起家的商人，則需要用一生的時間。」邵逸夫一生的成功經歷正說明了這一點。一個商人要想成功沒有捷徑可走，一分耕耘一分收穫，奮鬥一生才能收穫一生。

⑨ · 成功法寶：信心、堅毅、把握時機

◎三大法寶

從清潔工到影視大亨，很多人都想知道邵逸夫的成功秘訣是什麼，邵逸夫說：「我個人對成功的定論是努力工作和靈巧應變，每個人必須趕上時代，認真工作，全力以赴，貫徹始終。對我自己來說，開拓事業的三大法寶是信心、堅毅和把握時機。」

從邵逸夫的成功之路可以看出，他的「信心、堅毅和把握時機」具體表現在三個方面，它們是：

（1）精通業務

邵逸夫精通電影中的任何技術工作，從剪輯、攝影、化妝、編劇到導演樣樣在行。因此，他對業務的意見都十分中肯，令人心服口服。

（2）工作狂熱

邵逸夫說：「在香港社會我永遠兩隻眼睛看電影，一隻是藝術家的眼睛，一隻是商人的眼睛。」20世紀60年代，他一天工作16個小時，每天至少看3部電影，最多時看9部，被稱為「中國看電影最多的人」。

（3）跟上潮流

從拍攝有聲電影到電影事業方興未艾時插手電視業，無不顯示出邵逸夫敏銳的洞察力和把握時代脈動的分析能力。

◎把握時機，創造模式

邵逸夫經營影業的一個顯著特點，是把生產與發行結合起來，把製片廠與眾多的電影院結合起來。

一方面「邵氏影城」生產大量的國語片和粵語片，把市場推銷到遠及歐美的海外各地去；另一方面，在香港與東南亞增設電影院，在日本、西歐和北美也有自建之影院、戲院。

邵氏所屬電影院達200家之多，成為跨國跨地區的龐大集團。這是因為邵逸夫把生產和發行聯繫成一條線，不僅使他們自己的產品有了可靠的去路，同時也給海外發行中國影片解決了一個最傷腦筋的市場問題。

這種到處開電影院、戲院的辦法，就是製造廠兼設零售店，把生產和零售結合起來，免除「中間剝削」，拍成的影片不愁沒有電影院可放，所以有些影業公司都願意和他合作拍攝影片，電影生意興旺，事業成功也有了可靠的基礎。

邵逸夫的致富之道，正如他自己所總結的：「成功之道是努力苦幹，並要對自己的工作有興趣，運氣只是其次。」

【創富經】再難也要堅持走下去

在每一個成功者的經歷中，都會面臨著艱難困苦和事業挫折，逆境和失敗是必不可缺少的兩門必修課。孟子說過一句醒世恆言：「天將降大任於斯人也，必先苦其心志，勞其筋骨，餓其體膚，空乏其身，行拂亂其所為，所以動心忍性，增益其所不能。」

商人能吃苦，敢創業，很大程度上是因為他們有一顆追求卓越的心。有句話說得好：「天下無難事，只怕有心人。」商人一旦認準了方向，就全力拚搏，不折不扣地把事情做好。這種執著的信心、堅毅的執行，是創業者最寶貴的財富。

創業初期，商人雖然一無所有，面對別人的奚落，承受著艱難困苦，但是

內心的堅定讓他們執著、無畏。在此基礎之上，能夠洞察市場的先機並加以把握，定會成為行業的領先者。

　　華人首富李嘉誠說：「我的成功之道是：肯用心思去思考未來，當然成功機率較失敗的多，且能抓到重大趨勢，賺得巨利，便成大贏家。」一個行業，無論發展到什麼階段，市場上都存在尚未滿足或尚未完全滿足的需求。如果一個公司能走出市場定位的誤區，勤於思考，率先發現這個領域，抓住機會並大膽投入，必將財源滾滾。

第五章 「香江地產鉅子」郭炳湘

——打造香港潮流新商圈

　　1990年10月，郭得勝因心臟病復發去世。李嘉誠、包玉剛、邵逸夫、霍英東、鄭裕彤、李兆基等工商業鉅子參加郭得勝葬禮，當時有香港媒體稱：「這幾位扶靈者就已掌握了半個香港的經濟命脈。」可見，新鴻基集團對香港經濟具有不可估量的作用。

　　新鴻基是由郭得勝早在20世紀60年代創辦，而後迅速成長成為香港一線地產商，成為香港五虎之一。郭得勝逝世之後，郭炳湘、郭炳江、郭炳聯三兄弟接手父親的事業，成為香港一起上陣的三兄弟。

　　在「新鴻基」內部有這樣一個說法，「如果連沙田新城市廣場都無客行，那麼香港便完蛋了。」而港人對此也有一個有趣的說法，對沙田新城市廣場又愛又恨。而締造這全球人流最高的商場，也可算作全球最繁華地帶之一的人，正是「新鴻基地產」的總裁郭炳湘。

◇檔案

中文名：郭炳湘

出生地：香港

生卒年月：1950年--

畢業院校：英國倫敦大學帝國理工學院

主要成就：新鴻基集團董事局主席兼行政總裁

◇年譜

1952年，郭氏三兄弟的父親郭得勝在香港設立鴻昌進出口公司，專營洋貨批發。

1958年，郭得勝與好友李兆基、馮景禧合夥從事地產發展，進軍地產業。

1963年，郭得勝與好友李兆基、馮景禧三人各投資*100*萬港元創辦了新鴻基公司。郭得勝為董事局主席，李兆基、馮景禧任副主席。

1972年，新鴻基地產發展有限公司註冊成立，並於*8月23日*上市。

1987年，新鴻基地產與信和集團合作，以*33.5*億港元的鉅資投得灣仔一塊地皮，興建了當時亞洲最高的建築物——中環廣場。

20世紀80年代，新鴻基地產已經發展成為香港地產界的五虎將之一。

1990年10月，郭得勝因心臟病復發去世。去世後，其長子郭炳湘出任集團董事局主席兼行政總裁，老二郭炳江和老三郭炳聯則出任副主席兼董事總經理。

1992年底，新鴻基地產市值超越李嘉誠的長實地產，成為香港市值最大的地產公司，堪稱「地產巨無霸」。

2008年，郭炳湘退任新鴻基集團董事局主席兼行政總裁一職，改任非執行董事。

1·最成功的子承父業

　　郭炳湘三兄弟，為新鴻基地產創辦人郭得勝的子嗣。新鴻基地產創立於1972年，主要從事地產發展和投資。目前，物業銷售和租金收入的來源分別佔據盈利來源的63.3%和26.6%，其他業務包括酒店經營、建築、財務、保險、戲院、貨倉、製衣、公共運輸和電訊等。

　　講到郭氏三兄弟，先要說說他們的父親郭得勝。郭得勝原籍廣東中山，早年隨父經營雜貨批發，戰後移居香港。1952年，設立鴻昌進出口公司，專營洋貨批發。後來，郭氏取得日本YKK拉鏈的獨家代理權，當時正值香港製衣業興隆，生意源源不斷，一舉奪得「洋雜大王」的稱號。

　　1958年，郭得勝與好友李兆基、馮景禧進軍地產業。1963年，三人各投資100萬港元創辦了新鴻基公司。郭得勝為董事局主席，李兆基、馮景禧任副主席。1972年7月14日，新鴻基地產發展有限公司註冊成立，並於8月23日上市，市值為港幣4億元。雇用員工約30名，主要從事地產發展和投資。

　　進入20世紀80年代，新鴻基地產已經發展成為香港地產界的五虎將之一。1987年10月，新鴻基地產與信和集團合作，以33.5億港元的鉅資投得灣仔一塊地皮，興建了當時亞洲最高的建築物——中環廣場。

　　1990年10月，郭得勝因心臟病復發去世。參加葬禮的有李嘉誠、包玉剛、邵逸夫、霍英東、鄭裕彤、李兆基等工商業鉅子，當時報刊評論：這幾位扶靈者就已掌握了半個香港的經濟命脈。那時，新鴻基地產的市值已達254億港元，與上市時相比，增長了63.5倍。

郭得勝去世後，新鴻基地產掌舵的成了郭家第二代，其長子郭炳湘出任集團董事局主席兼行政總裁，老二郭炳江和老三郭炳聯則出任副主席兼董事總經理。郭氏兄弟順利接班，並使公司更上一層樓。

1992年底，新鴻基地產市值超越李嘉誠的長江實業地產，成為香港市值最大的地產公司，堪稱地產巨無霸。新鴻基地產在內地的投資項目包括：北京王府井的新東安市場、方莊的新城市廣場、上海的中環廣場等。

除了主業房地產，新鴻基集團還積極投入酒店、交通、電訊、金融等多元化經營，是市場公認的子承父業最成功的家族企業。

【創富經】家族企業讓生意長青

郭得勝創立了新鴻基地產，郭炳湘、、郭炳江、郭炳聯三個兒子繼承了家業，並把家族生意打理得井井有條。顯示了旺盛的生命力。

據統計，目前中國內地有150萬家民營企業，其中80%以上是家族企業。在世界範圍內，家族企業的比例也高達65－80%，在美國，90%的企業是家族企業，雇用了50%以上的勞動力。在世界500強中的美國企業，35%是家族企業。

據美國《商業週刊》統計，標準普爾500家公司的1／3是家族企業，其股東年平均回報率是15.6%，而非家族企業的股東年平均回報率是11.2%；家族企業的平均資產回報率是5.4%，非家族企業的是4.1%。而年營業收入和利潤增長率，家族企業也大大超過非家族企業。

由此可見，家族企業是全球具有普遍性的一種企業組織形態。它不是低效率的，也不是落後的，更不是短期存在，長期會消失的。作為一種經濟組織形式，家族企業憑藉血緣關係建立起來的天然信任感，延續著基業長青的財富神話。

在世界500強的前10名，有4家是家族企業，山姆．沃爾頓家族創辦的沃爾瑪

公司連續三年排名第一，福特、摩托羅拉、杜邦、微軟、麥當勞、可口可樂、豐田等都是家族企業的佼佼者。在東南亞，最大的15家家族控制的上市公司規模佔國內生產總值的比例很高，香港是84.2％，馬來西亞是76.2％，新加坡是48.3％。在華人中，李嘉誠的長江實業、和記黃埔、長江基建等，總市值達到5000億，劉氏家族控制的希望集團，也是民營企業的龍頭。還有方太、萬向等，都成績斐然。

可見，家族企業是完全可以做強做大的。目前，社會上對家族企業的很多微詞值得商榷，各界對家族企業有過多的負面評價，缺少正面的肯定。對此，發現家族企業的商業優勢，是正確認識它，並充分發揮其作用的前提。

家是人類最有生命力的組織形式，也是最為可靠的保障。家的溫暖、團結和親情是激勵人成功的最長久、最強大的力量。中國人是最有家庭觀念的民族，中國人家庭中的長幼有序，團結和睦、同甘共苦的家族倫理，在家族企業的發展中產生了非常積極的作用。

許多時候，家族企業的血緣關係很好地解決了管理層的約束激勵問題，家族企業減少了監督難度和交易成本，減少了委託代理的管理成本，增加了內部資訊溝通的程度；天然的家族文化加大了企業的凝聚力，同時家族企業的產權制度又增加了重大決策的謹慎度，減少了決策風險。以上是家族企業大量、長期存在，並完全有可能做大做強的重要原因，也是家族企業的天然優勢。

但是，產權關係界定不清，家庭糾紛不斷發生影響企業正常發展；情理法關係難以取捨，家庭倫理和商業倫理混淆不清；重人治，輕法治，難以形成科學的治理制度；家族成員惰性增加，任人唯親，相對排外，難以引進外部優秀人才等等，也是家族企業常見的弊端，是家族企業天然的劣勢。

2 · 將地產項目變成流水作業

　　新鴻基地產發展有限公司是香港舉足輕重的地產企業，與長江實業、香港新世界、恆基兆業並稱香港地產界的「四大天王」。根據《富比士》雜誌2006年的統計評價，作為新地的第二代管理者，以郭炳湘為首的郭氏家族是以116億美元的身家名列全球富豪榜的第35位。

　　在長達30多年的發展進程當中，新地建立了優秀的地產品牌，在香港地產界的領先者地位也得到同行的承認和尊重。

　　新地的土地儲備在香港市場一直處於較高水準。長期以來，高儲備政策一直為新地的決策層所貫徹執行。以建築面積計，截至2005會計年度，新地在香港的土地儲備已近四千二百萬平方英尺，其中住宅用地可以供集團未來5年發展之用。無疑，這些土地儲備為集團的長期發展提供了基礎條件。

　　新地在「拿地」時機上表現出的宏觀眼光和耐心值得思考。這點在新地成立之初便有所表現。新地1972年正式成立，並於當年在港上市。此後的1973～1975年，由於受到石油危機的影響，香港經濟陷入低潮。但是，新地的買地計畫並未受到很大影響。相反，在這一期間內，新地成功參與了荃灣中心和沙田第一城的開發。

　　1984年，隨香港回歸協議的簽訂，港人出現信心問題，地產投資市場前景欠佳。在此背景下，新地仍然沒有放棄吸納土地。同時，新地以開發沙田新城市廣場的實際行動表現出「逆市而為」的思考邏輯。

　　事實上，正是這兩個時期的土地儲備保證了新地前十年的持續發展，完成

了從土地集聚到資本集聚的過程。在此過程中，新地對宏觀形勢的判斷和足夠的耐心幫助新地以低廉的價格得到土地，進而獲取了較為豐厚的回報。

【創富經】經營手法要一擊成功

地產商契機在20世紀80年代中期再現，當時，香港政府實行50公頃高地價政策，幾乎所有小規模地產公司都無法投得土地，大地產商因而受惠，而新鴻基地產的純利由1977年的1.02億港元上升至1997年的141.6億港元，升幅達到137.83%，複式年增長率為27.9%。2003年的地產低潮時，新鴻基仍獲得65億港元的利潤。

新鴻基地產的經營手法，簡單來說是將地產專案變成流水作業，成本便宜的發展項目，只要有毛利，市場能接受，就會出售；相反，成本貴的項目，蝕本亦會出售。這就是傳統中國人所謂的貨如輪轉，西方的流水作業。歸根究底，新鴻基地產不是靠囤積居奇來獲取最高利潤，當市勢逆轉時，靠囤積居奇的地產公司，往往逃不過破產的惡夢，而新鴻基地產就是用流水作業的經營方式，在市場中建立起經濟專利。

在20世紀70、80年代，新鴻基能夠維持一定的邊際利潤，如果售樓利潤特別豐厚，管理層就將部分純利用作撥備，減低高價地皮的成本，容許這些高價土地，在經過撤除減值後，仍然能夠在完成時獲得利潤。這種手法對新鴻基在70、80年代的盈利，產生了正面的作用。

3·優質物業帶來高附加值回報

◎愛恨交織的新城市廣場

根據監測全球*19*個國家及地區近*700*個商場人流的英國客流量監測及分析公司*FootFall*的資料顯示,掌握香港新界沙田火車站各出口「要衝」的新城市廣場,在剛過去的聖誕及春節中,週末一日人流曾高達*32*萬人次,成為全球人流最高的商場。

而新城市廣場的擁有者,正是「新鴻基地產」。在「新鴻基」內部有這麼個說法,「如果連沙田新城市廣場都無客行,那麼香港便完蛋了。」而港人對此也有一個有趣的說法,對沙田新城市廣場又愛又恨。

愛,是因這裡交通方便,買什麼也不會令你失望;恨,是因為這裡無論任何時間,總是人擠人,都沒辦法走出一條直線。而締造這全球人流最高的商場,也可算作全球最繁華地帶之一的人,正是本文的主角——「新鴻基地產」總裁郭炳湘。

◎商場和酒店交織的網路

新鴻基地產一向堅守清晰和穩健的業務策略,不斷提升管理素質,憑藉優質產品及服務,新地在市場上建立起強大的品牌,成為「信心的標誌」。發展的各類物業中,特別擅長大型住宅計畫和地標性商業物業,在市場上擁有極高的聲譽。

近年發展的香港地標性物業,如中環國際金融中心(*IFC*)及四季酒店、東

九龍APM及西九龍天璽及凱旋門、山頂倚巒、跑馬地禮頓山等均為地標項目。

而集團籌建逾十年的九龍站綜合發展專案,更是享譽國際,其中的環球貿易廣場(ICC)聳立維多利亞港,為目前香港最高及全球前三高廈,落成後將與對岸的國際金融中心二期組成宏偉的維港門廊,樹立世界矚目的新標誌。

新地同時在香港擁有龐大的帶領消費潮流的商場網路,以及六間均是質素超凡的酒店,包括全港最頂尖的中環四季酒店、位於九龍站環球貿易廣場頂層的豪華酒店Ritz-Carlton。

【創富經】優質的品牌、穩健的業務策略

有這樣一則故事:從前有一個國王,他的左眼失明,右腿殘廢,他想找畫家給自己畫像,要求畫家不能畫出自己的缺陷,但也不能失真,很多畫家為了討好國王,畫上了健全的雙腿和雙目,但不幸的是,他們統統被國王殺掉,因為畫像失真了。

這時,有一個畫家,自告奮勇地要求給國王畫像,畫完之後,國王滿意地笑了。他怎樣畫的呢?畫的是國王單膝下跪打槍時的姿勢,很巧妙地掩蓋了他失明的左眼和殘廢的右腿。

一個人的悲劇不在於沒有優勢,而在於沒有發現、發揮和充分利用自己實際上存在著的優勢,最終與精彩擦肩而過。

任何企業競爭都有一定的時空限制。如果我是烏龜,我就不會在陸地上和兔子比賽,我會跟牠在水裡比,那麼,獲勝的肯定是我。

因此,發現、發揮和充分利用自己的優勢,就是極其重要的問題和決策了,也就是做正確的事,把這個正確的事做好了,就是做了極其重要的事。

凡成功企業和成功人士必定是充分發揮和利用了自己的優勢,雖然其中可能大部分是無意識的、有時可能是偶然的,但其作用肯定是決定性的。

　　成功企業家的作用在於將這些無意識的，被動的、偶然的現象整合成有意識的，主動的、必然的規律，從而使企業和個人給自己明確的定位，掌握自己發展的軌跡，把握自己的方向和未來。

　　在過去的數十年歷史裡，香港把握住了東西文化交匯的機遇，創造了經濟奇蹟。多年來，新鴻基地產在郭氏三兄弟的帶領下，雖經歷不少起落，但一直穩健發展，信心從未動搖，並貫徹「以心建家」的精神，致力建造優質的物業，提供最周全的客戶服務。

　　未來，也將迎接各種挑戰，在激烈的市場中保持優勢，以堅定的信念，克服困難，充分利用本身的強項，包括優質的品牌、穩健的業務策略、優秀的企業管治、出色的管理層和強大的團隊，把集團帶向更為廣闊的舞台。

4 · 「三層管理」解決溝通困難

物業管理行業一般都有一半以上的員工需要常駐辦公大樓、商場或社區工作，所謂「山高皇帝遠」，一家物業管理公司要照顧超過百幢大廈，要經常與每名員工溝通其實難度極高，但簡單的分層組織及適量的放權，絕對可達到滿意的效果。

新鴻基地產旗下的啟勝管理服務，就擁有3000名員工外駐的管理員，但作為大腦中樞的總公司，憑藉著「三層管理」將基層員工有效地管理了起來。

所謂「三層管理」，就是將公司架構分為總公司、區域主管與基層主管三個層級。除架構上的分層外，啟勝還將轄下的物業分成11個區域管理，每區均由一名區域經理負責，下面再由小組主管負責前線的物業管理。

每名區域經理均須負責商場、住宅及辦公大樓三類物業的管理，然而三類物業的管理需求不盡相同，細節處理細化到了每一個階段，舉例說，辦公大樓的「繁忙時間」為早晚的上下班時間，而商場則為午餐及下班時段，單是人流高峰期已有差別，地區經理須在人手安排上做出調配。

而前線人員長駐地區，較總部更瞭解物業情況，這種層遞式管理可令決策更靈活。由於管理的面積大，單靠電話通訊未必能同時聯絡上各小組，於是在聯繫上，啟勝的三層架構的通報工作主要靠電子郵件維繫，工作效率十分快捷。

【創富經】嚴格、認真的細節執行

一個企業有了再宏偉、英明的戰略，沒有嚴格、認真的細節執行，再英明的決策，也是難以成為現實。「泰山不拒細壤，故能成其高；江海不擇細流，故能就其深。」

所以，大禮不辭小讓，細節決定成敗。可以毫不誇張的說，現在的市場競爭已經到達細節致勝的時代。不論是從企業的內部管理，還是外部的市場行銷、客戶服務，細節問題都可能關係到企業的前途。

我們只要用心留意工作的每一處細節，用心一一做好，俗話說：商場如戰場。只有不斷創新，與時俱進，才能適應市場需求的變化；只有注重細節管理，把工作中的每一件小事做細，才能為客戶提供一流的服務。最終才能在市場搏擊中增強企業的競爭實力，才能保障企業持續穩定健全地發展。

如果說管理的一般法則是科學，那麼對細節的管理就是藝術，企業處理細節的能力就形成企業管理的能力。白沙提倡「簡單管理」，但其「簡單管理」絕不是粗糙管理，更不是不要管理，而是每一個細節都已經成為日常規範行動的一部分，無須刻意將其管理。

「簡單管理」的前提是「找出規律」，建構一個有效的體制，將所有的細節都置於直接或間接的控制之中。可以說，簡單管理是細節管理發展到極致的結果。

事實上，細節管理強調的是一個系統，是說每個崗位每位員工都要把自己的事情做好，不找任何藉口，哪怕是合理的藉口，想方設法去完成任務。比如你是領導人，你必須注意戰略制定的細節，把戰略制定好；你是中層幹部，是負責產品開發的，那就要把產品開發的每個細節做好；如果你是個操作工人，就要把每個操作步驟都做好，細節管理要落實到任何人的任何行為上。把每一個細節做好，才能成就大事。

5·從一站式購物，到一站式休閒

◎香港人流最旺的商場

新鴻基地產旗下的「旗艦商場」新城市廣場，位於新界沙田的市中心，20世紀80年代其首期商場開業時，當地的地段描述還是「整個新界的商業中心」。2003年，內地開放「自由行」後，新城市廣場的所在，變成具有絕對地段優勢的「港鐵」（東鐵線）的「中點」。新鴻基地產適時擴建其1期商場（2期是同一建築群中的甲級辦公大樓和帝都酒店）。使得整個商場的面積高達20萬平方米，規模躋身香港前三。

如今，作為東鐵（港鐵）沿線最大的購物中心，新城市廣場吸引了超過350間名牌商店以及50間知名食府入駐其間。比如，*agne's·b.*、*Armani Exchange*、*Calvin Klein*、*I.T*、*ZARA*、*Vivienne Westwood Anglomania*等著名時裝品牌超過百家；整個6樓有逾1萬平方米的電子產品專賣店，如百老匯、豐澤、中原電器、*iTheatre*、*AVLife*、蘋果體驗中心等；而商場內的化妝品品牌商家多達160家，包括香奈兒、雅詩蘭黛、*CD*、蘭蔻、倩碧、資生堂、*IPSA*、*Fancl*、植村秀等。

此外，新城市廣場的規模效應還反映在多業態的聚攏方面，商場中開設有3間大型生活百貨，包括全港獨一無二的日式百貨公司一田百貨（原名西田百貨）、城市超市（*city's super*）及英國著名零售商瑪莎百貨。

在如此全面、龐大的租戶組合面前，各地購物人流匯集於此理所當然。由此我們可以想像到，這裡蘊藏著怎樣的商機，以及由此帶來的豐厚商業回報。

◎一站式休閒服務

綜觀整個新城市廣場，它早已不是一個單純的購物樂園。商場7樓有數十間中、日、美、泰、印尼及各類西餐廳；而1樓又是一個「飲食專層」，羅致了20間主題食肆，設有2間專售高級巧克力禮品的商店——COVA及龍島，此外，商場的其他樓層亦設有餐廳，包括利苑酒家、美心皇宮大酒樓等等。近年開始流行於上海市中心的購物中心增設餐飲商鋪的改建風潮，原來源自香港。

新鴻基地產早在數年前還「開發」了少見的「吸客」手法——在新城市廣場1期的3樓平台，2000年開幕的「史努比開心世界」，是全亞洲首座史努比戶外遊樂場，佔地4000平方米，包括6個遊覽區。

另外，在沙田當地被選作北京奧運的馬術賽場之後，由特區政府策劃，新鴻基地產贊助、設計、建造及開發了佔地近2萬平方米的「城市藝坊」項目，集建築、園景、公共藝術及奧運元素於一身，彙聚19件香港、內地及海外藝術大師的作品，成為全港首座結合公共藝術與奧運元素的國際級大型戶外廣場，守候於新城市廣場的正門之外。

上述提及的兩個階段的翻新，同樣讓商場的購物環境及價值增值大幅提高，其中，7樓室外平台重建工程於2005年5月完成時，音樂噴泉被移往該處，整個空中花園被命名為Starry Garden，2006年獲得特區政府頒發的「2006最佳園林大獎之非住宅物業組——園藝保養獎。

此外，商場翻新的樓層有了不同的主題，以方便顧客分流購物。毗鄰新城市廣場還有多項文娛康樂及藝術設施，如同樣為配合2008年北京奧運盛事舉行而興建的沙田大會堂、沙田中央公園等；周邊亦有多個旅遊景點，如車公廟、香港文化博物館及沙田馬場等等，吸引附近的居民及遊客前來休閒。

【創富經】整合行銷的策略

目前，新城市廣場每日平均顧客人流量多達30萬人次，一直被視為整個香港新界地區的商業標誌。沙田和新界其他地區當地居民，加上由港鐵自深圳運載而至的遊客，兩股主要的人流將新城市廣場的地位提升到「香港人流最旺」，而這正是整合行銷的經典之作。

整合行銷是一種對各種行銷工具和手段的系統化結合，根據環境進行即時性的動態修正，以使交換雙方在交互中實現價值增值的行銷理念與方法。

整合行銷就是為了建立、維護和傳播品牌，以及加強客戶關係，而對品牌進行計畫、實施和監督的一系列行銷工作。整合就是把各個獨立地行銷綜合成一個整體，以產生協同效應。這些獨立的行銷工作包括廣告、直接行銷、銷售促進、人員推銷、包裝、事件、贊助和客戶服務等。

經濟發展的腳步從來沒有停過，我們應該在充分瞭解利用現有的整合行銷的基礎上，不斷學習新的理論知識，瞭解新的經濟動態，改進自己的行銷觀念，使自己不落於時代的潮流，才能立於不敗之地。

（1）革新企業的行銷觀念。要樹立大市場行銷的觀念；要樹立科學化、現代化行銷觀念；要樹立系統化、整合化行銷的觀念。

（2）加強企業自身的現代化建設。企業要建立現代經營體制；要建立現代經營機制，包括企業的利益機制、決策機制、動力機制、約束機制等；經營管理設施現代化；要具有現代化的經營管理人員；加強組織建設，改善管理體系，注意企業的規模化，以及企業其他方面的合理化建設。

（3）整合企業的行銷。對企業內外部實行一體化的系統整合；整合企業的行銷管理；整合企業的行銷過程、行銷方式及行銷行為，實現一體化；整合企業的商流、物流與資訊流，實現三流的一體化。

（*4*）借鑑國外的先進經驗。我國企業要積極學習國外企業先進的經營管理經驗，特別是跨國公司的經營管理，跨國公司的整合行銷，如：*CIMS*系統（現代集成製造系統）、*MRP-II*系統（物料需求計畫）等、先進的跨國管理、先進技術手段管理等，為我國企業開展整合行銷服務。

6·發展電訊業，另闢戰線突圍

◎減輕地產依賴

以地產起家的郭氏家族，地產收益仍是主要收入來源，但新地的邊際利潤比率較諸金融風暴之前已經明顯回落，1996年至1998年兩個年度分別有51%，54%及52.5%，至1999年中期已下降至36.6%，反映地產商的黃金年代已經過去。郭氏表示，在未來的10年內，將逐步減少對地產業務的依靠。

為因應市場，除地產外，新鴻基在大力發展主業固本的同時亦致力開拓電訊業務，一方而為減輕對地產收益的依賴，二來亦為旗下物業增值，有利於銷售。繼92年將旗下本地流動電話業務數碼通分拆上市後，集團在99年8月投資1,000萬美元，與北京控股合作，成立一個專門投資國際定位系統的風險基金，並計畫2000年於美國NASDAQ市場上市。9月推出CyberIncubator，以免租形式換取中小型科技公司股權；另外亦藉注資Quamnet進軍金融互聯網。至10月，推出網上拍賣站；又成立i-Hon為旗下樓盤鋪設光纖基建網路，為住宅增值。

新鴻基地產旗下物業作資訊增值，被視為未來物業發展的趨勢。多間已參與電訊業務的發展商，勢必加強物業的素質以作招徠，對滲透通訊市場絕對有幫助。

◎內地拓展覓商機

2003年底，一向在內地投資保守謹慎的新鴻基鄭重宣佈，該公司已經與陸家嘴金融貿易區開發股份公司（以下稱陸家嘴公司）簽定了位於上海CBD重鎮的

陸家嘴金融貿易區X2地塊土地使用權轉讓合同。

新鴻基主席兼行政總裁郭炳湘在此間的業績公佈會上表示，新鴻基決定出資80多億港元在該地塊打造一項大型地標性物業，總樓地板面積約42萬平方米，將包括豪華酒店、頂級辦公大樓、服務式住宅及購物商場。整個專案將於2011年底前分期完成，預計首期在2007年落成。這是迄今為止新鴻基地產在內地最大規模的地產投資專案。

在簽字儀式上，郭炳湘說：「新鴻基看中陸家嘴日益趨強的金融、商貿、資訊集聚功能，以及未來巨大的市場價值，公司有信心把此項目建成上海最好地段上的最優秀建築。」

在幾個月前，郭炳湘在中期業績會上宣佈取消多年前規定投資內地不得超過總資金10%的上限，只要條件合適，有機會就去做。如今，除剛剛拿到的這塊地皮外，新鴻基在上海投資的還有具有「副CBD」之稱的淮海路上的中環廣場和徐家匯的高級住宅「名仕苑」。郭炳湘坦言，內地的巨大發展潛力與政策優惠正是吸引港資的魅力所在。

【創富經】採用多樣化戰略

從1972年至今，我們都能感覺到，無論是擴展地產市嘗還是開拓電訊業務、零售業務，甚至是內地國有製造業，郭氏的戰略都與其主業房地產息息相關，一切為之服務，不斷努力把新鴻基地產做大做強。

企業採用多樣化戰略，新老產品、新舊業務、生產管理與市場行銷的各個領域，如具有內在聯繫，存在著資源分享性，互相就能產生促進作用。在經營決策的基準上大致相同，對管理的方法或手段的安排比較一致。企業經營產品之間在管理上是否具有共用性是決定企業多樣化戰略成功與否的重要因素。

同時，多樣化的企業可以憑藉其在規模及不同業務領域經營的優勢，在單

一業務領域實行低價競爭，從而取得競爭優勢。企業可以將價格定在競爭對手的成本以下，而透過其他業務領域來支持這一定價行動的損失，從而在這一時期擠垮競爭對手或迫使其退出此行業，從而為企業在此行業的長期發展創造一個良好的環境。

當然，多樣化經營的企業同樣可以透過內部人力資源市場來促進人才的流動並節省費用。企業在外部市場上的招聘費用包括廣告費，付給獵頭公司的費用、為選擇和面試應聘者所花費的時間成本等。而在內部人才市場上選擇不僅可以節省費用，還可以更充分的掌握應聘者的資訊，以做出其是否勝任的正確決策。

8·APM——唯一不變的是改變

◎APM商場橫空出世

在產品開發上，新地的市場理解能力和創造精神對品牌的塑造貢獻巨大。作為一家涉及住宅、辦公和商業等多種地產類型的綜合開發商，新地的定位趨於高端產品，並在香港市場創造了不同類型的經典模式。

APM商場位於香港地鐵觀塘站的創紀之城第五期，是東九龍地區規模最大的商場之一，規劃面積60萬平方英尺，後擴充至63萬平方英尺。APM商場於2005年3月開業，至開業時商場鋪位已全部租出。

從APM運行一周年的實際情況看，其模式得到了市場的高度認可。在這一年中，新地收取租金2.8億港元，超出其在2004～2005年年報中的預期值2.4億港元。全年的總人次達到8000萬，人均消費500～800元。APM的成功與概念的挖掘有很大關係。

APM是英文AM和PM的縮寫，它宣導了一種超長時間的購物體驗，同時具體商鋪以時尚為定位這樣的定位體現了新地對市場的細微觀察和消費群眾心理的把握。在商場開發之初，新地觀察到，近年來香港在職人士的工作時間日益拉長，而多數商場的營業時間都在晚上十點結束，因此這部分的市場需求無法透過現有商場供應得到滿足，從而直接導致了APM概念的誕生。

此後，針對目標消費人群的年輕化和中產階級特性，商場的檔次定位於時尚組合，是合乎邏輯的推論。因此，新地對商業地產前期定位的準確把握，對於

APM 商場的成功至關重要。這也正是新地多年經驗的突出體現。

◎YOHO社區帶來地產新概念

YOHO 社區是新地開發的大規模社區。它被認為是一種概念運作的經典之作。它位於元朗新市鎮中心地區，名稱取自英文「*Young Home*」的縮寫。

YOHO 第一期用地23.6萬平方英尺，提供2200個以中小戶型為主的住宅單元，總建築面積約為120萬平方英尺。該社區2003年開始施工，2004年上半年交屋使用。

在 *YOHO* 的概念運作上，新地採取全新的行銷手法。在前期的宣傳過程中，新地並未直接對地產進行行銷，而是宣傳建立一種全新的生活觀念，從而在零基礎上樹立一個全新的 *YOHO* 品牌。

新地對 *YOHO* 人的定義是「擁有國際視野、生活品味、掌握潮流和科技資訊，而且較一般人擁有『多走兩步』的前瞻眼光」，這一定義實質上是對年輕白領的心理訴求進行了簡要的勾勒，從而達到了引起目標消費者共鳴的效應。

在建立了 *YOHO* 品牌之後，新地緊緊圍繞 *YOHO* 的內涵要求，在多方面進行了細化的具象展示。這其中包括在 *STARBUCKS* 的店鋪中擺放宣傳資料，凸顯 *YOHO* 人的品味追求；與 *Microsoft MSN* 合作，為住戶提供「*YOHOS mart Alerts*」服務，體現 *YOHO* 的科技導向。

除此之外，在 *YOHO* 的住宅設計上，新地在內部設備配套上使用了大量的科技元素，從而充分彰顯 *YOHO* 人的潮流與科技特質。這些都對目標客戶產生重要的影響。

【創富經】複製成功的商業模式

綜上而言，新地在產品開發上，注重目標客戶的消費特徵挖掘並由此精心

提煉產品概念。這些前期的準備為後期的產品具體開發提供較好的指導和支撐，從而確保新地的物業產品在對應市場上的創新領先形象更加鮮明。

管理學大師彼得・杜拉克說過：「當今企業之間的競爭，不是產品之間的競爭，而是商業模式之間的競爭。」在快速擴張的大潮中，透過兼併和收購，將優秀的商業模式複製到新的企業，成為很多企業做大、做強歷程中的必經之路。

複製成功的商業模式，要從如下幾個方面著手：

（1）商業模式一定要有生命力

優秀的商業模式必須在商業競爭中千錘百鍊，經歷了市場的嚴峻考驗，既有標準化操作流程，也有彈性空間。好的模式才可能打造無數個與「母版公司」一樣有競爭力的「複製公司」。

（2）優秀的職業經理人必不可少

一支隊伍能否打勝仗，關鍵在於帶隊的人水準如何。優秀的職業經理人是商業模式推廣的指揮者，發揮著不可替代的作用。在一個地方複製商業模式的時候，職業經理人往往會接管被改造的企業，操刀新企業推行商業模式的整個過程，直到最後成功的那一刻。

（3）有一支專業化管理團隊

實現商業模式的完美複製，需要專業化的管理團隊。商業模式的複製過程，涉及到知識管理的多個層面，不但耗費時間和精力，還需要成熟的營運管理能力，對大局的把握水準。一支專業化的管理團隊，是企業推廣商業模式的組織保障。

（4）複製過程中要堅持「本土化」

把企業的商業模式移植到另外一個地方，必須使它落地生根，實現真正的本土化。這要求企業空降部隊必須把握好當地文化，在執行中做好完美對接。好的商業模式，沒有出色執行保證，也會遭遇「滑鐵盧」，最終退出當地市場。

⑨ · 多元化培訓使員工增值

◎多元化培訓員工增值

新地非常重視兩萬多名員工發展及個人成長，積極建立夥伴關係，重視溝通與分享。每逢舉辦迎新講座，均由集團管理層主持，讓新員工瞭解公司運作和企業文化，此外還會透過不同管道如內部刊物、海報、電郵和公司內聯網與員工保持密切聯絡。

為不斷提升員工的素質，發掘潛能，新地將培訓員工訂為一項長遠而重要的政策。集團提供廣泛而有系統的培訓課程及發展計畫，致力協助各職級員工發展。課程範疇包括領袖技巧、業務策略、內地事務、客戶服務、語言、個人發展及技能培訓等，亦備有多元化自學管道供員工進修，例如網上電子課程，更設立「外間培訓資助計畫」資助員工報讀外間進修課程。

部門主管和管理菁英會定期被派往參加國際課程，如前往美國哈佛大學進修，擴展視野。新入職的經理級雇員獲安排督導技巧培訓，以便更有效地領導屬下隊員。

新地一直認為，真正的「用心對待」員工，除了要不遺餘力，為員工謀福祉之外，致力創造員工價值，讓他們有成長與發揮的空間，不時激勵員工士氣，使他們感到被尊重、有窩心的感覺，這才算是真正的「用心對待」員工。

新地管理層的高水準企業管治和親力親為的作風，除獲得專業機構認同外，更創造高績效的企業文化，令員工非常投入工作，獲得工作上的滿足，員工

流動率偏低，在新地工作逾30年的員工亦為數不少。

◎關心員工身心健康

集團一向珍惜員工，除提供發展機會外，亦關注他們的心靈健康，提倡關懷文化。之前特設24小時「傾心熱線」，由專家為員工及家人提供情緒輔導，讓員工傾吐心事，化解壓力和困擾。

此熱線的目的為讓新地員工或其家人遇到情緒困擾時，可透過專線向專業社工、心理醫生或輔導員傾訴心事。新地希望員工能成為社會上的快樂種子，將積極和正面的心理健康能量廣傳開去。

此外，為勉勵同事之間互相關懷，集團更創立「關懷大使」為隊員提供基本心理輔導培訓，傳播減壓和快樂人生的訊息，紓緩同事的情緒壓力，增添暖意及人情味。集團亦定期舉辦壓力處理及健康相關講座與工作坊，助員工紓緩工作壓力。

新地更會籌辦各類康樂活動，有太極班、香薰班等，亦透過舉辦不同親子活動，如假日電影欣賞及旅行活動，鼓勵員工與家屬一同參與，維繫更美滿家庭生活，讓同事在工作與家庭之間互相協調配合，時刻抱著快樂的心情上班。

除此之外，新地亦積極帶領員工有組織地進行義工服務，於五年前成立「新地義工team力量」，集團在資源上全力配合，回饋社會之餘，亦鼓勵員工攜手建構快樂和諧社會，從中體會到伸手助人，令心靈更加豐盛。

【創富經】對員工採用不同的激勵機制

企業可以根據本企業的特點而採用不同的激勵機制，例如可以運用工作激勵，盡量把員工放在他所適合的位置上，並在可能的條件下輪換一下工作以增加員工的新奇感，從而賦予工作更大的挑戰性，培養員工對工作的熱情和積極性。

　　日本著名企業家稻山嘉寬在回答「工作的報酬是什麼」時指出，「工作的報酬就是工作本身」，可見工作激勵在激發員工的積極性方面發揮著重要的作用；其次可以運用參與激勵，透過參與，形成員工對企業的歸屬感、認同感，可以進一步滿足自尊和自我實現的需要。

　　「人類因夢想而偉大，企業因文化而繁榮。」一個沒有文化的企業是沒有頭腦和靈魂的企業，這樣的企業也就從根本上失去了發展的目標性、方向性和戰略性，也失去了立足於現代市場競爭的前瞻性、能動性和適應性。

　　分析新鴻基地產的成功要素，突出的企業文化管理，人才優勢的充分發揮，人才積極性的充分激發，具有完整的文化體系和深厚的文化底蘊，是新鴻基走向輝煌的重要保證。

10・以心建家，建設更美好明天

◎以心建家

新鴻基把產品的每一個細節、空間、服務都用心去做，「以心建家」是新鴻基地產的企業文化宗旨，作為公司的企業文化，本著「以心建家」的理念，新鴻基地產除了在硬體上用心建設優質樓宇外，在軟體上也用心打造，如提供優質的服務和完善的管理，令每一個環節都力求完美，讓樓盤的綜合素質都領先。

時至今日，「新鴻基」在業界給人的第一聯想詞就是「高端」、「信譽」、「物有所值」等等。正是因為新鴻基多年來一方面堅持以客戶為導向，為客戶提供最優質的產品和服務，讓客戶買有所得；另一方面，敏銳的洞悉市場走勢，準確的採取應對措施，讓企業穩健的發展前行。

新鴻基在每開發一專案的同時，都在選址、設計等一系列環節上，積極整合相關資源，力求在每一個細節上突出品質。

例如，新鴻基地產逆市在香港連續推出了「壹號雲頂」、「原築」、「柏豐」和「天璽」4個樓盤，都是剛一推出市場就掀起購買熱潮，接近售罄。

「壹號雲頂」為新鴻基地產2008年底的焦點豪宅專案，無論由規劃、設計、用料以至室內細節，皆屬極級尊貴的新一代豪宅項目。

新鴻基地產更邀請國際頂尖廚櫃品牌*Varenna Poliform*，為專案量身設計名為「*Peak One Edition*」的尊貴廚櫃系列，為該品牌於亞洲首度委派設計師為住宅專案量身訂做廚櫃系列。品牌對頂級用料及精練設計的堅持，與新鴻基地產的理

念不謀而合。

其次，新鴻基地產再斥鉅資為專案設計尊貴的廚櫃系列，每套廚櫃價值高達港幣80萬至160萬元，令「壹號雲頂」的頂級素質更見提升，為新一代豪宅項目再添新意。

◎商業道德不可缺

新地的成就，在很大程度上歸功於郭氏兄弟建立和維持的高水準商業道德標準、有效的權責機制，以及在各業務環節保持的高水準企業管治。

他們全面引入西方管理模式，將集團制度化與專業化，悉力將中西文化的精粹結合於管理上，彙聚各方人才，塑造了富有團隊精神的高素質專業人才隊伍。

既處處為股東及投資者著想，又重視與員工的關係，並盡量在企業內部保留中國文化中重人情味的特色。為集團構建了卓越管理、強大品牌和優秀人才三大優勢。

因為業績卓越，新地獲得了《*Asian Business*》、《*Asiamoney*》、《*World Architecture*》、《*Euromoney*》《*The Asset*》、《*Finance Asia*》等權威財經雜誌授予「*亞洲最被推崇公司*」、「*全港最被推崇的地產公司*」、「*10年來香港管理最佳公司第一名*」、「*亞洲最佳地產公司第一名*」、「*香港最佳公司第一名*」、「*亞洲區最佳企業管治地產公司*」、「*亞太區最佳企業管治地產公司*」等眾多國際殊榮。

同時，新地更成為大眾心中最值得信賴的地產商。*2006年4月*，新地在包括香港、馬來西亞、台灣、新加坡在內7個地區的大規模調查中，被一般消費者投選為最可靠和有信心的優質品牌，進而獲得了《*讀者文摘*》頒發「信譽品牌白金獎」。

2006年5月，新地又在「*Yahoo*！感情品牌大獎」評選中，被80多萬香港市民

票選為最受港人歡迎七大品牌之一，成為香港唯一獲此殊榮的地產商。

更讓人欽佩的是，新地的領先優勢及大眾對新地的感情幾乎無處不在，就連推出的「以心建家」的報章廣告，也被讀者評為最受歡迎的10大報章廣告之一。

【創富經】商人，無德而不立

達爾文曾說過，就人和動物的區別而言，只有道德感或者良心才是意義最大的。道德是人與人之間不成文的無形的行為規範和準則，它更是一種價值觀念。道德雖然沒有法律的強制性，但它是一種無形的力量，從某種意義上講，它的調節範圍及影響力遠大於法律，道德的標準比法律高。

人類社會需要用道德來維繫，企業行為也應該在一定的道德氛圍中進行，並遵循一定的商業道德標準，否則，可能得逞於一時，卻會嚴重損傷企業的公眾形象，甚至置企業於死地。所以，企業要獲得生存的空間，進而長久立足於社會，更是需要樹立企業商業道德觀念。

企業商業道德，是指企業在商業活動中所應遵循的道德規範和行為準則。商業道德和社會道德的不同在於：前者必須以可生存、有利可圖的經濟基礎為前提的一種共同遵守的道德約束和行為規範。它是建立良好有序、多贏的經濟關係的基礎。

社會前進的過程中，企業、市場都必須共同面對種種的風浪。浮躁、急功近利、追求短期利潤最大化、投機等等行為會傷害企業本身、行業和市場，結果是前進中的整個社會都要為之付出巨大的成本。

企業當然要賺錢，最好變成一台賺錢的機器。但是聰明的企業會努力體現自己的社會責任感，樹立良好的商業道德觀念。這是一個戰略問題。正因為當今很多企業都患了只追求利潤，忽略了商業道德的「近視症」，深受廣大消費者的

譴責，甚至使消費者對該行業信心下降。

所以，一個具有良好商業道德企業的出現必會把消費者吸引過來並提高消費者對該企業的忠誠度。具有良好商業道德的企業與同行患「商業道德近視症」的企業相比，這就是個別差異化，這就是核心競爭力。

優秀的商業道德是成功的戰略管理的前提。對商業道德的進一步認知與重視正成為決定企業競爭力的核心組成部分。商業道德的提出是以企業做決策時抱有對社會負責的態度為前提。同時它會優化企業的公眾形象，利於獲得客戶、組織和政府的信任和讚許，獲得更多有利的社會資源，還會改變人們對企業的看法，間接地促進企業的聲譽、形象以及銷售等。

美國一項針對469家不同行業公司的調查顯示：資產、銷售、投資回報率均與企業的社會形象有著不同程度的正比關係。換句話說，如果社會上的多數企業都具備良好的商業道德觀念，不做有損社會利益之事的同時還對社會做出回饋，那麼這些企業都不會輕易做出違背商業道德的行為，因為這是一個典型的納什均衡（又稱為「非合作博弈均衡」－以約翰‧納什命名），誰首先放棄了商業道德，誰的效用立刻變為零，就會立刻被淘汰。

「在香港的幾十年裡，無論是購買了我們的住宅，還是商業辦公大樓，都是增值保值。所以你可以看到，只要是在香港，新鴻基推出的產品一定是受追捧的。」新鴻基發展（中國）有限公司南中國總經理黃少媚自豪的說。

第六章 「鯊膽大亨」鄭裕彤

——從珠寶大王到地產大亨

翻開「周大福」的創業史，每一頁都有他60年如一日的奮鬥足跡；他集「珠寶大王」、「地產大鱷」、「酒店鉅子」、「鯊膽大亨」於一身；被譽為香港地產界四大天王之一；並是全球華人十大富豪之一……這就是著名的「鯊膽大亨」鄭裕彤。

有的人評價他是「鯊膽彤」，是靠投機才做成大事的，他卻說：「投資與投機是有本質區別的，只有買空賣空才完全屬於投機的做法。……所以凡事不要過頭，不要搏盡。一個商人最好永遠不要有敵人，不用視對手為敵人，做生意要胸襟廣闊，不夠闊做不了大事，當然，這個未必每個人都做得到。我的原則是：大事過得去，小事絕不斤斤計較，所以長期合作的夥伴很多。」

「周大福」的發展史，是鄭裕彤一代商界英才的成功史。多年來，鄭裕彤創下的業績，早已傳為佳話，他以自己60年勤奮進取的實際行動，證實了心「誠」體「勤」是成功的不敗原理。

◇檔案

中文名：鄭裕彤

出生地：廣東順德倫教鎮

生卒年月：1925年8月26日---

畢業院校：小學畢業

主要成就：富比士雜誌公佈香港第四大富豪

◇年譜

1925年，出生於廣東順德倫教鎮。

1940年，父親把鄭裕彤送到老朋友周至元所開的「周大福金鋪」去當學徒。

1946年，周至元派女婿到香港開分店。

1952年，第一次投資房地產，在跑馬場建造藍擴別墅。

1956年，周至元將事業全部交給鄭裕彤管理，從此打工仔正式變成老闆。

1960年，將珠寶行改成「周大福有限公司」。

1964年，為了取得戴比爾斯斯鑽石入口牌照，到南非買下一間有戴比爾斯斯牌照的公司，此後又購得了多張戴比爾斯斯牌照，成為香港最大的鑽石商。

1970年，鄭裕彤與何善衡、郭得勝等人組成「新世界發展有限公司」。

1982年，全世界一流的豪華建築新世界中心竣工。

1984年，與香港貿易發展局達成協議，投資18億港元，在港島灣仔興建「香港國際會議展覽中心」。

1985年，新世界發展公司與香港貿易發展局密切合作，興建香港展覽中心。

1988年，與李嘉誠、李兆基一起合作，開展了一個當時投資額高達20億港元的海外投資計畫，買下加拿大溫哥華世界博覽會舊址，將其發展成一個現代化的太平洋城。

1989年，與林百欣合作，購入亞洲電視大部分股權。

1993年，收購瑞士一家擁有40間酒店的集團，使新世界集團成為全球最大的酒店管理集團之一。

2006年，香港公開大學頒授榮譽博士學位。

2008年，獲香港大紫荊勳章。

2009年，《富比士》全球華人富豪第五位。

1·「準女婿」從細微處見真知

◎英雄出寒門

1925年8月26日，鄭裕彤出生於廣東順德一戶貧寒家庭。父親鄭敬詒是廣州綢緞莊的夥計。店夥計中，有一個名叫周至元的大夥計，稍長鄭敬詒幾歲。兩人情如手足，患難成至交。巧的是，兩人的妻子幾乎同時「有喜」，遂「指腹為婚」。

鄭裕彤出生幾年後，周舉家遷往澳門，與另一位周姓朋友開了一家金鋪。金鋪投資額較大，據說周至元是靠「炒市面」賺得合夥開業的第一桶金的。所謂「炒市面」，即炒金、炒銀、炒貨幣，猶如今日炒股，「一夜暴富，一朝破產」司空見慣。

當時，也正是因為「炒市面」，周至元與廣州的金鋪交往頻繁，由此而熟悉金鋪的經營，並起念經營金鋪。周至元在澳門開的金鋪取名叫「周大福」。

當時，鄭敬詒自身不得志，便把希望寄託在兒子身上，省吃儉用送兒子上當地的小學。殊不知鄭裕彤不是求學的料子，未顯出特別的聰穎之處。

就在此時，*1940年*，日軍攻佔中山縣石岐，整個珠江三角洲西部落入日軍的魔爪。這一年，鄭裕彤剛好小學畢業。鄭敬詒去澳門徵得周至元同意，將兒子送到周大福金鋪做學徒。於是，*15歲的*鄭裕彤開始了由雜役幹起的學徒生涯。

自古英雄出寒門，誰會想到，這位商界奇才的鄭裕彤，卻是由當年社會最底層的百姓家庭培養出來的，而不是出自名門望族、社會名流等社會上層的家

庭，這樣的事實擺在眼前不得不引人深思。

◎從細微處見真知

鄭裕彤在金鋪當雜工時，由於他機敏過人，做雜工僅半年時間，就被提升為金鋪正式學徒。鄭裕彤正式入行後，很快就掌握了坐店行銷的要領，而且十分癡迷地鑽研金銀飾品的經營之道。

當時，由於廣州、香港淪陷，有不少金鋪都湧到了澳門，一個小小的澳門，金鋪竟隨處可見，自然，由此帶來金鋪間的競爭十分激烈。鄭裕彤對本店的生意嫻熟於胸後，常常利用空閒時間，一個人溜到附近的金鋪，看別家是怎麼做買賣，有時一看就是大半天，時間久了，從中受到了很多啟發。

專門察看同行金鋪的生意經，行話叫看鋪，周老闆並不知道鄭裕彤看鋪這件事，因此鄭裕彤經常遲到，而且常常不在店堂，逐漸引起了周至元的注意。

有一次，鄭裕彤上班路過一家金鋪，發現櫥窗裡擺放著好幾款新穎金飾品，不由得良久地揣摩起來，竟又耽擱了上班的時間。當他急匆匆趕到金鋪時，周老闆已經在店內等候多時了。

此時，鄭裕彤卻知道自己犯下了大錯，戰戰兢兢地說明了原委，周至元知道了鄭裕彤經常外出的原因後，自然就不再責備他，反而更加信任這位其貌不揚的學徒了，把上街看鋪的特權交給了他。

看鋪，看似輕鬆，其實是件很不容易的事情，要看出人家經營的特色，還要把商品款式牢牢記在心上，否則就是白忙了。鄭裕彤每有新的發現，便把心得講給周至元聽，並且還會提出一些可資改進的方案，或者和金飾品製作師傅共同研製新款式。

經過鄭裕彤一段時間的操作，眾採所長的周大福金鋪漸漸在行業中創出了名氣，生意日漸興隆起來。鄭裕彤也因此破例沒到三年學徒期，便升任為金鋪掌管，負責鋪面的日常經營了。

【創富經】苦幹實幹加巧幹

「苦幹實幹加巧幹」，作為曾經弘揚的一種作風和精神，值得我們借鑑和學習。鄭裕彤的經歷告訴我們：一個成功的企業家一定要先練好內功。跆拳道打得好，一定是馬步蹲得札實。有了苦幹、實幹的精神，企業才能累積豐富的經驗，以後要變革、做創新，都會得心應手。

鄭裕彤從無到有，建立了一個龐大的企業帝國，靠的就是實幹的精神。實幹，需要面對具體的事情，不怕困難，一點一點地去面對，多大的困難，也要克服。

許多企業發展壯大前，都有默默無聞的經歷，躲在一個地方靜悄悄地成長，直到有一天一鳴驚人。而那些基業長青的企業，則自始至終堅持苦幹、實幹，讓「傻勁」變成了「遠見」。

商場上充滿了凶險，因為有的人不是依靠正常的商業規則做事，而是幻想「空手套白狼」，投機取巧。這些人中，有的「明修棧道，暗渡陳倉」，為日後的欺詐鳴鑼開道；有的專營「偷雞摸狗」之事發財。有時候，他們能潛伏 $1\sim2$ 年，騙取對方信任，然後設置合同陷阱、套用篡改產品批文，假冒廣告批文，一女多嫁，許諾巨額廣告待款到後溜之大吉……不一而足。

雖然這其中不乏得逞者，但隨著行業之不斷規範，市場不斷走向成熟，這些伎倆已越來越難得逞了。到最後，這種經商的人必定會走投無路。

既然走在了創業的道路上，就要有一個遠大的夢想，敢於迎接市場的挑戰，苦幹、實幹、巧幹是邁向成功的根本途徑。培養苦幹、實幹的企業文化，則是企業基業長青的保證。

（1）苦幹不可少，實幹更重要。

華而不實、譁眾取寵，是做事業的大敵。做事業就得靠「踏石有印、抓鐵有

痕」扎扎實實，才能有所成就。因此，要堅持實幹，做到一切從實際出發，按客觀規律辦事，敢於和善於到矛盾多的地方去解決問題，打開局面；做到定下的事情立說立行，嚴格督查部屬的工作，堅持求實求精創一流，雷厲風行抓落實。

（2）堅持苦幹、實幹外，還須做到巧幹。

巧幹，就是要求做事不盲從、不機械，堅持統籌兼顧，深謀遠慮，努力做到突出重點、突破難點、引導熱點。但是，巧幹，不是偷懶和投機取巧的代名詞，而是講究工作方法、工作技巧、工作藝術的同義詞。我們之所以強調要巧幹而不要蠻幹，一個重要的原因是為了增強工作的針對性，切實提高工作效率，確保事半功倍。

2．周大福的金不「煲水」

◎變革公司經營模式

1946年周至元派女婿鄭裕彤到香港開分店，當時他拿著兩萬元現金，以及24兩黃金來港，選址皇后大道中148號，成立周大福金行。

到1956年，鄭裕彤到港發展已屆10年。經過鄭裕彤的銳意進取、苦心經營，周大福的規模擴大了許多，先後在九龍旅遊區和銅鑼灣商業區增設分行。

周至元由坐鎮澳門總行改為坐鎮香港，最早一間分行升格為總行。周至元只主持重大事務決策，日常經營全部交由女婿鄭裕彤打理。

這一年，周大福另一位周姓股東年事已高，便把所持股份讓予鄭裕彤，頤享天年。至此，周大福實際上已經是鄭裕彤獨掌大旗。

1960年，鄭裕彤突破古老金鋪的資本結構模式，邀集一班舊同事組建周大福珠寶有限公司。這是香港金飾珠寶行業最早的有限公司機構。這一創舉，成為香港金飾珠寶業最早的有限公司新型經營模式，改變了資產總裁獨有的傳統投資形式，建構了老闆和員工資產共有，風險共擔，利益共享的現代企業模式，受到同事們熱烈贊同，士氣因之大振。

周大福改組為有限公司，適逢其時，資本額大大擴充，還獲得恆生銀行董事局主席何善衡的貸款保證。那時的銀行業，英資銀行處於壟斷地位，匯豐、渣打、有利等銀行只貸款給洋行及少數華資大公司。恆生銀行專做華資公司的業務，它物色經營狀況良好、有潛質的華資公司為貸款對象，周大福便是其中之

一。

周大福總行設在中環皇后大道的華人行裡，分行則設在香港九龍、銅鑼灣、灣仔及澳門等地，共有11家之多。各分行不像老式金鋪的分店，只要招牌幌子同一名稱即可。周大福的總行分行，採取現代連鎖店的形式，不光是名稱統一，門面、鋪位、裝潢、擺設、款式、價碼以及店員的衣飾服務等，都要統一。

西方管理學家曾說過一句話：「非創新，即死亡。」變革公司經營模式，就是所謂的「創新」，創新意味著變革、發展；意味著新技術、新產品、新方法、新組織、新觀念、新思想等不斷出現，這是未來企業生存和發展的前提和條件，也是其永恆的主題。

◎首創9999金

當時，香港的金鋪多不勝數，做金飾的業主大多克勤克儉，競爭十分激烈。然而鄭裕彤引起同業巨大回響及震撼的，是他首創的「9999純金」。

考慮到一般金鋪的黃金成色都是99%，即99金，為了在競爭中取勝，鄭裕彤決定首創推出四條九（即含金量99.99%）足金，較三條九金（即99.9%）含金量更高，雖然立即顧客盈門，但付出的代價也是巨大的，每賣出一兩金，都要虧幾十塊。

但是，鄭裕彤卻力排眾議，他個人認為，這是一種免費廣告，虧就是賺，雖然成本一定會高出幾十萬。但權當把這幾十萬當作廣告費。過了兩年，果然不用做宣傳，周大福鑄造的金飾各家店都爭相取貨。

鄭裕彤後來回憶說：「周大福一開始是賣99金的。但當時市場上很多商家把94、95的黃金都當成99金來賣，這種情況下，買家對真正99金的信心也就不是很大了。所以我提出，我們不要做99金了，要做9999金，跟他們拉開距離。大家都反對我，說99金已經很強了，還做什麼9999呢，如果做9999，一年會少賺很多的錢。」

9999純金的成功，既為周大福帶來豐厚的盈利，更為他帶來良好的信譽。顧客皆說周大福的金不「煲水」！

當時，鄭裕彤很有信心的告訴大家，先做一年看看。結果，不到3個月，成績就很明顯了。那時，有很多人把買來的黃金拿去押店（典當），香港有很多當鋪，你把黃金拿去抵押，他就可以給你錢。

其實，抵押的人把其他金鋪的黃金拿去，當鋪一般給270或280元，但周大福的黃金在當鋪可以拿到300元。因為當鋪老闆都知道周大福的黃金是9999，所以價錢就高。消息很快就傳開了，根本就不用鄭裕彤打廣告了。

有時，虧就是賺，是一種最好的廣告。9999純金成為一個響亮的品牌後，吸引了大量顧客紛紛前來，為周大福的發展奠定了雄厚的經濟基礎，這就是免費廣告品牌的效應。

【創富經】細節管理的精妙之處

麥當勞的創始人雷克洛克在談到其成功經驗的時候說：「連鎖店只有標準統一，而且持之以恆的堅持每一個細節都標準化執行，才能保證成功！」

例如，麥當勞為了保證食品的衛生，制定了規範的員工洗手方法：將手洗淨並用水將肥皂洗滌乾淨後，撮取一小劑麥當勞特製的清潔消毒劑放在手心，雙手揉擦20秒鐘，然後再用清水沖淨。

兩手徹底清洗後，再用烘乾機烘乾雙手，不能用毛巾擦乾。諸如此類的細節管理貫穿著麥當勞經營管理的始終，這些不起眼的細節管理正是麥當勞迅速發展的秘密所在。從一家為過路駕駛人提供餐飲的速食店，發展至今已擁有近32000家連鎖店、數十萬員工，迅速成為全球速食業的龍頭老大。

細節管理更重要的是一種精神的體現，是一個企業規範化、制度化、人性化的結果，他是企業在管理實踐中自覺執行的管理狀況。企業推行一種管理模式

並不難，有現成的理論、方案，但是要進行細節管理就沒有那麼容易了。

事實上，細節管理是建立在企業良好的企業文化基礎之上的，只有從老闆到一線員工眾志成城，做好每一個細節，才能夠實現細節管理的真諦。

鄭裕彤的成功，從周大福連鎖店的建立，到9999純金引起的轟動，無不驗證了細節管理的精妙之處，對顧客負責，也就是對自己的形象負責。

（1）這是一個細節制勝的時代。

國際名牌POLO皮包憑著「一英寸之間一定縫滿八針」的細緻規格，20多年立於不敗之地；德國西門子2118手機靠著附加一個小小的F4彩殼而使自己也像F4一樣成了萬人迷……而在類似的以細節取勝的經營之法也逐漸地湧入我們的視野。

（2）注重細節，就要勤動腦。

在制定策略時，力求把所有的事情秩序化、規範化、流程化，就要比別人花費更大的工夫和精力。但並不是每個人都能做到的。人的精力到底有限，經手的事情太多，眼前來看，好像面面俱到，未出紕漏，其實是漏了很多好機會，誰也不得而知。所以，一個生意人，要時時刻刻保持戰戰兢兢，如履薄冰的心態，抓大事不忽略小事，放眼全局不忽視細節，這樣才能保證在市場上立得住，立得穩。

（3）戰略和戰術、宏觀和微觀是相對的，戰略一定要從細節中來，再回到細節中去；宏觀一定要從微觀中來，再回到微觀中去。

一個企業在管理決策上有某種細節上的改進，也許只給用戶增加了1%的方便，然而在市場佔有的比例上，這1%的細節會引出幾倍的市場差別。原因很簡單，對決策產生作用的就是那1%的細節。1%的細節優勢決定那100%的購買行為。這樣，微小的細節差距往往是市場佔有率的決定因素。

3・戴比爾斯牌照——從黃金到鑽石

◎進軍鑽石行業

1994年，鄭裕彤接受《資本》雜誌訪問時回憶道：「記得戰後，我來到香港，在周大福金行負責內部事務的工作，我每天總是只得5小時留在鋪內。別人都說我偷懶，其實我只是奇怪鄰店家的生意這麼好，藉意去閒聊一兩句，看看他們有何突出之處，為什麼他們的生意總是比我們的好。至於生意不好的店鋪，我也會去觀察，探問一下，看看他們為何門前冷落。」

這種凡事愛找原因，愛思考、而且善於總結和學習的習慣，讓鄭裕彤常常看到別人看不到的機會。鄭裕彤發現一些極有身分的西方女子，多佩戴鑽石飾品：項鍊、戒指、名錶，等等。

而她們偶爾走進周大福金行，對琳琅滿目的金銀玉石飾品並沒顯示出特別的興趣。有錢的西方貴婦，早就不把黃金飾品當一回事——鄭裕彤得出此番結論。

鄭裕彤進而瞭解到，西方的著名珠寶公司都經銷鑽石飾品，也許銷售額佔不了公司的大頭，但這是公司的信譽象徵。正像一家名菜館，連招牌菜都拿不出，何談「出名」？且不論鑽石光彩奪目，它還是保值的最佳手段。

鄭裕彤根據金價的漲幅與銀行利率對比，發現黃金的保值功能微乎其微。鑽石資源比黃金資源更稀少，開採更困難。物以稀為貴，鑽石價格的漲幅較黃金大得多，故在西方人眼裡，誰擁有鑽石，誰就擁有財富。

現代商業競爭，首先是商業情報的較量。而商業情報發揮應有的作用，離不開當事人敏銳的商業嗅覺，以及出色的決斷力。至此，鄭裕彤正是憑藉極強的市場敏銳感，做出了進軍鑽石行業的決策。

◎獲得「戴比爾斯」牌照

鄭裕彤認準了鑽石業務，然而，要獲得鑽石原石何其難！鑽石有錢難買。鑽石原石的主要產地是南非，年產鑽石500～1000萬克拉（1克拉為0.2克），南非有一間壟斷鑽石經營的戴比爾斯公司，控制了全球8成的鑽石。

而戴比爾斯經營的鑽石對世界各地的客戶採取分配的形式，共發出約500張戴比爾斯牌照，客戶憑牌照購買一定限額的鑽石，沒有這種特殊牌照就不能進入戴比爾斯設在倫敦的經銷總部批購鑽石。

當時，香港唯有一家公司擁有唯一一張戴比爾斯牌照，這就是被業界稱為「鑽石大王」的廖桂昌。突然有一天，周大福珠寶行令同業刮目相看——周大福擺出了自己加工的鑽石飾品，鄭裕彤聲稱，他手裡擁有的戴比爾斯牌照不是一張、兩張，而是10多張！

這到底是怎麼回事？原來，鄭裕彤透過一間國際資訊機構瞭解到，南非的鑽石資源及開採權為國家所有，但卻允許民間商人經營鑽石加工及零售。地利人和，南非有不少民間鑽石廠商持有戴比爾斯牌照。至於天時就很難說，因國際市場價格等多種原因，總有一些廠商陷入財務危機，甚至倒閉。

1964年，鄭裕彤獲得銀行貸款後，立即飛往南非。在約翰尼斯堡，鄭裕彤覓得一間陷入財務危機的鑽石加工廠，該廠擁有10多張戴比爾斯牌照。鄭裕彤大喜過望，牌照數額比計畫中設想的還多。

當時，鄭裕彤斥鉅資買下這間鑽石加工廠，不僅解決了從南非進口鑽石的難題，還有了一間現成的加工廠。對這次收購的價錢，鄭氏秘而不宣。

1977年，鄭裕彤每年進口的鑽石數量約佔全港的30%，從此，鄭裕彤坐上

香港最大鑽石進口商的寶座,公司的業務也越洋遠至南非、比利時、英美等國家,成為享譽東南亞的一代「珠寶大王」。

【創富經】嗅覺敏銳靈活是商人的必備素質

一個麻木遲鈍對市場變化不敏感,一個目光短淺對市場缺少預見力的人,是註定要坐失良機的;而只有像鄭裕彤這樣能對市場的變化做出敏捷的反應,能對未來的行情做出準確的判斷,才能從容不迫把握住一次又一次稍縱即逝的商機。

為此,經營者必須保持冷靜的頭腦和敏銳的洞察力,才能正確地預測事物的發展趨勢。如果經營者不能冷靜地分析形勢、預測未來,常常因頭腦發熱或因對未來悲觀失望而做出錯誤的決斷,就很容易使企業陷入難以逆轉的困境而不能自拔。

對商人來說,現代科技使得資訊的傳達非常迅速,必須很快地掌握最新的事件和新聞,並在此基礎上捕捉商機,才能有更大的勝算。

俗話說,信息靈,百業興。在瞬息萬變的市場上,經營者必須具備極強的應變能力,隨時做出正確的決策,而決策的基礎在於耳聰目明,獲取大量及時、準確的資訊。

一條有價值的資訊,一個準確的情報,會使一大筆生意成功。在國外普遍流行這樣一個觀點:掌握住資訊,就掌握了生意的命運;失去了資訊,就失去了生存的基礎。

靠資訊發財,是做生意必不可少的法寶。沒有資訊,生意人就像雙目失明的盲人,面對四通八達的交叉路口不知如何起步。

生意人必須要學習鄭裕彤的投資之路,才能懂得長期投資的真諦。

4 · 英國女皇為香港國展中心奠基

◎進軍地產

經營珠寶業的成功，使原本名不見經傳的鄭裕彤成為香港實業界的知名人物。然而，當人們還在把他看作一個珠寶商的時候，鄭裕彤已經不動聲色地殺進了房地產業。

鄭裕彤第一次投資房地產，是1952年在跑馬地建造藍擴別墅；此後又在香港鬧市的銅鑼灣建造了香港大廈。60年代中期，香港受「文化大革命」影響發生動亂，許多富人都將土地、房產低價拋售，而當時具有眼光和魄力趁機收購的人，後來都成了超級富豪。

李嘉誠是這樣，鄭裕彤也是如此。1968年，鄭裕彤購置的地產最多。他說，他對香港的前景充滿信心，他相信所有行業的興衰都是有週期性的，在低潮時購進，總不會錯到哪裡去。事實證明他果然沒有做錯。

進入70年代，隨著金飾生意的興隆，鄭裕彤已經不滿足在地產業上小打小鬧，而是要大幹一場。1970年，鄭裕彤與何善衡、郭得勝等人組成「新世界發展有限公司」，他佔57%做大股東，全面向地產進軍。

不久，新世界斥資1.3億，向太古集團買入尖沙咀海傍藍煙囪地皮，1982年，全世界超一流的豪華建築新世界中心竣工了。這個被稱為「城中之城」的宏偉建築，包括新世界酒店和麗晶酒店，幾萬平方米的購物中心，數千個商業單位、辦公樓和豪華住宅。

當年鄭裕彤購下這塊地皮時，付出的是香港最高的地價，而今隨著房地產價格的飛漲，僅這塊地就已值10億港元！而新世界酒店和麗晶酒店都進入了世界十大酒店的行列，每年都能為他賺進數億港元！

鄭裕彤很為自己的這一傑作得意，他常常獨自在這裡徘徊，流連忘返。他說：「當時我想，這個地方代表香港，船一到維多利亞港就看到，怎麼都要把它搞漂亮。」這幢美輪美奐的歐式建築，現已成為新世界集團的標誌。

◎香港國際會議展覽中心奠基

1984年，鄭裕彤與香港貿易發展局達成協議，投資18億港元，在港島灣仔興建「香港國際會議展覽中心」。

這個中心將是亞洲同類設施中規模最大、設備最完全、現代化水準最高的會議展覽場所，總面積約41萬平方米，包括一座55米高的會議展覽中心、一幢豪華住宅大樓、兩幢酒店。它將是80年代香港最具代表性的五大建築之一！

但幾年時間過去了，設計圖卻沒有變成現實，鄭裕彤遲遲沒有動工，周圍的人都為之迷惑不解，但鄭裕彤卻自有打算。

1986年10月，一則重大新聞傳遍了世界各地：英國女王將出訪香港，就在人們想著這會對中英關係產生什麼影響的時候，鄭裕彤出人意料地宣佈，香港國際會議展覽中心將在英國女王抵達香港的那一天破土動工。而就在動工儀式上，英女王出現了，將鄭裕彤和他的國際會議展覽中心推到了全世界的面前。

【創富經】應對危機，戰略管理尤為重要

香港國際會議展覽中心為香港建築史留下一塊里程碑，也把鄭裕彤推上榮譽的頂峰，堪稱鄭氏人生旅程上的第二豐碑。如果說新世界、碧瑤灣還不令人驚奇的話，那麼香港會展中心則徹底地讓人們對鄭裕彤刮目相看。

　　做生意，要做大必須有遠大的眼光，能夠根據自身的情況與市場的變化，對自己企業的定位與發展方向有一個很好的定位。而對於危機，戰略管理尤為重要。可以遵循以下三個步驟，以應對危機所帶來的挑戰，真正化危為機。

　　（1）識別危機：識別影響企業的外部直接因素和間接因素。確定決定企業未來的產業環境以及一般環境的重要因素及其變化。只選擇最重要的而且是不確定的變化環境因素進入情景規劃。直接因素是產業環境因素，間接因素是一般環境因素。

　　（2）評價危機：透過分析間接因素對直接因素的影響，判斷直接因素發生的趨勢及機率，評價直接因素各變化趨勢的戰略重要性。

　　（3）應對危機：根據各直接因素趨勢的發生機率和戰略重要性，繪出危機情景規劃矩陣。

　　根據不同情景制定不同的戰略：依據戰略上重要而且發生機率大的直接因素變化趨勢，制定基本戰略方案。依據戰略上重要而可能性不大的直接因素變化趨勢，制定備用戰略方案。對於戰略上不重要的因素，無論發生機率大還是小，在戰略管理中都可以不予考慮。

5 ·「從來不炒人，彤哥好有人情味」

◎自己好，大家都好

1960年，鄭裕彤在將周大福珠寶行改成香港金飾珠寶業最早的有限公司機構——「周大福有限公司」的時候，就將部分股份派分給優秀職員。

鄭裕彤後來回憶說：「*1960年*成立有限公司，一年可以賺*200*多萬，那時*200*多萬差不多相當於現在的*2億*了，全是我自己的。賺錢多了嘛，讓我想到要員工有份。一個人的力量是很有限的，所以我要考慮怎麼樣集中大家的力量來做好公司。」

在鄭裕彤的公司裡，員工有了股份以後，工作熱情高，對公司很忠心，就能以集體的力量來做一件事。有限公司成立兩年以後，鄭裕彤公司一年竟然可以賺到*500萬*，這是一個很了不起的成績。

公司的業績一倍一倍的成長，鄭裕彤賺了錢，也一年接一年的分給員工，鄭裕彤好，員工也好，大家都好。很多員工在周大福做了*60年*，不少最初的員工到今天還跟鄭裕彤在一起，永遠不會離開。這就是領導人的魅力所在。

◎中國人特有的人情

鄭裕彤還把中國人特有的人情帶進了公司。在周大福工作*20*多年的中國業務經理羅國興說：「公司從來都不炒人，彤哥好有人情味。」

最有人情味的就是，服務周大福滿*10年*的員工就可獲「老人牌」。周大福當中有*50*人，已拿到服務*40年*的服務獎牌。鄭裕彤特別會提攜鄉里，除了在順德

設廠鑄造金飾外,亦安排不少順德同鄉,到香港周大福工作。

儘管鄭裕彤擁有巨額財富,卻不奢華,也不自誇。很長一段時間,港人包括傳媒為鄭裕彤在香港富豪榜上的確切位置頗費了些口舌。

但他本人不以為然:「大哥三怎麼樣,大哥四又如何?⋯⋯財富多了這麼過,少也這麼過。只要是夠子女讀書,夠家中大小兩餐,足矣。」「你今天許諾將整個匯豐銀行給我,又有什麼用呢?得個『看』罷了。」

這就是鄭裕彤,常常在公司吃家常菜做午飯,不喜歡穿名牌,有自己的小車,卻偏好一個人走路,時不時去過過「地鐵癮」。有人說,他是不折不扣的順德人,相識滿天下,人緣最佳。

【創富經】同天下之利者則得天下

讓員工好,自己好,大家都好,是鄭裕彤做生意的一個原則。

綜觀現代商界著名的企業家無不是胸懷寬廣,慷慨大度之人。胸懷寬廣,表現在人的行為上是待人真摯、充滿熱忱,樂善好施;善於交際,重視他人的優點並讚美出來;擁有高漲的工作熱情,有充沛的活力;處世、為人大器大方,工作和生活上凸顯大家風範。它表現在領導行為上,是領導者用激昂的精神狀態,感召部屬;用大膽的放權用人思路,培養部屬;有樂善好施的利人品格;有大力回報社會的實際行動。慷慨大度,是領導者成功的必備素質。

2004年,年僅31歲的盛大創始人陳天橋將擔任微軟中國區總裁的唐駿挖來。當時蓋茲對唐駿盡力挽留,最後蓋茲發現唐駿去意已決,奉行法律的美國人這一次沒有揮動法律的大棒,相反蓋茲邀請唐駿到他家作客,特別感謝唐駿這幾年對微軟的貢獻,並祝福他在盛大工作順利。而在盛大工作僅僅4年,唐駿選擇了離開,年僅35歲的陳天橋像蓋茲一樣,祝福唐駿。

真正的企業家都是經歷了無數挫折,甚至是失敗,從商場裡摸爬滾打,一

步步走過來的。只有擁有寬廣的胸懷，才能夠賢才滿天下。

日本著名的企業家松下幸之助說過：「當你領導十個人的時候，你走在最前面，領著大家做；當你領導一百人的時候，你站在最中間，協調各種關係；當你領導一千人時，你站在最後面，把握前進的方向；當你領導一萬人時，你就必須求天人合一之道。」

企業領導人想要在內外治理上遊刃有餘，實現預期發展目標，必須把握「同天下之利者則得天下」的要義，顧全對方的利益。為此，需要注意如下兩點：

（1）努力做到以心換心，真誠相待。

對親信以誠相待，真心相通。老闆與親信之間的關係應該是自願的，毫不勉強。論語說：「君子和而不同。」老闆與親信要「和」卻未必皆「同」。「和」是指「真情」，而「同」為「利害」。老闆拿「真心」換親信的「真心」，那麼親信也將會與老闆同心同德，不會心懷雜念，不做逾越本分的事情。

（2）瞭解並滿足每個人的利益訴求。

根據馬斯洛的層次需要理論，每個人都有自己的需求，對員工來說有提高薪水、個人發展與自我實現的要求；對合作夥伴來說有獲取利潤、提升發展空間的需要，這都是客觀存在的事實，領導人要正視，不能迴避。

6·「我不喜歡立刻就能賺錢」

◎看透了才去做

20世紀50年代開始，鄭裕彤小試牛刀，陸續投資跑馬地的藍塘別墅和在銅鑼灣三角地興建香港大廈，打下了大規模發展的基礎。到了70年代，鄭裕彤開始在地產業中放手拚搏。首先他在尖沙嘴興建香港新世界中心，1982年竣工的這座恢宏的大廈至今仍然是尖沙嘴的招牌建築。1986年，他又投資興建香港會展中心。1997年，香港回歸慶典在這座會展中心舉行，令新落成的會展中心新翼成為全球焦點。如今，這座建築名列亞洲同類建築之最，並於1998年獲選「全球十大最佳」國際會議展覽中心。

看到新世界旗下的酒店和國際會議展覽中心為鄭裕彤帶來的巨額財富，許多人說，鄭裕彤的成功就是膽大、冒險、快速賺錢。但鄭裕彤卻不這樣認為。

「我不是這樣。因為我做每一件事都是看透了才去做的，不是急功近利的。以會展中心為例，我做這件事的時候，別人說我大膽，其實我已經看透了，中國最終要收回香港。1997年的時候，很多人對中國沒有信心，但是我對中國有信心，就是這樣的。」

◎對中國充滿信心

對中國的信心，促使鄭裕彤在內地又獲得成功。1982年鄭裕彤開始在內地投資，在北京、廣州、西安、杭州我們都可以看到他投資的酒店、藝術中心和高速公路等。在這些項目中，賺錢已經不是他的主要目的，如：與北京、武漢等當

地政府合作建設低價住房,和北京市政府合作改造崇文區舊城等。100多億元投資北京舊城改造項目究竟是為名還是為利?鄭裕彤有自己的理解。

「這些不是商業性的,因為什麼呢?我認為一方面,我要幫助北京市政府把道路改好些,將一些破舊的房子拆掉了建新的。北京作為重要的精神形象,如果不把它建漂亮點,外國人來了,看起來就不那麼像樣,所以我有這個心。另一方面,我本身是香港人,是中國人,幫助我們國家,這件事我認為做得很對。」

廣州人對新世界並不陌生。1982年,鄭裕彤與胡應湘等訪問北京。回港後,鄭裕彤發起到內地興建酒店的倡議,得到李嘉誠、馮景禧、李兆基、郭得勝等人的贊同。於是,鄭裕彤等人與廣州羊城服務公司合作,在廣州興建中國大酒店,總投資額1.2億美元,新世界佔18%股權。

談到中國大酒店,鄭裕彤有一份特別的感情:「這是我在內地投資的第一個項目。當時大家預計15年才能回本,孰料9年就已收回全部投資,回報相當理想。」投下這塊「試金石」之後,鄭裕彤「情傾內地」一發不可收拾。2000年,「新世界」地產戰車全面開進內地。「現在實施內地與港澳更緊密經貿合作,比如提出『9+2』泛珠三角區域經濟合作,廣州作為中心地區,將來的發展無可限量。」

「我在內地主要投資地產、公路、電廠、酒店等項目,迄今投資總額已經超過500億元人民幣,目前在內地的投資多過香港。」

【創富經】善於規避市場風險

鄭裕彤說過:「我不喜歡立刻就能賺錢,而且賺得很多的項目。賺得越快的錢,風險越大,這是一定的。」

德國著名社會學家烏爾里希‧貝克(Ulrich Beck)從生態環境與技術的關係切入,認為「風險是個指明自然終結和傳統終結的概念。或者換句話說:在自然

和傳統失去它們的無限效力並依賴於人的決定的地方，才談得上風險。」

風險概念表明人們創造了一種文明，以便使自己的決定將會造成的不可預見的後果具備可預見性，從而控制不可控制的事情，透過有意採取的預防性行動以及相應的制度化的措施戰勝種種發展帶來的副作用。

面對著越來越多無法預知的社會風險，企業必須進行冒險，必須時刻對於風險進行選擇。這個時候，企業家往往應該具備逆向思維，不能迷信市場，因為從本質上來說，市場對於風險的控制是一種利用風險的積極方面，依賴於冒險者的冒險行動來推動社會的發展與風險的轉化、消釋，很顯然市場不僅不能徹底的消滅風險，其本身的運作機制也是風險的製造者。同時作為市場體制基石的經濟理性在工具理性遭到挑戰與顛覆的時候，也必然面臨著滅頂之災。

7·人棄我取——抓住機遇全心投入

20多年前，與5位華人圈中赫赫有名的港商毅然回廣州投資興建中國大酒店。20多年後，在內地投資總額超過500億元人民幣的鄭裕彤依然雄心勃勃，他風趣地對記者說：「有好項目你介紹給我啦！」「抓住機遇，全心投入」———這是鄭裕彤的人生信條之一。

1968年，香港暴動，人心惶惶，紛紛棄產移民，鄭裕彤卻在此時逆向操作「撿便貨」。「那時大量的房產地產被低價賤賣，只要有人接手，買家話幾多錢就幾多錢賣掉」，當時他就以90萬元買下半山的大宅，「我如今還住在這棟房子，市值已經超過10億啦！」

1984年，中英談判，股市、地產陷入低潮。香港擬邀貿發局發展會展場所，但是，竟沒有一家地產商願意與貿發局共同發展那幅寶地。於是，鄭裕彤捷足先登。1984年12月，新世界發展有限公司與香港貿易發展局達成協定，在港島灣仔合作興建香港國際會議展覽中心。貿發局提供地皮，新世界負責興建。會展中心的大型物業群由兩家按協議分別佔有權益。

當香港國際會議展覽中心尚是一片鋼管支架時已名聲大噪：英國女王伊莉莎白二世親自為奠基盛典鏟了第一鍬泥土；1988年11月25日完工啟用之日，英國王儲查爾斯攜戴安娜王妃欣然為國際會議展覽中心揭幕，將鄭裕彤和他的國際會議展覽中心推到了全世界的面前。

1989年6月，許多外商投資者紛紛從國內撤資，鄭裕彤卻毅然與廣州市政府簽約，投資廣州北環高速路工程、番禺電廠一期等專案。「當消息公佈後，幾天

之內，新世界的股票馬上跌了近20%！」鄭裕彤回憶這段歷史時說：「結果呢，罵的是這幫人，贊的也是這幫人！」兩年後，新世界連跳三級，以270億市值居香港上市公司第14位，股市向鄭裕彤投了信任的一票！

鄭裕彤成為大贏家，由於他每每大膽投資，從此外界冠以「鯊膽彤」（大膽）稱號。

【創富經】一旦看準，就大膽行動

成功的商人絕不會因為有人說不可能就不去做，不管做什麼事，他們都會親自去嘗試一下，能做就做下去，不能做再放棄。

在這個世界上，沒有萬無一失的成功之路，動態的市場總帶有很大的隨機性，各種組合要素往往變幻莫測，難以捉摸。想在波濤洶湧的商海中自由遨遊，必須有嘗試、行動的勇氣。

在成功者眼中，生意本身對於經商就是一種想戰勝他人贏得勝利的挑戰。所以，在商場上，人人都應具有強烈的競爭意識。「一旦看準，就大膽行動」已成為許多商界成功人士的經驗之談。

如果想要知道桌子裡面的顏色，只有把桌子拆解才知道。一句話，道出了經商的真諦。與其不嘗試而失敗，不如嘗試了再失敗，不戰而敗如同運動員在競賽時棄權，是一種極端怯懦的行為。作為一個成功的商人，就必須具備堅強的毅力，以及「拚著失敗也要試試看」的勇氣和膽略。

做生意的人，要有這樣的思路：先認真考慮每一件事情，敢於大膽嘗試，但又不懼怕失敗。商場如戰場，一時的挫折並不代表永遠的失敗。更重要的是，挫折、失敗能夠讓你認知到自己的失誤之處。

萬向集團領導人魯冠球，這樣總結自己的經商心得：「經商幾十年來，我一直以那些失敗企業的經驗教訓為戒，雖然在一些小的經營策略上也會出現失誤，

但是我始終認為，失敗也是人生的一種經歷。」

大膽嘗試，面對失敗處之泰然，並且能及時改正錯誤，這是許多商人能夠在市場上迸發出活力及競爭力的重要原因。

鄭裕彤認為，最重要的是行動，既善於分享成功經驗，也善於總結失敗教訓，才能一生落棋無悔。

8・每件事我看透了才去做

綜觀鄭裕彤的發跡史，沒有一個時期、沒有一項業務不是靠「勤」和「誠」發展起來的。他總結自己在生意上和生活上的「二十三字處世箴言」是：守信用、重諾言、做事勤奮，處世謹慎，飲水思源，不見利忘義。「勤」是最核心的。

因此，鄭裕彤做生意賺錢，就靠一個「勤」字，不辭勞苦，摒棄各樣投機手段，研究供求關係，以創新為特色，他常常教育下屬員工：「做生意要有一定的利潤，但不能只顧追求利潤，降低品質，欺騙顧客，欺騙得來的利潤，不叫利潤，是『斷腸痧』；腳踏實地做買賣才是致富的根本。」他不允許員工投機，一經發現，立刻解雇。

看到新世界旗下的酒店和國際會議展覽中心為鄭裕彤帶來的巨額財富，有人說，鄭裕彤的成功就是膽大、冒險、快速賺錢。他卻說：「投資與投機是有本質區別的，只有買空賣空才完全屬於投機的做法。……所以凡事不要過頭，不要搏盡。一個商人最好永遠不要有敵人，不用視對手為敵人，做生意要胸襟廣闊，不夠闊做不了大事，當然，這個未必每個人都做得到。我的原則是：大事過得去，小事絕不斤斤計較，所以長期合作的夥伴很多。」

【創富經】把握市場機會，轉變經營策略

成為億萬富豪的鄭裕彤，在別人問起他的致富之道時，鄭裕彤說：「我認

為，『幸運』可能光臨你一兩次，但它不可能終生都陪伴你。其實，人的一生，『勤』字才是最重要的，然後是『誠』字，只要有了這兩點，你的事業就基本上奠定了。」

只有勤奮和誠實，才能贏得廣闊的胸襟，才能把投機轉化為投資，才能對錯綜複雜的商業局面有一個清晰的判斷。

成功的路徑有很多，然而它們都是在實踐中摸索出來的，需要當事人從變動中看到成長機會。認真謀劃，善於根據形勢變化靈活轉變策略，無疑是成功經營的關鍵。

1990年代中期，個人電腦產業進入高速成長期，包括英特爾（Intel）、微軟（Microsoft）的「Wintel」架構形成，產品發展進入整合穩定的狀態。鴻海從「連接器」進入不起眼的「機殼產業」，並先後打下了美國的通路及持續進步的模具能力，跟上了PC市場大勢。

把握市場機會，轉變經營策略，需要經營者進行業務投資前對行業前景進行展望，對消費市場進行調查，對執行中可能出現的問題做出對策，既要進行認真謀劃，又要對市場變化靈活應對，在變動中抓住成長的機會。

為此，要把握如下兩點：

（1）掌握從謀劃到實施的一般過程。進行謀劃的第一步是自我評估，其次是可行性分析和考察，然後擇其最佳方案，付諸實施。

（2）具備全局觀念，培養多謀善斷的素養。在商業競爭中，認真周密的謀劃必不可少。但是意識到問題的重要性還不夠，最高決策者必須提升自己謀劃的本領，不但要胸懷全局、目光遠大，還要在此基礎上進行實事求是地分析，善於透過認真謀劃制定正確的發展決策。

⑨ · 鯊膽作風，寶刀未老

鄭裕彤在培養兒子接班上，表現出十足的鯊膽作風。他完全可把董事總經理職位交給兒子，但他似乎不該宣佈脫身甩手，把主要精力放在打高爾夫球、頤享天倫之樂上。因為公眾認識並信賴一位上市公司主持人需要一個過程。

可惜的是，鄭家純接掌父印，未遇到有利時機。他上任不到半年，就發生六四大股災，地價樓價下滑，售房不理想，租金又下挫。與鄭裕彤相比，鄭家純畢竟還有嫩的一面。

1989年3月，鄭家純宣佈全面收購永安集團，計畫斥資23億；4月，他又石破天驚，調集27多億資金收購美國的華美達集團。不到1個月做出總額超出50億的兩項重大收購，部分公眾股東對新世界的財務狀況表示擔憂。聯交所以公佈資料不詳為理由，勒令新世界股票停牌半天。這表明鄭家純辦事經驗不足，尚欠周全。

嚴峻的現實，已不容許鄭家純繼續主政。1990年底，鄭裕彤會見英文《南華早報》記者，他表達了重出江湖的心跡：「我是多間公司的主席，我不可能放下一切，就此不幹。為了公司的利益，我覺得有必要繼續做下去。」鄭裕彤重出江湖的確切日期不詳，因不涉及人事變動，鄭裕彤仍是董事局主席，董事總經理一職依舊是鄭家純擔當，梁志堅還是總經理。

鄭裕彤未宣佈哪天重掌船舵，公司的員工發現，這位打高爾夫球、含飴弄孫、頻頻觀光內地的老帥，又悄悄回到新世界大廈31樓總部辦公室上班。後來員工發現，老帥並非偶然光顧，而是恢復了經常性上班制。這時，傳媒才紛紛報

導，鄭裕彤已重出江湖。

鄭裕彤親政的工作重心是減債，*1991年5月*，鄭裕彤出售所持的永安集團*27.2%股權*，套回現金*7億港元*。*1989年3月*，鄭家純購入這些股權花費*5.4億*。鄭家父子在一買一賣中，獲毛利*1.6億*。扣除貸款利息等費用，投資回報率約*20%*，略低於地產投資的平均水準。在股市未全面轉旺時有這個賣價，已相當不錯，重要的是還清了收購永安的全部貸款。

7月，鄭裕彤出售美孚商場鋪位，獲現金*1.15億港元*。*8月*，新世界又讓售梅道*12號*部分權益。梅道地盤原屬基立實業。*1989年2月*，鄭家純斥資*7.44億港元*全面收購基立實業，獲得該集團在梅道的發展權，梅道處於半山高級住宅區，故鄭裕彤只以*2.4億*的價格出售部分權益。*10月*，鄭裕彤把高級住宅區美孚的全部車位以及部分物業出售，套取現金*8.35億港元*。

鄭裕彤大批出售資產，雖不足以償還債務，但這筆非正常性收入抵消利息已是綽綽有餘。據證券分析家估計，鄭家純當政的*1989年度*，利息淨支出*2.3億*港元，到*1990年度*增加到*6.2億港元*。浩大的利息開支，使集團的純利潤劇減。

到*1992年初*，鄭裕彤加大減債幅度，兩次推出早已令人垂涎的王牌物業。故物業界人士說：「鄭裕彤新年鄭（贈）大禮！」*1月*，鄭裕彤出售會景閣5層，創收*4.35億港元*。會景閣位於灣仔的國際會議展覽中心，即豪華住宅大廈的正式名稱。大廈採用酒店自助式管理，方便國外常駐香港商人攜家眷居住，大受香港高收入白領階層的歡迎。

有人認為鄭裕彤是殺雞取卵，實不可取。權威證券公司百富勤認為新世界的減債行為是對的。新世界分層出售高級寓所，可套現*20多億港元*，對減輕債項大有幫助，另外可帶來巨額利潤。眾多市場人士認為，鄭裕彤不必如此急不可耐拋貨減債。債權銀行並無逼債，新世界雖負債累累，償債能力未根本動搖，完全可按貸款協議，如期悉數償還本息。

1994年，鄭裕彤接受採訪時說：「我時常跟年輕一輩說：欠債就不是家財。我比較保守，不喜歡背太高的債。」鄭裕彤承認兒子搞的負債比率高了些，他認為8：2的比率合理，至於7：3，也還是可以接受的。

1992年，鄭裕彤還有引起銀行界、證券界關注的行動：5月份，新世界發行零息債券集資6.91億港元；發行九五認股證集資1.62億港元。兩項相加，合計8.53億港元。經過一系列增收減債行為，新世界的負債率，已離較合理水準為期不遠了。

出售資產，屬於非正常收入，只能作權宜之計，而非遠景發展之途。因此，新世界在減債的同時，又積極投資，重心在新世界的老行當——地產。鄭裕彤重出江湖，就抓住地產不旺的時機增購市區土地和新界農田，以彌補土地儲備的不足。到1992年初，發展中的地盤達17個，完成後將有600萬平方英尺的樓宇可供出售。其中最大一項，是與香港興業（新世界持該公司16%權益）合作發展新界荃灣中國染廠舊址，將興建價值七、八十億港元的住宅社區。

作為投資用途的，只有尖沙咀文化中心及新世界中心之間的空置土地，地面為花園，地下則有4層商場及停車場。這是香港唯一發展中的特殊投資物業計畫。新世界根據財務現狀，對重投資物業、輕發展物業的一貫方針，來了個180度大轉彎。鄭裕彤說，以後以哪種物業為重，則要看公司狀況及市場趨勢。

鄭裕彤重出江湖，步步化解，新世界贏得財經分析家的好評，大大恢復了股東股民的信心，促使新世界終於跑贏了大市。

足見薑還是老的辣！鄭裕彤寶刀未老，絕招未老！

【創富經】慎重選擇接班人

據博思艾倫諮詢公司的報告，全球CEO的平均任期從1995年的9.5年已銳減到7.6年，並且，這個數字還在繼續縮小。而2/5的CEO還沒做完18個月，就被迫

出局。

近兩年來，世界500強的CEO頻繁地發生更換同樣說明了一個道理，選錯接班人是很容易發生的事情。

管理學家們推崇IBM的「長板凳計畫」，企業界豔羨GE的「新人」計畫。但是，別忘了，讓IBM這頭大象跳舞的郭士納與「長板凳計畫」毫不相關，在成為IBM掌門人前，郭士納甚至不是IT業人士。而GE歷時7年挑選威爾許，威爾許又歷時7年挑選出接班人伊梅爾特，7年時間，同樣阻斷了多數企業的生命週期的極限，更讓只有二十多年「公司史」的多數中國企業望塵莫及。

中國的企業家應該慎重的選擇接班人，不能沿襲中國「富不過三代」的傳統。針對目前我國企業的狀況，選接班人有兩種基本途徑，那就是自己培養與外部引進。

內生還是引進，主要考慮三大類因素：一是外部環境、市場狀況、技術發展、競爭態勢；二是考慮企業現實發展情況、如戰略制訂與實施、發展階段與方向、管理體制與機制；三是內生接班人與引進接班人比較。

10‧老闆的人格魅力勝萬金

*2010*年，鄭裕彤先生*85*歲，翻開「周大福」的創業史，每一頁都有他*60*餘年如一日的奮鬥足跡：

*60*年代初，一手握著黃金，一手伸向鑽石，叱吒風雲於急風暴雨刺刀見紅的商場上，穩操勝券。

*70*年代，興建香港新世界中心，這座輝煌的大廈至今仍然是尖沙嘴的招牌建築。

*80*年代。與香港貿易局合作建成香港會展中心，名列亞洲同類建築之最。

*90*年代，率先大舉進軍內地，投資中國的建設事業。此外，收購亞洲電視股權、組建全港最大的酒店集團，收購美國*STOUFFER*集團海外*28*間酒店和歐洲*PENTA*集團*9*間酒店。

鄭裕彤不論對顧客，還是對下屬人員，都和善可親，他的生意經是：「我是做生意的，所以無論如何，除非不得已，絕不得罪人；對顧客，不管大顧客還是小顧客，一律同樣接待，同樣尊敬。……對於進店的每一位客人，我都不會讓他們輕易地從我的店裡走出去，即使他這一次不買東西，那我也要他下一次想買珠寶時會到我的店裡來。因此，我要求我的職員對客人一定要有禮貌。」

同時，為了表示對顧客的尊敬，鄭裕彤盡量把金店都開設在旺區，並且盡量裝潢得豪華、舒適、貨物的款式盡量新穎。這樣，才能拉住顧客，把生意做好。

鄭裕彤還是個遇事冷靜、沉著、處事小心謹慎的人，他不喜歡大驚小怪、

張張揚揚。他說：「什麼事別人看來大驚小怪，但我都能等閒視之，因為我從來就不急於求成。不管遇到什麼事，我都能穩紮穩打，小心謹慎。即使遇到風浪，有一些損失，我也能做到不耿耿於懷，不影響工作和心情。」他的這一性格特點，使他在一生的經營中很少失誤，而成功一個接著一個。

多年來，鄭裕彤創下的業績，早已傳為佳話，他以自己60年勤奮進取的實際行動，證實了心「誠」體「勤」是成功的不敗原理。

在一次接受採訪中，鄭裕彤說：「企業要想基業長青，『誠信』二字最緊要。還有就是要勤力，要親力親為，不要以為有電腦管理，就不用去工廠。我80歲啦，還會到下面去看看。」

在他一生中，差不多每天工作都在12小時以上。其餘「守信用、重諾言」，「處世謹慎、飲水思源、不見利忘義」，其實講的都是「誠」字。鄭裕彤認為，摒棄投機手段，掌握有利時機，腳踏實地地做買賣，才是發家致富的根本。

儘管他擁有巨額財富，卻不奢華，也不自誇。很長一段時間，港人包括傳媒為鄭裕彤在香港富豪榜上的確切位置頗費口舌，他本人不以為然：「大哥三怎麼樣，大哥四又如何？……財富多了這麼過，少也這麼過。只要是夠子女讀書，夠家中大小兩餐，足矣。」

這就是鄭裕彤，午飯常常在公司吃家常菜，不喜歡穿名牌，有自己的小車，卻偏好一個人走路，時不時去過過「地鐵癮」。有人說，他是不折不扣的順德人，相識滿天下，人緣最佳。

【創富經】領導人的人格魅力就是生產力

永遠進取是鄭裕彤作為一位企業家的人格魅力所在，其為鄭氏帝國的建立提供了堅實的基礎。企業家的魅力來自於歷史的積澱，由於在企業的發展歷史中，發生過一連串的歷史事件，人們在這些歷史事件中獲得了深刻的心理體驗，

對企業家的作用產生了共識，於是企業家也就產生了魅力。

（1）有魅力的企業領袖一般都對自己的企業充滿熱情，心中時時刻刻都想著企業的發展，不停地勾畫著企業未來的藍圖。

這種對企業的熱情能夠感染許許多多原來只帶著打工心態前來工作的員工，使他們也從內心深處願意為企業的成長和發展做出貢獻。因此，有魅力的領導人能夠昇華員工對工作的看法，使他們在認同領導人的同時認同企業。

（2）有魅力的企業領袖還善於思考善於學習，不斷總結不斷提升自己的認知。由於張忠謀從事的是高科技產業，日新月異，他勤於求知。「不管他去哪裡，他都要到書店走走。」一位接近他的人說。

（3）有魅力的企業領袖都充滿自信，但同時並不張揚。他們在與人交流的時候總是不急不躁，沉穩耐心，顯得底氣很足。這種自信，尤其在企業面臨危機之時，能夠給員工強大的安全感，使大家對企業充滿信心。

（4）有魅力的企業領袖也是慧眼識才者，並且能夠捨得為培養企業的管理者投資。在這樣的領導者手下，員工能夠學到新的知識技能，能夠學到溝通管理的技巧，也能夠有不斷成長發展的空間。

（5）企業領袖的魅力當然更來自在企業生死存亡的關頭，能夠拯救企業使企業轉危為安的能力。當然，企業轉危為安有多方面因素的影響，但是，如果員工和一般大眾將此現象與企業的領袖相聯繫，那麼這個企業領導者對員工就會有相當的魅力。

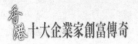

第七章 「領帶大王」曾憲梓

——「正合奇勝」的經營之道

「金利來男人的世界」，這句廣告詞對許多人來說都是耳熟能詳。金利來（GOLDLION）從一個致力於生存的家庭手工作坊，成功地發展成為舉世矚目從事國際化經營實力雄厚的集團公司，經過20多年鍥而不捨的努力拚搏和不斷創新，創造了一個充滿魅力的東方神話。這一切，都是出生於窮苦客家孩子所創造的，他的名字就是曾憲梓。

曾憲梓，人稱「金利來之父」、「領帶大王」，35歲才開始創業，靠著一個小作坊，苦心鑽研國外先進技術，建立起了自己的領帶王國，使「金利來」品牌響徹香江和全球，並獲得香港特別行政區政府發動衔制度中的最高榮譽獎章——大紫荊獎章。

獨立人格的立世之本、「志當存高遠」的人生境界、「創名牌」的商業戰略、「以人為本」的人才管理機制、「正合奇勝」的經營方式、「見利思義」的人生座標。這些正是曾憲梓自己的經營管理理論，值得我們學習和借鑑。

◇**檔案**

中文名：曾憲梓

出生地：廣東梅縣

生卒年月：1934年---

畢業院校：香港中山大學

主要成就：香港金利來集團有限公司董事局主席。

◇年譜

1934年，出生於廣東梅縣一個貧苦農民家庭。

1961年，畢業於中山大學生物系。

1963年，經香港到泰國，僑居5年。

1968年，又從泰國回到香港，辦起了領帶生產廠。

1981年，「金利來領帶，男人的世界」長期佔據報紙的重要版面和電視的黃金時段。

1983年，將首批金利來領帶送到了中國各大城市的大商場中。

1985年，擔任了亞洲領帶協會的主席。

1989年，投入100萬美元鉅資，在梅縣成立了「中國銀利來有限公司」。

1990年，金利來領帶僅在中國大陸的營業額就達4億多人民幣。

1990年，以系列女性時裝為先導，曾憲梓又為女性創造出了一個更具魅力的世界。

1992年，一次捐贈了1億港元的鉅資，用於發展中國的教育事業。

1994年，獲得了以他的姓名命名一顆小行星「曾憲梓星」的巨大榮譽。

1997年，獲得香港特別行政區政府發勳銜制度中的最高榮譽獎章——大紫荊獎章。

2003年，又捐資1億港元設立「曾憲梓航太科技發展基金」。

1 ·破繭成蝶，愛拚才會贏

◎艱苦奮鬥的年代

*1934*年，曾憲梓出生在廣東梅縣一個貧苦農民家庭，全家人生活一直很艱苦。曾憲梓小的時候，冬天連鞋都沒得穿。全國解放後，依靠助學金念完了中學和大學。*1961*年畢業於中山大學生物系。

*1963*年，曾憲梓經香港到泰國，僑居了*5*年。*1968*年，又從泰國回到香港。初回香港時，他兩手空空，處境艱難。為了生活，他甚至為人照看過孩子。

生活的艱難，卻萌發了曾憲梓創業的決心。他利用晚上的時間認真鑽研香港的市場狀況，發現儘管香港的服裝業發達，香港人也很喜歡穿西服，可是卻沒有一家生產領帶的工廠。於是，他拿出平時省吃儉用積攢的*6000*港元，又騰出自家租住的房子，辦起了領帶生產廠。

萬事起頭難。起初，曾憲梓和妻子兩人只是用手工縫製低檔的領帶。儘管夫妻兩人起早摸黑，做得很辛苦，生意卻非常不好。經過仔細考慮，他決定改做高級領帶。他買來法國、瑞士的高級領帶進行研究仿製，生產出了一批高級領帶。為打開銷路，他下了狠心，把第一批產品在一家商店免費供應顧客。

由於花色、款式新穎，曾憲梓拿出的這批產品受歡迎。很快，他製作的領帶便在香港小有名氣了。截至*1970*年，竟然已在香港十分走俏。也就在這年，他正式註冊成立了「金利來（遠東）有限公司」。第二年，他在九龍買了一塊地皮，建起了一個初具規模的領帶生產廠。

曾憲梓是一個有遠大志向的人。他心中的目標是要創立世界名牌。他多次到西歐領帶廠參觀，學習他們的製作工藝和經營方法，然後集眾家之長，引進先進的生產設備和嚴格的管理、檢驗制度，從而使「金利來」領帶逐漸佔領了香港市場，成為男人們莊重、高雅、瀟灑的象徵。

◎做生意的人必須志向遠大

曾憲梓從孩提時候就立志要自力更生，發財致富。在農村，他與哥哥和母親相依為命，當他吃著番薯粥時，他卻想未來：「從母親帶著我們的艱苦生活中，在我幼小的心靈裡，我深深感受到窮苦人家不可言傳的那種疾苦，我心裡便有一股強烈的志氣，那就是我長大後一定要好好做人，一定要改變這種貧窮的生活。」

他心裡想著發財，有一次他對母親說：「媽媽，我長大了要賺好多好多的錢，要給媽媽買新衣服、新鞋子，而且鞋子上還要繡有小花的。」曾憲梓雖然還不懂如何去發財致富，但他卻從小立下了可貴的志向。可以說，沒有曾憲梓從小立的志，也就不可能有曾憲梓的今天。

曾憲梓說：「做事情就要目光遠大，只要我們勤勞，有一種不達目的誓不低頭的勁頭，沒有什麼不可以做到的。」

【創富經】愛拚才會贏

曾憲梓認為，立志極為重要，但礪志也是人生重要的一環。立志而不礪志，就會怠惰和平庸，「志」就會可望而不可及，變成空中樓閣。礪志應該從小事做起。例如，他在香港貧窮之時，一個三代同堂的六口之家，每天的生活菜金僅僅一元錢！在艱苦生活中才能砥礪自己的意志，磨練自己的性格，才有堅強的毅力，不怕任何生活重壓，開創自己的事業。

曾憲梓不斷校正自己的人生座標，不斷對自己提出新的挑戰，促使自己向更高的目標奮進。曾憲梓在成為「金利來領帶大王」的時候雄心勃勃地說：「為了賺錢，我要每一個人都戴金利來！」

商場上成為巨富的勝利者，大多數都有一個共同的特點：經歷了常人難以想像的艱難，最後憑藉堅韌執著、意志剛強找到了出路。詢問他們對過往的評價，他們幾乎異口同聲地說，感謝自己遇到的困難、遭受到的挫折。在他們看來，困難可以幫助一個人成長進步。

沿街乞討，看起來很丟面子，實際上不用一點成本，得到大把的錢，是最划算的生意。創業之初，放下架子和面子，有一點乞丐精神更容易打開局面。

比如，做生意遇到挫折，人們最容易喪失信心。但是，只要想到自己本來就一無所有，就容易堅定信心，從頭再來。而且，沒有患得患失的侵擾，一個人更容易明確自己要的是什麼，從而直奔主題。

會賺錢的人，都會經歷困難和挫折，絲毫不會為賠本感到羞恥，相反卻善於從中找到問題所在，積累起賺錢的訣竅。這就講出了一個賺錢的訣竅，只要有錢賺，什麼都可以去做，即使是遭遇再大的苦難，或者沿街乞討也沒關係。

2．閃光的商標：金與利一起來

◎金利來的由來

2005年11月23日，一面印有「金利來」商標的紅色真絲旗幟和一面印有「金利來」商標的白色真絲旗幟，伴隨神舟六號遨遊太空，環繞地球飛行320多萬公里，一同見證了這歷史盛典，為「金利來」商標留下濃墨重彩的閃光之筆。

一個好品牌商標的出爐，大都有一個精選和磨礪的過程。「金利來」品牌商標的誕生就經歷這樣一個過程。說到「金利來」這名字，原來還有一段故事。

當年曾憲梓開發出自己的高級領帶後，給它起了個商標名叫「金獅」，象徵著男子漢的陽剛之氣，也有高貴、華貴的寓意。

但當他有次興致勃勃地將兩條「金獅」領帶送給他的一位朋友時，這位朋友斷然拒絕，朋友又直言相告：「金輸、金輸，金子全給輸啦！你為領帶起名叫『金獅』，乃犯了港人之大忌。香港人平常喜歡說吉利話，忌諱很多，而『金獅』的發音與粵語的『金蝕』很相似，因此誰會把『金蝕』掛在胸前呢？肯定會有人出於忌諱而不買你的領帶。」

曾憲梓茅塞頓開，連聲道謝。當晚，曾憲梓徹夜未眠，絞盡腦汁改「金獅」的名字，幾番思索之下，終於想出個好辦法，「GOLD」，仍譯為「金」，而「LION」（獅）取音譯，為「利來」，金利來，在很講吉利和彩頭的香港非常適合。既迎合了商品社會中人們對金錢的追求心理，也帶有吉祥、華貴的色彩，與精美高雅的領帶相映生輝。

旋即曾憲梓又突發奇想：中國人很少用毛筆寫英文，如果用毛筆寫下*goldlion*，字形就顯得很特別，於是他就在白紙上用毛筆寫下這個英文詞，又用一枚錢幣畫了個圓，用三角尺畫上個「L」，一個優美的商標構圖就形成了。

這樣，就有了聞名世界的商標——「金利來」。獨具匠心的「金利來」一問世，人們被這個「吉利」商標所吸引，使曾憲梓的領帶生意更上了一層樓。金利來領帶不但在香港獨領風騷，而且雄踞壟斷了新加坡、馬來西亞、印尼等亞洲的領帶市場，同時漂洋過海，大量湧向國際市場，打入了歐美市場。

◎堅持品牌運作

1972年，「美國總統訪華前選擇的領帶就是金利來」的內部消息不脛而走。作為第一位到中國訪問的美國總統尼克森，準備工作連每一個細節都在事先考慮得非常周到。據說工作人員為總統準備了一批名牌領帶，但尼克森總統挑來揀去，最後選中的恰恰是「金利來」領帶。

1972年2月14日，尼克森總統的專機徐徐降落在北京的機場，尼克森總統微笑著走下飛機，在這一刻全世界也都看到了，美國總統領口上繫的是一條金利來領帶！

歲月悠悠，默默耕耘三十餘載的「金利來」，始終充滿著活力，充滿著希望，保持著長盛不衰的勢頭。靠什麼？當然是創新，銳意創新就是要敢為人先，才會在一連串創新舉措中，引領潮頭。

曾憲梓說：「做生意要靠創意而不是靠本錢！」在競爭激烈的市場中，缺乏創新的企業很難站穩腳跟，改革和創新永遠是企業活力與競爭力的源泉。

在「金利來」打響名號之後，為了保持其名牌地位，他經常奔波於世界各地，考察世界領帶生產的新潮流、新動向。特別是法國、德國、瑞士、奧地利等領帶生產大國，都留下了曾憲梓的身影。

在「金利來」事業處於巔峰狀況之際，具有遠見卓識的曾憲梓，又做出了

多元化經營的果斷決策。他將香港人耳熟能詳的「金利來領帶，男人的世界」這膾炙人口的廣告詞，進行了看似簡單、實則深具創意的改動，改為「金利來，男人的世界」，廣告語享譽神州大地，品牌影響力經久不衰。

【創富經】品牌行銷，才能贏得市場

「金利來」對品質和品味一絲不苟的追求，深得消費者的擁戴。「金利來」的款式每年能推出2萬多個，能夠照顧到不同年齡、不同職業、不同層次的人的性格、愛好和消費能力，從而使消費者有更多的選擇機會。

它以「設計快、製作快、投產快、上市快」而經銷50多個國家和地區的大客戶數目已超過上千個，年營業額突破2億港元。在曾憲梓的精心經營下，奠定了「金利來」在國際服裝界的地位，成為世界知名品牌，曾憲梓也因此被人們譽為領帶大王。可見，曾憲梓有其獨特的品牌運作之路。

創品牌，品牌行銷，是曾憲梓博士在經濟實力發展到一定階段後提出的商業戰略，也是他向自己既定目標邁進的重要決策。

品牌行銷的前提是產品要有品質上的保證，這樣才能得到消費者的認可。品牌建立在有形產品和無形服務的基礎上。有形是指產品的新穎包裝、獨特設計，以及富有象徵吸引力的名稱等。而服務是在銷售過程當中或售後服務中給顧客滿意的感覺，讓他們體驗到做真正「上帝」的幸福感。讓他們始終覺得選擇買這種產品的決策是對的。買得開心，用得放心。綜觀行情，以現在的技術手段推廣來看，目前市場上的產品品質其實已差不多，從消費者的立場看，他們看重的往往是商家所能提供的服務多寡和效果如何。從長期競爭來看，建立品牌行銷是企業長期發展的必要途徑。對企業而言，既要滿足自己的利益，也要顧及顧客的滿意度。

品牌不僅是企業、產品、服務的標識，更是一種反映企業綜合實力和經營

水準的無形資產，在商戰中具有舉足輕重的地位和作用。對於一個企業而言，唯有運用品牌，操作品牌，才能贏得市場。

「創名牌」戰略同時也意味著開拓，意味著佔領別人的市場，曾憲梓為了保證金利來領帶品質，他還引進西德名牌廠領帶生產的機械和領帶原料的遠東代理權。這種超前意識使他開拓了東南亞和美國的市場，從而為金利來走向世界打下了堅實的基礎。

3・別樹一幟的逆向思維

◎再難也要逆市而上

在企業發展中，逆向思維則驅動企業大步幅、同步化、跨越式成長。

*1974*年，世界經濟整個處於迅速衰退的態勢，無情的黑色旋風吹到香港，經濟出現了大蕭條，各種商品紛紛降價出售，「金利來」自然也躲不過這場風暴。

而深諳逆向思維之道的曾憲梓，此時在苦苦思索著：要是「金利來」降價，這將使「金利來」領帶的「名牌」淪為次級品，多年來苦心孤詣樹立起來的華貴、高級、唯我獨尊的形象就會毀於一旦。名牌就像一棵大樹一樣，毀壞容易，而再讓它站立起來可就難上加難了。

曾憲梓在沉思著，最後的決定卻反其道而行之：「漲價！」

一語甫出，匪夷所思，眾人無不大驚：不降反而漲價的做法可就是逆潮流而上了。這無疑是一場賭注，拿「金利來」的性命作抵押的賭注，有人稱這是逆向思維，以小搏大，是一步險棋。

無庸置疑，曾憲梓獨樹一幟地逆向思維運用得爐火純青。「金利來」昂起的價格，像昂起的頭顱，傲視著同業群儕。結果令人喜出望外，不但保住了自己的地位，更是身價猛增。

當經濟大蕭條姍姍復甦的時候，由於曾憲梓棋高一籌，以「出奇」達到「制勝」，創造出驚天動地的奇蹟來，「金利來」從此當仁不讓地佔領了香港名牌貨

的地位，成了獨佔鰲頭的名牌領帶。

曾憲梓憑藉頑強的意志力和不屈不撓的拚搏精神，成功地締造了不同凡響的「金利來」王國。

◎御風而行

20世紀70年代中期，香港社會又開始風靡牛仔褲製品，西裝領帶生意一落千丈，曾憲梓和金利來再次面臨嚴峻的考驗。

面對市場的嚴重萎縮，曾憲梓寧可自己少賺一些，也要確保金利來產品在香港的名牌地位。

他仍舊採取他與眾不同的一貫作風，一方面，不間斷的廣告宣傳，除了電視、電台等宣傳媒體之外，一些報紙、雜誌、路牌、球場等等都是他利用的廣告媒體。

另一方面，他增加營業項目、增設除了領帶之外的男裝服飾和義大利真皮皮帶等品種，以美輪美奐、層出不窮的形式佔領市場，提高人們的消費興趣。

曾憲梓以自己獨特的思維方式和商業手段，充分利用每況愈下的經濟環境，一次又一次地化腐朽為神奇、一次又一次地化危機為他和他的金利來走向成功的轉機。

在今天，曾憲梓是這樣解釋他當時採取那種比較冒險決策的原因：「市場是淡了，如果一百個人中只有五十個人買東西了，並且這五十個人是一定要買東西的。

「問題在於剩下的這五十個人買誰的東西，假如這五十個人中大多數買的是我的牌子的產品，那麼買其他牌子的人就相對減少，這就是佔領市場打敗競爭者的最好機會。

「所以我會想方設法，全力出擊，一方面增設種類，一方面擴大廣告宣傳，爭取剩餘的顧客，令其他的牌子無法立足，於是在銷售市場上就可以順利地淘汰

競爭對手。所以我認為，市場淡並不一定是壞事，在我看來，它極有可能變成一件大好事。」

曾憲梓的這一新穎的銷售手法，令金利來取得了巨大的成功。

香港經濟復甦、市場淡風吹過的時候，曾憲梓已經賺得盤滿缽滿了，而那些數十年來在香港不可一世的外國名牌產品，不僅僅是被淘汰出香港市場，也從此銷聲匿跡。

【創富經】逆向思維，獨闢蹊徑

曾憲梓在歷次危機中，始終保持積極樂觀的心態，市場不好，並不表示人們就永遠不用領帶。他始終認為除非世界上再沒有人願意穿西裝，否則，金利來領帶的生意仍然大有可為。這一獨特的行銷思維，奠定了「領帶大王」成功的基礎。

有時，按照常理，「循規蹈矩」地做行銷，往往成效甚微，甚至蝕了老本。倘若打破常規，逆向思維，獨闢蹊徑，想人之所未想，為人之所未為，很可能會出奇制勝，這就是逆向思維的優點。

逆向思維的實質是拓寬思維的領域，打破故有習慣思維的束縛，敢於想像，敢於創新，不盲目地從眾。

逆向思維首先要確立或設定一個可以達到的目標，然後從目標倒過來往回想，直至你現在所處的位置，弄清楚一路上要跨越哪些關口或障礙、是誰把守著這些關口。一般的行銷理論都是從企業─管道─市場來思考行銷，這沒有錯，在市場調查的基礎上，應用科學的分析，再做市場，但這容易被其現象迷惑，被其他現象所左右。而採用逆向思維的方式，可直接從市場出發，回到管道，回到企業來。目標市場是人們的第一目標，我們就能看得透，清晰連貫，不會被其現象所左右。

逆市場而動，理性而有智慧的商家往往能在逆向思維中賺錢。因為當一種觀點被多數市場參與者接收後，它常會走向極端，弱點會被掩蓋，它錯誤的可能性就會增加。理性的商家應該學會剝離事物的假象，反璞歸真。

在創業的路上，很多人冥思苦想，常常苦於生意難做、企業難辦。如果能突破常規思維的藩籬，有意識運用與傳統思維和習慣不同的逆向思維方法，「反彈琵琶」，往往「曲徑通幽」，取得意想不到的效果。

創造財富，雖然是一件很不容易的事情，但只要創新思維，經營得法，就是處於「絕境」，也是可以求得「生機」，關鍵要看經營者有否洞察市場的「眼力」，能在瞬息萬變的市場中，發現市場的縫隙，捕捉到商機；要看出手是否靈敏，能先人一步，搶佔市場的先機；要看有無「膽識」，敢於充當第一個「吃螃蟹」的人，有一種勇於承擔風險的勇氣。如此，才能在風雲變幻的市場中，把握機遇，贏得一席之地，創造和累積財富。

商戰中的競爭，實際上是多軍對壘。在多軍對壘中如何戰而勝之，孫子在《兵勢篇》作了分析：「凡戰者，以正合，以奇勝。」他說：「善出奇者，無窮如天地，不竭如江河。」在現代企業行銷中要出「奇」招、「怪」招，才能收到出其不意的效果。

成為一個成功的逆向經營者並不容易。逆向操作要求商家保持自我、獨立思考，必須以真實客觀的資訊為基礎，應當拋開固有的印象和陳舊的資訊，深入市場調查認證，提高判斷事物的準確性和預見性，防止因片面宣傳和資訊的誘導而誤判。而且，如果運用逆向思維方法看市場，對市場時機的把握精準度不夠，就會發生較大的偏差，而這種偏差有可能導致商家走進死胡同，盲目地逆向投資經營隱藏著風險。

曾憲梓就是透過漲價這一策略，在冒著巨大風險的同時，成功的保住了「金利來」的市場佔有率，也維護了「金利來」的品牌價值。

4·「向父親致敬」——廣告也要講美德

曾憲梓先生的產品當初之所以能在市場上站穩腳跟，與他獨到的廣告宣傳理念是密不可分的。「金利來，男人的世界」已成為當今中國人耳熟能詳的廣告語。

殊不知，在曾先生起步階段，他所採用的第一句廣告詞更能體現中國傳統儒家文化中「尊老敬老」的道德觀念。1970年，在一年一度的父親節即將來到之際，曾憲梓在報紙上刊登了大幅廣告，慶祝一年之中唯一屬於男性、屬於父親的節日：「向父親致意，送金利來領帶。」

廣告內容雖簡單，寥寥幾字卻盡顯情真意切。廣告刊登之後，效果非同凡響，金利來領帶迅速佔領了香港的市場。就這樣，曾先生將適時把握商機的「商道」和儒家「仁義禮智信」的「人道」完美的結合，堪稱行銷理念中的典範。

【創富經】品牌離不開超前意識

曾憲梓深深懂得，金利來領帶是中國的，也是世界的。中國人創造的名牌也應當是世界性的。只有成為世界性的，才能成為真正的名牌，才有長久的生命力。從他到日本推銷產品失敗後，他深深意識到這一點。

因此，曾憲梓又到歐洲考察，他「習洋」不崇洋，更不媚洋，他有信心把金利來打出去，佔領國外市場。終於在70年代初把佔領香港市場的英國、美國、法國、德國名牌領帶統統「轟」出了香港市場。

　　為了打好「創名牌」的戰略，曾憲梓總是把自己的產品放在世界潮流中考察，尋找自己的不足。當他的金利來領帶成為名牌產品後，他又發現一個新問題：「一條領帶顧客能否接受，不僅取決於領帶的品質，更重要的也取決於領帶的花色，如果光有品質沒有花色，領帶再好也不會有人去買。」這時的曾憲梓已經從藝術角度來看待領帶的品質了，從而使金利來在國際市場上有更強勁的角逐能力。

　　「創名牌」戰略重要的是要有嚴格的品質標準，高品質是重要的商業行為，也是「創名牌」戰略的基石。曾憲梓博士說：「產品的廣告要是不真實，就會立刻失去顧客，優良的品質，才是名牌產品的根本保證。」這種強烈的品質意識使他在生產過程中進行層層把好關，他從領帶質料的選擇，花色的搭配，領帶的造型，甚至連領帶的毛襯、絲裡都小心逐一地進行選擇，以保證領帶的品質。

　　《曾憲梓傳》中有一個非常感人的故事：有一次曾憲梓發現來自歐洲的高級領帶布料上有不易發現的斑點，但曾憲梓還是很堅決的把這批布料當廢品處理掉了。他很堅決地說：「不合格的產品，寧可毀掉也不能出廠。」他的公司裡有嚴格的規定：「金利來的產品，沒有次品。」有品質才有信譽，有信譽才有客戶，有客戶才有財路，這是淺顯的道理。

　　「創名牌」戰略同時也意味著開拓，意味著佔領別人的市場，曾憲梓為了保證金利來領帶品質，他還引進西德名牌廠領帶生產的機械和領帶原料的遠東代理權。這種超前意識使他開拓了東南亞和美國的市場，從而為金利來走向世界打下了堅實的基礎。

5 · 生意經裡包含著「道德經」

◎獨立人格是立世之本

曾憲梓是著名高等學府中山大學畢業生。從梅州中學到東山中學，再到中山大學，都是在名校度過，這種濃重的文化氛圍使得他的性情得到陶冶，形成其獨特的文化人品格和人生態度，這就是：自尊、自信、自愛、自強、自主。

曾憲梓博士認為，獨立人格是做人立世之本，捨此無他。

獨立人格的力量是巨大的，它可以使人勇往直前，不怕任何艱難險阻去奪取勝利。它可以使人貧窮不失自尊，苟富貴亦不致張狂。曾憲梓從小就從他母親那裡學到做人自主自立的思想。有一次他驕傲地對村裡人說：「我媽媽會教我，我也會跟我媽媽學，我長大了也會很有本事。」這種自立、自主的精神強烈支配著他的行動。

在《曾憲梓傳》中有一個很感人的情節：曾憲梓在泰國的哥哥叫他到泰國去與叔父爭回父親的遺產。曾憲梓到了泰國後，非但沒有協助他哥哥爭遺產，反而對叔父宣佈：「今後我們只是叔姪關係，我父親的一切財產與我無關。」

他的理由是，骨肉情深，血濃於水。他說：「我覺得，這樣的爭鬥很傷害感情，毫無價值，本來是骨肉親人，現在竟然反目成仇，你們說這是何苦！」曾憲梓當時儘管窮，仍錚錚宣佈：「我現在是沒有錢，但我會去做，我會依靠自己勞動的雙手，創造自己的生活。對於錢這東西，勞動能夠創造一切，我也能夠創造財富。」表現出做人的獨立精神，這是客家人突出的文化品格的體現。

曾憲梓堅信，只有自己勞動創造的才是自己的，嗟來之食，不可接受。對父親遺產問題的處理，他是從這一信念出發的；對於叔父的施捨，他也採取同樣的態度。他在泰國時生活陷入困境，只好替叔父打工做領帶來維持生活。他做了60打領帶，叔父給他相當於一萬元港幣的工錢。曾憲梓數到900元，將錢收下，並將多餘的9100元退還給叔父，說：「這是您的，這900元才是我的，其餘的錢我不能要。」曾憲梓可以忍受貧困，但不能忍受人格的貶值。

◎牢記母親的教誨

香港的《東週刊》雜誌曾經刊載了這樣一則消息：「領帶大王曾憲梓，生活以簡樸見稱，平日吃的是青菜、白飯，即使請客，消費也以四千元為限。」一個擁有市值四十億元企業的富人，生活如此簡樸、節約，也許會讓人匪夷所思，可是對於吃番薯粥長大、嘗透飢寒交迫滋味的曾憲梓，這種不為常人所能理解的節衣省食的習慣，已經成為他人生必不可少的一部分。

曾憲梓永遠也不會忘記小時候，母親為了節省口糧，精心計算番薯粥裡該放多少米；忘不了母親熬夜挑燈，將哥哥的舊衣改製成自己的衣衫；更忘不了母親時常對自己說的話：「細狗（小憲梓的小名）哇，過日子要細心打算，不能顧了今天，忘了明天，不管什麼時候，節省都是我們的本分啊。」

曾憲梓把母親的教誨牢牢記在心裡。那是一個天寒地凍的冬日，藍優妹由於經常赤腳下田，雙腳生了凍瘡，並裂開一個個露出紅肉的裂口，再赤腳下田的時候，痛得鑽心。但她想到第二天還得下田，如果不處理，裂口會越來越大，於是就決定用針線來縫合它。

於是，她將雙腳泡進熱水裡，等裂口上的皮膚泡軟之後，再咬著牙一針一線地將裂口縫起來，每縫一針，鮮血直流，小憲梓在一旁，也疼得眼淚直流，藍優妹忍痛安慰兒子：「傻孩子，不縫好怎麼辦呢。裂口會更大更痛的，沒事的，忍一忍就過去了。」這一幕永遠銘刻在曾憲梓的心裡。

窮苦人家的日子過得太痛苦太艱難了，小憲梓不止一次對母親說：「我長大了要賺好多好多的錢，要給媽媽買新衣服，新鞋子。」到今天，曾憲梓想起當初的誓言，仍深有感觸：「從母親帶著我們的艱苦生活中，在我幼小的心靈裡，我深深感受到窮苦人家不可言傳的那種疾苦，我心裡面便有一股強烈的志氣，那就是我長大後一定要好好做人，一定要改變這種貧窮的生活。」

【創富經】培養獨立人格價值

曾憲梓的心裡有一個堅定的原則，那就是：「我不能由人家來控制我，我要創造自主權，由我自己控制我自己。」

曾憲梓深深懂得：你要有獨立人格，你要得到別人的尊重，首先得學會做人。而做人處世的基本點就是「誠實」二字。曾憲梓認為，誠實是金，是人生中最閃亮的價值；一個人如果失去了「誠實」二字，也就失去了自己，失去了人格、人性。

誠實是曾憲梓的生活信條。無論是貧窮困苦的時刻，或是成為億萬富翁之後，曾憲梓都未曾忘記誠實兩字。曾憲梓認為，牢記誠實兩字，就會在貧窮時不使人奪志諂媚，在富貴時也不使人驕橫跋扈；誠實能使人奮起，使人警醒，使人對事業有所追求和有所作為；誠實是人格光輝的體現。

人作為一個獨立的生命個體，是為什麼而活，人生的最高價值在哪裡？這個問題永遠發人深思。

人的存在不是一個簡單的肉體，而是一種精神的存在，世界上的每一個人都應是一個獨立的精神存在，但並非現實中的每一個人都是真正作為一個獨立精神存在。我們常常看到現實中許多不具獨立人格的人，這些人不能擁有真正的自我，他們的精神為別人的精神所奴役，不能具有獨立的思維，他們只能被動的接受別人的價值觀念，他們雖生活在奴役之中卻不知道被奴役，有時並為這種被

奴役而快活。

這些人有的只是為所崇拜的偶像而活，有的只純粹為為金錢而活……有的就根本不知為什麼而活，但就是不能為自己而活。他們都是不具備獨立的人格精神，不具備獨立的人格精神就不能有獨立的人格，而只能算是一種奴性的人格。然而，成為人的最高境界就是追求獨立的精神價值，形成高度獨立的人格。

一個沒有獨立人格精神而精神空虛的人面對簡單平凡的工作都會覺得枯燥無聊，難以忍受。而一個具有獨立人格精神而精神世界充實的人面臨同樣的工作，雖然身體投入在平淡的工作中，但他的心靈深處卻擁有崇高、永恆的精神家園，而活在自己的精神世界之中，生命從此不再空虛。不會認為工作平淡、簡單就不是該自己去做的。

一個有獨立人格價值的人除了能做好那些有影響的事業，也能做好生活中的那些平凡小事。其價值取向永遠不可能與周圍的人等同，以自己的價值取向，以自己的思維方式來決策所處的事情，不受他人的擺佈，不隨波逐流，時刻都能保持清醒的頭腦，無論他人怎麼做，自己只按自己的方式來做。

6·經商的「矛盾論」與「實踐論」

◎一切從實際出發

　　成功人士大多愛引經據典創建其商業經營的理論根基。曾先生在求學期間曾通讀過毛澤東的《矛盾論》和《實踐論》。步入商界以後，他便使用辯證的、唯物的邏輯思維方法，分析事物的發展變化趨勢，用發展變化的眼光看問題，將辯證法這個真理在商海中發揮得淋漓盡致。

　　1973年，香港經濟下滑，各大百貨公司為了保存實力，大都採取定額進貨的方法減少入貨量。而曾先生卻抓住了看似險灘的歷史機遇，開闢了金利來產品專櫃銷售的經營模式，金利來從此興盛起來。曾憲梓先生因勢利導，變不利因素為有利因素，從此更加順利地走上了成功道路。除了矛盾論的觀點外，同時他還堅信只有親身實踐才有最終的發言權，始終奉行「一切從實際出發」的唯物主義觀點。

　　曾先生認為，一個公司、一個企業家，所有經商的過程，實際上都是與人打交道的公共關係的過程。他曾經說過：真誠是結交好朋友的關鍵，擁有一個對自己事業發展極為有幫助的朋友是一件十分難得的好事，這種好的機會應該善於把握。

　　在生意剛剛進入正軌的時候，曾先生結識了幾個香港知名大百貨公司主管進貨的朋友，交往中他並沒有一上來就推銷自己生產的領帶，而是憑著真誠和熱情先和他們建立良好的個人友誼，樹立誠實守信的個人信譽。日久見人心，在友

誼的催化下，雙方建立了穩固的商業合作關係。

曾先生非常注重立足長遠，絕不急功近利，貪圖一時之快，而是把短暫的、偶然的商業行為放在一個非常宏大的「人」的背景下來培育，把經商的思想上升到人文的高度，充分展現了現代公共關係學中極力宣導的人的魅力。

◎實踐是檢驗真理的唯一標準

曾憲梓從來不開期票，由自己支配定貨到達的時間，在進貨過程中也由被動變為主動，這是曾憲梓一開始做生意的時候給自己定下的不盲目進貨、不開期票的原則。

也正是因為這個原則，才使得曾憲梓的生意一路一路穩步前進、取得成功的。

他不僅要求自己同時也嚴格要求自己的員工，萬事以和為貴，而且規定公司員工在訂貨的時候，絕對不能自以為是買方市場，就傲慢無理、高高在上。

所以直到二十五年後的今天，曾憲梓與這些歐洲廠家都保持著良好的朋友關係。

在大家互相信賴的前提下，曾憲梓到歐洲廠家訂貨，融洽的人際關係使得他十分順利地取得了與眾不同、穩中求進的訂貨方法。

這時候，他給自己定下的原則是訂貨時必須做到「進可攻、退可守」。

這個原則具體來說便是如果曾憲梓一年之中一共要訂購價值一百萬的貨品，一年之中十二個月內，曾憲梓的習慣做法就是分三批入貨，也就是三次進貨。

根據曾憲梓劃分，第一批貨價值三十萬、第二批貨價值也是三十萬、第三批貨價值四十萬。

首先是第一批價值三十萬的貨，在曾憲梓看來，無論市場的好壞，這一批貨一定要。

這是公司生存下去最起碼、最低的限度，也就是說，至少要三十萬的領帶原料，公司才有可能維持一年的生存。

至於第二批價值三十萬的貨，曾憲梓所採取的做法是先挑選好貨品，再與當地的廠家達成協定，曾憲梓的第二批貨要按照他發往歐洲的電報來做。

也就是說，當第一批貨回港並以最快的速度推出市場之後，如果市面反應好，生意做得很順利，曾憲梓就會提早三個月發電報給歐洲廠家做好準備，三個月以後可以發出第二批貨品。

第二批貨品到了之後，如果市場反應不好，產品的銷售有困難，那麼曾憲梓就會發電報通知歐洲廠家，第三批貨暫時取消。

因為大家都是事先協定好的，曾憲梓又是按約定提前通知廠方，所以，曾憲梓既不會積壓資金，又不會失去廠方對他的信用。

透過實際檢驗，曾憲梓這個方法非常可行，它使得曾憲梓在處理業務的時候比較主動，更不用擔心貨品賣不出去後造成積壓資金的情況。

既然不會積壓資金，就意味著曾憲梓的領帶銷售順利，就意味著曾憲梓肯定能夠賺到錢。所以曾憲梓十分巧妙地利用這種訂貨方法，在生意上取得了極大的自主權，使得他從來只做賺錢的生意，不做虧本的生意。

曾憲梓所有這些商場上自己給自己規定的方法和準則，全部是他在實踐的過程中不斷探索、深思熟慮的結果。

【創富經】戰略方向與執行力要到位

香港華潤集團CEO甯高寧說過：「成功的公司一定是在戰略方向和戰術執行力上都到位。何況在戰略上完全失敗的公司並不多，更多的公司是在幾乎同樣的戰略方向下在競爭中拉開了距離。」

聯想控股集團總裁柳傳志曾經論述過「戰略與執行力」的關係，他說：「就

公司戰略而言，任何一個優秀的戰略都不是一蹴而就的憑空臆斷，都需要公司領導人以執行的踏實心態，對公司所處的宏觀經濟環境與行業發展特點進行透徹的分析與研究，在這個基礎上，結合公司的資源來確定切實可行的戰略規劃。」

一般來說，企業要想提高自己的執行力可以從以下五個方面著手：

（1）溝通是前提。有好的理解力，才會有好的執行力。好的溝通是成功的一半。透過溝通，群策群力集思廣益可以在執行中分清戰略的條條框框，使企業執行更順暢。

（2）協調是手段。一塊石頭在平地上只是一個死物，而從懸崖上掉下時，可以爆發強大的能力。這就是集勢，把資源協調調動在戰略上，從上到下一個方向，能達到事半功倍的效果。

（3）回饋是保障。執行的好壞要經過回饋來得知，透過回饋的資料瞭解產品銷售走勢或者市場佔有率等情況，可以達到趨利避害的目的，促進更好地執行。

（4）責任是關鍵。企業的戰略執行情況，應該透過績效考核來實現。從客觀上形成一種陽光下進行的獎懲制度，才不會使執行作無用功。

（5）決心是基石。執行的過程中意志不堅定，狐疑猶豫，最終會喪失機會。一旦下定決心，就專注執行，會讓執行開花結果。

7 · 做買賣不要做「等待的買賣」

◎為失敗而思考

有一天，曾憲梓去推銷自己製作的領帶。鑠石流金，烈日當空，曬得他滿頭大汗，他拎著兩大盒領帶，徑直走進一家瑞興百貨店，迫不及待地打斷老闆的談話，問他要不要領帶。瑞興百貨店的老闆馬上出言不遜地大聲吼道：「你進來幹什麼？出去！出去！滾！」

曾憲梓回到家中，他左思右想，痛定思痛，忽然明白了自己受挫的原因。

第二天下午，他衣裝整潔，再一次來到了那家瑞興百貨店，為自己前一天的冒昧，向老闆賠不是。老闆見他如此誠懇，心裡很高興，就讓他留下了四打領帶。

果然不出曾憲梓所料，喜訊很快傳來，瑞興百貨店的四打領帶一銷而空。他生產的領帶款式新穎、花色獨特、做工精細、採用進口質料，而且價格大大低於同等品質的進口領帶，很受購買者的歡迎。後來，這個老闆成了曾憲梓的忠實客戶。

香港的商業資訊是最靈通的，從瑞興百貨店傳出的消息，立刻引起了許多大公司、大商店的注意，隨之訂貨單也紛至沓來。一時間，竟形成了一股搶購曾憲梓領帶的熱潮。

機不可失，時不再來。曾憲梓立即招募了一批工人，擴大了生產規模，曾憲梓的領帶王國就這樣成立了。

◎領帶的學問

曾憲梓說過：「金利來領帶要想永遠立於不敗之地就必須學習世界先進技術、跟上世界潮流、超過世界先進水準，如此才能夠保持清醒的頭腦來應付國際市場的激烈競爭。」

為此，透過對歐洲和美國領帶市場的考察，曾憲梓不僅瞭解和掌握了西方先進國家的領帶生產技術，服裝、服飾的流行情況，而且，還跟西方一些著名的領帶生產廠家以及他們的專業設計人員建立了一定的業務聯繫。

同時，在透過對外面時裝服飾世界發展潮流的瞭解和返回香港後對香港外國名牌產品的進一步比較中，曾憲梓驚異地發現歐洲各領帶名廠的致命弱點——領帶的花色款式缺少變化，每推出一種新型的花色款式週期往往長達一到兩年。

而且由香港及東南亞的領帶批發商所代理的外國名廠的領帶雖然工藝精湛、品質一流，但領帶的花色款式普遍過於陳舊，更新週期超過一到兩年甚至更長。

也就是說，當位於歐洲市場的世界領帶潮流流行某些特定的花色款式的時候，從這些領帶出廠到透過批發商投放香港市場則是一到兩年或者更長時間之後的事了。

由此而來的第一手市場訊息資料，使曾憲梓更是信心倍增。

他當時曾深有感觸他說：「可別小看一條領帶，它裡面蘊藏著不少的學問。一條領帶顧客能否接受不僅取決於領帶的品質，更重要的也取決於領帶的花色，如果光有品質沒有花色，領帶再好也不會有人去買。」

曾憲梓決定充分利用自己每年到歐洲市場選購領帶的流行花色、流行款式的優勢，充分利用外國名廠領帶更新週期過長的弱點，把握機會加強領帶的品質管制和宣傳推廣，力爭在香港以及東南亞市場上與歐美名牌領帶一較高低。

曾憲梓著手的第一步行動計畫就是馬上從西德引進先進的領帶生產設備。

他認為如果不利用先進的生產設備作基礎，即使領帶的用料採用最高級的領帶原料，也很難長期保證領帶的品質，因而更是失去了與外國名牌領帶競爭的能力。

因為一直以來金利來領帶都是採用簡陋的設備以及手工製作領帶，雖然透過技術熟練的技工在領帶的剪裁、縫製、熨整等方面都能保證品質，但是，凡事講求盡善盡美、精益求精的曾憲梓還是發現了手工製作領帶的不足之處——利用手工製作的領帶沒有利用機器製作的領帶那麼容易定形，而且如果使用時間過長領帶容易失去原來的平整效果，甚至出現蓬鬆膨脹的變形狀態。

而且，曾憲梓在先人一步地引進西德名廠領帶生產機器的同時，也時時刻刻不忘記保持自己處於不敗的競爭地位，他最高明的一招就是引進機器化生產領帶的時候一併爭取了西德名廠領帶生產的機械和領帶原料的遠東代理權。

其實就算他不爭取領帶原料以及引進生產領帶先進設備的遠東代理權，在當時的香港乃至東南亞地區，也是沒有第二個人敢往這方面想，敢向這方面做的。

機械化設備的引進與代理權的取得，為金利來的發展錦上添花，使得曾憲梓對自己和金利來的事業更加充滿了必勝的信心。

【創富經】要具備學習的心態

曾憲梓創業興家最大的也是他最與眾不同的魅力就是絕無僅有的超前意識。只要有可能，曾憲梓喜歡凡事都想在前面、做在前面，他在為他的宏偉目標奮力拚搏的同時，絕對不會因為考慮不周而留下後患。

無論如何，曾憲梓喜歡在盡心盡力地排除後顧之憂後再義無反顧地闖蕩他的世界，這是他自小養成的習慣，也是他在任何環境下一貫堅持的工作作風。

不願拚的就走，願意的大家就一塊來。人在旅途，誰能知道前方有多少條路。要堅持住，朝前走，才有成功。

成功學創始人拿破崙·希爾曾經說過：「生活如同一盤棋，你的對手是時間，假如你光是空想，而不付出行動，你將會痛失良機。」

辦企業，首先是一種商業實踐活動，沒有固有的模式和規律來遵循。確切地說，每一次商業行為都是一次創新，根據當時、當地的情形靈活應對，需要從消費者、競爭對手，乃至失敗經驗中學習經營的智慧。

企業從無到有，從小到大發展起來，似乎很難；的確很難，不過也很容易。對領導人來說，只要能聽反對意見，從不忘記學習，就容易一步步發展壯大，甚至爆發式增長。經驗是累積起來的，才幹是歷練出來的，而具備學習的心態是做好一切事情的根本。

8 · 不折不扣的「紅頂」商人

◎祖國萬歲

*1997年7月1日*零時零分，交接儀式準時奏響國歌，升國旗和區旗，本來整個會場都很嚴肅安靜，但是在那個時刻，全國人大常委會委員、香港金利來集團董事局主席曾憲梓情不自禁，激動地在會場裡高喊一聲「祖國萬歲！」驚動四座。

說起香港回歸那一刻，曾憲梓至今記憶猶新：「那一刻非常激動，英國殖民統治了*150*多年的香港終於回來了，我也不顧那麼多，在現場就振臂高呼『祖國萬歲』。」

*10*年前，有人唱衰香港時，曾憲梓就放言：香港亂不了，香港一定好。如今，香港歷經磨難繁榮穩定，曾憲梓說，許多香港民眾走遍世界，最終還是願意回到香港生活。

「這些年，無論在什麼地方，我都說這兩句話：香港亂不了，香港一定好。」曾憲梓說，香港市民將越來越感受到「一國兩制」的偉大。

回歸第二天，香港特區政府首次授予一批香港知名人士大紫荊勳章，曾憲梓就在其中。「那是我最光榮的時刻，更感到在今後的『一國兩制，高度自治』的日子裡，我必須盡我所能做好分內工作。」曾憲梓至今踐行著這個承諾。

外界把曾憲梓稱為「紅色資本家」，他把自己定義為一個小商人，不是什麼資本家，而是一個旗幟鮮明的愛國商人。報效祖國、擁護共產黨是他一生的追

求，50年代他就會唱《沒有共產黨就沒有新中國》，到今天他還在唱。

◎這是個解放牌

1979年，廣東省委書記習仲勳和楊尚昆邀請了香港、澳門20多位工商界知名人士前往廣州討論關於要不要改革開放，去的人包括霍英東先生、何厚鏵的父親何賢先生、馬萬祺先生等等，曾憲梓是當中最年輕的一個。

討論進行了三天三夜，氣氛很緊張，很多老前輩是第一次接觸到共產黨，在會場上不大敢講話。曾憲梓當時就指責內地的經濟政策說，你們是「做了算」，只是開工廠生產，賣得出去賣不出去也沒人管，只知道找有關部門分配，這就沒有效益。我們資本家就是「算了做」，有錢賺才會投資，我還說內地工資制度是「做也是36塊，不做也是36塊」，導致企業領導人不負責任。當時，習仲勳和楊尚昆「給」曾憲梓一頂「帽子」：「這是個解放牌」。

此後，曾憲梓從廣東開始走上政壇，成為廣東省政協委員。1984年年底《中英聯合聲明》簽署之後，進入了回歸過渡期。1985年，《中英聯合聲明》簽署後第一個國慶，曾憲梓宴開136席，慶祝祖國生日。他讓人反覆播放《沒有共產黨就沒有新中國》等愛國歌曲，從下午4點一直放到晚上10點。

1994年，曾憲梓當選全國人大常委。香港回歸前後，曾憲梓參與了很多基本政策的討論和制定。早期曾憲梓是國務院的港事顧問，然後是基本法諮詢委員會委員，特別行政區籌委會預備委員會委員，也是正式的籌委會委員。每個月固定開兩次會，還有小組會議，曾憲梓一個月不知道要飛多少次北京。

曾憲梓走上政壇後當選全國人大常務委員會委員13年，以錚錚直言著稱。

比如香港經濟低迷的時候，曾憲梓在很多場合都對政府高層說，目前最容易做起來的是旅遊業，應當讓更多的內地遊客前來旅遊。這個觀點曾憲梓提了很多次，不管是私人面見當時的江澤民主席，還是在廣交會（中國進出口商品交易會簡稱）上面見朱鎔基總理。曾憲梓對朱總理說，肥水不落外人田。自由行開放

之後，內地超過了一千多萬人來香港旅遊，帶動了整個香港經濟的發展。

【創富經】做個愛國的生意人

已經連任了三屆人大常委的曾憲梓，是160多個常委裡唯一的一位。為了讓更多的年輕人上任，曾憲梓退位讓賢，主動請辭。「除了政壇之外，經濟文化教育體育公益都是我戰鬥的崗位，我說要終身報效祖國，但是不一定是以參政的方式。」曾憲梓說。

目前，我國市場經濟正在發展與完善過程中，難免會出現各種各樣的缺陷，需要政府做出適當的輔助工作。所以，企業就難免要和政府有很多的交往，在交往過程中，企業家應該正確處理與政府的關係。

當然，並不是每一個企業家都能夠實現曾憲梓那樣的事業，不僅充分利用自己與政府的關係促進了企業的發展，而且又透過經濟的發展帶動政治的前進。但是不管如何，企業都不應該投機取巧，希望透過鑽市場的漏洞與政府做出有違市場規則的事情，這樣的企業是經不起市場檢驗的，遲早會被淘汰。

具體來說，企業在應對政府的過程中應該做好兩點：

（1）利用政策。企業應該能夠充分利用當地的政策，發展自己，在不違反市場規則的前提下，也可以遊說政府，促使其制定對自己有利的政策，實現企業與社會的共贏。

（2）遵守規則。企業終歸是經濟實體，應該按照市場規則發展經濟，對於政府有礙市場規則的行為，則應該提出，甚至向上級政府反映。當然，如果有足夠的實力，可以用投票，透過市場規則制約政府的行為。

⑨·從實際中得來的經驗最寶貴

◎六千元學費

香港永遠是個競爭激烈的地方。每個人都在做發財的美夢，然而，真正能發財的人實屬鳳毛麟角。當初生產領帶對曾憲梓來說都還只是個夢想。當時他的手中只有6000港元，這是他所有的財產，全家老小全憑這些錢來維持生活。

「世上本沒有路，路是人走出來的」，沒有廠房，曾憲梓只好因陋就簡，把租住的房間作為廠房，買一把剪刀，買一台縫紉機，開始縫製領帶，曾憲梓的「一人工廠」就這樣誕生了。他每天要工作近20個小時。因為只有這樣，他得到的利潤才夠維持一家人的生活。

曾憲梓硬是靠自己的一雙手打拚，一分、一毛、一元地積累，終於創立了真正屬於自己的事業。

破繭成蝶是一個漫長的過程，有著欣喜也有著苦難。在創業的漫漫過程中，曾憲梓所要面臨的困難和坎坷是可想而知的。

萬事起頭難。當第一批領帶製作完成之後，曾憲梓自己背著他的領帶盒，四處推銷。一開始，曾憲梓奔波多時都沒人買他的領帶。好不容易，有一家商店的經理同意看一看他的領帶，可是把他的報價一壓再壓，簡直叫曾憲梓無利可圖，曾憲梓不願賣。那位經理便把自己店裡經營的進口名牌領帶指給他看。相形見絀之下，曾憲梓所做的領帶用料較差、款式單一、色彩灰暗，確實上不了檯面。曾憲梓受到了極大的震撼。

「不經一事，不長一智」，6千元「學費」雖付之東流，卻買來一條教訓——之前，他一直認為生產檔次較低的領帶，會比較容易進入市場，事實證明他想錯了。廉價產品所換來的不是利潤，只有精品才能打開市場。

曾憲梓沒有氣餒，他毫不猶豫地把耗費大量心血的產品，低價賣給了街頭地攤的商販，然後從商店裡買回一些外國名牌領帶，一一拆開，琢磨用料、裁剪、造型、花色……他還做了大量的市場調查，研究領帶花色品種的新潮流、新趨向。

最後，曾憲梓買了一批法國布料，按照外國名牌領帶的樣式，精心設計製作了4條新領帶。他把自己做的領帶和幾條外國名牌領帶混擺在一起，請一位領帶行家鑑定。那位行家看來看去，一口咬定這些都是進口產品，他還肯定地說：「香港的領帶業我清楚，像這樣布料考究、做工精細、款式新穎、品質上乘的領帶，只有外國才能生產出來。」

◎多看、多想、多做

在曾憲梓的商旅生涯中，並沒有來自哈佛之類的經商秘訣指導他的商務活動，他所擁有的只是從孩童時期起就養成的凡事喜歡自行摸索、自行鑽研的習慣和之後自己從商過程中透過實踐所取得的商業經驗。

按照他自己的總結就是凡事要「多看、多想、多做」，要以全部身心、最大的熱情投入到自己所從事的事業之中。

曾憲梓的從商經驗就是透過自己獨特的思維方式，在經商的過程中摸索和總結出來的。

一如他自己曾經說過的：「我做生意以來想得厲害，幾乎每時每刻都在不停地思考，首先弄清楚自己做生意是為什麼，為什麼呢？當然是為了賺錢。

「那麼，怎樣才能賺錢呢？這就意味著要有優質的貨品，要使顧客喜歡，如果顧客不喜歡，那就說明你做不成生意、賺不到錢。」

所以我就想盡辦法減輕成本、降低風險，而且保證不間斷的有優質的貨品上市，所以我的生意一直都很順利。

【創富經】實踐中感悟經商真諦

在今天，曾憲梓只要一談到當年創業時期的那段亦喜亦憂的日子裡所纏繞的複雜心態，便忍不住一臉感嘆：「早年沿街推銷的日子，累得、氣得熬不住的時候很多，整日整夜只覺得自己的神經是拉滿弓的弦，繃得緊緊的。

「市場好，有生意的時候緊張得幾乎跳起來，既擔心做不完到期交不出貨、失去信用，又擔心本錢不多、布料不夠，常常是一顆心提到嗓子眼，這麼多的生意怎麼做啊，心裡面又高興、又埋怨；到了沒有生意的時候更擔心，更是不知疲倦、沒日沒夜地拚命幹，到處走，到處推銷找生意。」

當優秀的企業家有了少許的資本後，他們不會安於現狀，必然會追求進一步的發展，而當公司進入成長期，在公司的經營管理過程中，又會出現許多公司以前所沒有遇到過的新問題，這些新問題極大地影響著公司的持續發展。不少企業領導人提出了「二次創業」的口號，就是為了讓公司在成功的基礎上實現新的躍升。

IBM前總裁Gerstner先生說：「長期的成功只是在我們時時心懷恐懼時才可能。不要驕傲地回首讓我們取得以往成功的戰略，而是要明察什麼將導致我們未來的沒落。這樣我們才能集中精力於未來的挑戰，讓我們保持虛心、學習的飢餓及足夠的靈活。」

以「二次創業」的心態再造輝煌，最重要的是「歸零心態」。研究發現，那些追求卓越，並且持續成功的企業領導人，從來就「拒」不承認自己已經成功，而是強調自己的公司「僅僅是生存了下來」。他們都不相信過往的成績，不相信已經佔有的市場地位，不相信已經積累的資產。他們唯一相信的是，未來之路還

會崎嶇不平，必須「如臨深淵、如履薄冰」地面對未來。

　　顯然，以創業的心態辦公司、做生意，踏踏實實做事，才有可能在激烈的競爭中殺出一條生路來，才能笑到最後，成為真正的贏家。

10·「有利讓三分」——「仁」道成功術

做生意要賺錢，這是天經地義的事情，但如何賺、賺多賺少，其中大有學問。有的人目光短淺，做第一筆生意就想發大財，急功近利，結果大錢未賺到反而嚇跑了客戶。而有的人目光長遠，薄利多銷，積少存多，最終賺了大錢。

領帶大王曾憲梓十分注重維護客戶的利益。他在定價時，總是首先考慮批發商、零售商和消費者的利益。他認為，公司的利益存在於客戶的利益之中，因而一貫堅持「有利讓三分」的經營宗旨。

曾憲梓「有利讓三分」的經營之道很值得生產經營者們學習和借鑑。作為一個生產企業，要想吸引客戶經銷你的產品，除了產品品質要好之外，定價還要適中；既要讓經銷商有利可圖，也要讓消費者覺得買你的商品比買別的商品經濟實惠，這樣，「回頭客」才會越來越多，銷售量才會與日俱增。反之，只知道盯著眼前利益，一口想吃出個大胖子來，弄不好就會落得個「門前冷落顧客稀」。

曾先生認為，一個公司、一個企業家，所有經商的過程，實際上都是與人打交道的公共關係的過程。他曾經說過：「真誠是結交好朋友的關鍵，擁有一個對自己事業發展極為有幫助的朋友是一件十分難得的好事，這種好的機會應該善於把握。」

【創富經】把仁商發揚光大

曾憲梓眼中的「道德經」其實正說明做生意是一種道德行為。之所以這樣

說，是因為許多成功的企業或者公司都具有如下一個共同的特徵：企業或者公司越成功，他們對道德規範就越重視。越是位於行業領袖地位，其高層主管就越重視道德，也越具備道德的規範素養。

反之，那些經營不善的公司，和升遷無望、覺得現有工作已無法滿足他們的中層主管，卻大都認為道德與他們無關。越是有道德的主管和公司，就越容易得到員工、供應商、股東及消費者的信任與支持，也越不容易碰到員工訴怨、經營不善、法律訴訟及政府干預等問題。簡而言之，擁有並維持良好的商業道德，本身就是一項回收極高的投資。

那麼，為什麼許多企業或者公司認為「道德」這個玩意兒不好應付呢？其實真正的原因不在於他們不知道如何預防，或找不到適當的解決方案，而是他們根本就沒有從道德的角度來思考。

荀子云：「商賈敦愨（音卻，誠實忠厚之意）無詐，則商旅安，貨通財，而國求給矣。」中國古代商人很早就提倡「重然諾守信用」，標榜「誠商」、「廉商」，反對「奸商」、「佞商」，把誠信作為最主要的商業道德規範。在這一點上，中國現在的企業家應當向以前的晉商學習，把商業信譽看得高於一切。

那時候他們不管這叫品牌，而叫商號。既為商人，就一定要有商德，注重商譽，不能砸牌子。因此地處內陸的山西，在從事商業的客觀條件並不是很好的情況下，明清時期的晉商之所以還能夠發展成為國內最大的商幫，事實證明與他們在經營過程中注重商業道德有密切的關係。

企業家對商業道德的重視與其企業品牌形象的提升有著本質的聯繫。然而，我們卻不免會看到不少消費者或者企業，在對待這些分內工作的時候，卻存在一些態度問題。

比如一些企業在標榜顧客至上時，卻做著各種服務不周之事，而當他偶爾把服務改進一點，顧客就感恩戴德，這是沒有道理的。這說明了顧客對於服務的

預想總是比較低的，商業道德的標準在消費者心中一降再降，甚至有些已經超過了應有的底線。企業應當標榜的是超出了自己承諾的服務，而不是超出了顧客預期的服務。

因此，商業道德是品牌的一種自律行為，企業要把這種行為作為最基礎的經營理念來做，宣導商業道德才是真正的為消費者考慮。

第八章 利豐集團馮國經、馮國綸

——「供應鏈管理」稱霸商界

在香港，有一位明星人物，不但同時跨在了紅、黑、黃三道，而且都曾在或正在每一條道上做到了卓越，他便是香港利豐集團主席、中國人民大學名譽教授、曾任香港貿發局主席和香港機場管理局主席的馮國經博士。

「從幫助國外品牌生產到建立自己的品牌，中間地帶就是對全球分銷的認識，瞭解掌握全球供應鏈後再做品牌。」利豐集團主席馮國經在中國企業領袖年會·2010香港論壇上如此說道。

吳敬璉在《供應鏈管理：利豐集團的實踐經驗》序言中評價：「利豐集團是一個值得學習的榜樣。它是香港，甚至是世界範圍內商貿業一個著名的創新者。」

利豐集團最大的優勢就是「供應鏈管理」，並以其稱霸商界。當初，美國零售巨頭沃爾瑪與利豐集團簽訂了一連串採購安排協定，而與中國許多企業合作模式不一樣，沃爾瑪所看中的不僅是利豐提供的商品，而且更重要的是其專業的服務。

◇檔案

中文名：馮國經

出生地：廣東鶴山

生卒年月：1945年－－－－

畢業院校：麻省理工學院電機工程碩士、哈佛大學商業經濟學博士

主要成就：香港利豐集團董事局主席與董事總經理，國際商會主席

◇年譜

1906年，利豐集團由馮氏兄弟的祖父馮柏燎於廣州創辦。

1945年，利豐公司總部遷往香港，同年，馮國經出生。

1962年，馮國經畢業於英皇喬治五世中學，後赴美留學。

1966年，馮國經獲麻省理工學院電機工程碩士學位。

1970年，馮國經獲哈佛大學商業經濟博士學位，畢業後留校任教。

1972年，和弟弟馮國綸一起回香港助父親管理「利豐」商務。

1981年，馮國經正式接替父親的董事長職務，利豐公司改組為利豐集團了。

1986年，馮國綸出任利豐集團董事總經理兼行政總裁。

1986年，馮國經自行創業，為美國*Prudential Insurance*公司在東南亞區的分公司出任該分公司主席，並出任香港創業基金會主席。

1988年，馮國經和馮國綸被委為太平紳士。

1996年，馮國綸當選為中華人民共和國香港特別行政區第一屆政府推選委員會委員。

1992年，利豐集團在香港上市。

1999年，馮國經出任香港機場管理局主席。

2000年，「利豐」被列入「恆生指數」而成為藍籌股（亦稱「績優股」）。

2009年，馮國經任中國國際經濟交流中心副理事長。

1·香港商界的「工業精神」

◎海外歷練成就國際視野

1906年，馮國經的祖父馮柏燎在廣州與友人李道明合辦了利豐公司，主要經營進出口貿易。當時，馮氏佔51%的股份，李氏佔49%的股份。

當時，中國局勢日益緊張，馮柏燎派三兒子馮漢柱到香港，設立了一家分公司。到抗日戰爭時期，廣州的公司關閉了，馮柏燎也在這期間去世。於是，利豐公司的總部從廣州遷到了香港，而李道明也把全部股權賣給了馮家。

就這樣，馮漢柱一直在香港主理利豐公司，把生意做得有聲有色。他有兩個兒子，長子馮國經，次子馮國綸，他們就是日後把利豐公司發揚光大的當家人。

1962年，馮國經畢業於英皇喬治五世中學，後赴美留學。1966年，獲麻省理工學院電機工程碩士學位。1970年，獲哈佛大學商業經濟博士學位。畢業後，他曾留在美國哈佛工管學院任教，後聘任為副教授與數家美國企業的顧問。

馮國經是一位聰明勤奮的青年，最難得的是很有自知之明。他懂得自己雖然取得了經濟學博士學位，但純粹是理論知識，沒有在商務大海的實踐中暢游過。為此，他在讀完書後沒有立即回香港參與父親的事業經營，而留在美國再磨練幾年。

擔任幾家公司的顧問期間，他既可從理論、策劃上幫這些公司工作，又可鍛鍊自己，並進一步熟悉了美國等發達國家的市場經濟規律，為日後大有作為打

下了堅實的基礎。

在香港，許多家族生意繼承人都被送到歐美等發達國家接受先進的管理、科技知識。在那裡，他們開闊了視野，磨礪了意志，瞭解到了最先進市場經濟與管理經驗。日後，他們執掌家族財富，才會有更深刻的見地，也更容易在財富傳承中做得更好。

◎引入現代管理制度

1974年，馮國經返港，與弟弟馮國綸一起協助父親管理這家有幾十年歷史的公司。兄弟倆運用在哈佛學到的西方先進管理經驗和理論對利豐進行了一次哈佛案例式的研究，經過幾個月觀查，他們發現不少弊端。

當時，利豐的基本業務，即作為海外採購者和香港製造商之間的仲介者角色幾乎沒有什麼變化。而且公司內部結構缺乏有系統的組織、無法保證高效率的工作和完善的管理，公司所有部門都缺乏計畫及財務預算，整個企業嚴重缺乏專業人士及經驗豐富的管理人才……

最後，兩兄弟提出了解決問題的方法。馮國綸對父親說：「如果您想這家公司繼續繁榮下去就應該將所有權和經營權分離，而要做到這一步，必須使公司成為一家公眾上市公司。」

為此馮氏家族成員專門召開了一次內部會議討論馮國經和馮國綸兄弟的上市建議。儘管當時有部分家族成員反對上市，但是上市建議得到了作為利豐董事會主席馮慕英和董事總經理馮漢柱的支持。

*1975年4月17日*利豐在大跌之後的香港股市正式上市。上市後利豐企業組織制度的第一個重要變化就是公司董事會走向公眾，除了馮氏家族成員以外，新董事會邀請了兩位顯赫人士：香港首席內科醫生羅理基爵士和大律師張奧偉爵士加盟。他們的加盟提高了利豐的知名度和企業形象。

同時，一些具有專長的專業人士也逐漸加盟利豐，到*20世紀80年代初期*，

利豐已經形成了新一代的專業化管理層。這些受過西方工商管理教育的新一代企業經理的接任，令利豐這一傳統的家族式公司進入了一個銳意開拓的時期。管理架構也逐漸從老闆一個人說了算的舊商號模式逐漸轉變為現代經理負責制度。這一轉變可謂脫胎換骨。

【創富經】用現代管理做企業

現在看來，如果沒有當時的上市，沒有引入現代管理制度，也許利豐早已湮沒於眾多衰敗的老字號當中了。正如馮國經所說，這一時期利豐開始介入整個生產的前端和後端。這種全面代理的服務逐漸形成了後來聞名全球的「供應鏈管理」的雛形。

這個模式對當時的貿易企業而言，是一種突破性的組織創新，對利豐日後的發展有極其重要的意義。從某種程度而言，這種組織創新也可以理解為工業精神。

當金融寒冬來臨的時候，許多製造型企業感到了徹骨的寒意，尤其是珠三角的製造型企業。當眾多製造類企業靠商業精神掘得第一桶金並得以在獲取訂單和利潤的高速路上疾駛的時候，冬天來臨的「惡劣天氣狀況」讓他們發覺原來自己是在「高速公路上跑破車」。如果不用工業精神進行徹底的「大修」，企業這輛快散架的「破車」面對的只能是熄火或半路拋錨的厄運。

中國製造業到底需要什麼樣的工業精神？中國製造業要與什麼樣的商業精神徹底決裂呢？

（1）願景vs.「錢」景

靠商業精神起家的製造類企業是非常注重短期利益的，是不太講究什麼企業願景的。有三至五年以上中長期戰略規劃的企業是非常少見的，基本上是走一步看一步。他們關注的更多的是「錢」景，有錢賺就上，沒錢賺就撤。他們不會

認為虛無縹緲的願景也會是生產力，也會有驚人的凝聚人心、推動企業持續發展的威力。

（2）使命vs.認命

具有工業精神的企業在宏偉的企業願景下會催生強烈的使命感。這種強烈的使命感是企業能克服艱難險阻、「咬定青山不放鬆」的不竭動力。他們在面對通向願景的障礙時，不會輕易知難而退，極端時甚至會拚命而不會去認命。

（3）商品vs.精品

大多數製造類企業生產的是商品，信奉的是「賣出貨就是硬道理」。而真正具有工業精神的企業就像格力集團的董明珠一樣是要「出精品，創名牌」的。具有工業精神的企業對產品的品質和品質達到了苛求的程度，為打造成精品的投入是不惜血本、不遺餘力的。

（4）人材vs.人才

商業精神十足的企業把員工看成「鐵打的營盤流水的兵」，在人才方面不願長期持久大力度的投入。認為只要企業有錢，就可以在市場上找到相應的人才。不願花費時間和精力把人「材」打造成真正的人才。在這些企業往往看到山寨化的人才遠遠多於專業化的人才。

2·「八足行蟹」，橫向發展

1981年，馮國經正式接替了父親的董事長職務，將利豐公司改組為利豐集團。馮國經主持利豐集團後，策劃利豐多元化發展，並對馮氏家族公司進行了整頓和改革，把公司分為5個產品集團，讓它們進行獨立運作，獲得很大的成功，又在行銷管理中採取三招行之有效的商技，使集團業務迅速發展，利潤甚豐。

一是採用「八足行蟹」策略，橫向發展多元經營，形成揚長避短，互利互惠，共同發展的經營模式。馮國經認為，企業運行，群眾協作，使其蟹心應足，八足橫行，會取得聯小為大，集散為整的效果。為此，他逐步改變公司單一的貿易經營。他與美國寶儀保險集團公司進行合作，在香港成立美國寶信投資，從中擴大自己的業務。不久，他還在歐美地區收購一些企業，使之成為利豐集團的分銷公司。80年代中期以後，他又在一些地區開設OK便利店與玩具反斗城連鎖店，均取得成功。

二是審時度勢，乘勢發展。《資政新篇》說：「夫事有常變，理有窮通。故事有今不可行而預定者，為後之福；有今可行而不可永定者，為後之禍。其理在於審時度勢耳。」所謂審時度勢，就是觀察時機，估量形勢。馮國經在經營中十分注重時勢，從中做出決策。

1986年自行創業，為美國*Prudential Insurance*公司在東南亞區的分公司出任該分公司主席，還出任香港創業基金會主席。1991年繼鄧蓮如出任貿易發展局主席。1988年被委為太平紳士，獲*OBE*勳銜。美國《幸福雜誌》評他為亞洲地區90年代不可不認識的25位人物之一。

　　1992年香港股市處於暢旺之時，他將利豐集團上市，共集資2.75億港元，然後將這些錢辦實業和房地產，在香港島太平山頂獲得一塊地皮，壯大了利豐實力。至1994年，利豐市值升為2.5億美元。

　　三是嫻習在素，揚己之長。馮國經是商科博士，又在美國實務經營多年，可謂商場上的技藝高手。他巧妙地運用自己的熟習之長，大力開拓美國市場，取得較好的成績，利豐集團的玩具反斗城在美國的影響力就是明證。

【創富經】條件具備時，採取多元化經營策略

　　近年來，企業多元化經營一直是理論界和企業界研究的課題。從目前看，存在兩種截然不同的觀點：一種觀點認為利用現有資源，開展多元化經營，可以規避風險，實現資源分享，產生1＋1>2的效果，是現代企業發展的必由之路；另一種觀點認為企業開展多元化經營會造成人、財、物等資源分散，管理難度增加，效率下降。

　　其實，多元化作為經營戰略，其本身無優劣之分。企業運用這種戰略，成敗的關鍵在於企業所處的外部環境及所具備的內部條件是否符合多元化經營的要求。兩者相符，就能成功；否則，必然失敗。

　　綜觀國外和國內企業多元化經營歷程，可以得出的初步結論是：企業無論是多元化還是專業化，成敗的關鍵是企業的核心競爭能力問題。為什麼有些企業能保持業績穩定成長的發展勢頭，而有些企業則是曇花一現呢？關鍵就是看企業有沒有核心競爭力。而核心競爭力指企業資源、知識和能力同時符合珍貴、異質、不可模仿、難以替代的標準。

　　管理學大師哈默和普拉哈拉德認為，企業的能力與優勢來源於自身所具有的核心能力，企業之間核心能力的差異造成了效率和收益的差異。核心能力理論著重強調企業內部條件對於保持競爭優勢以及獲取超額利潤的決定性作用。特

別表現在戰略管理實踐中要求企業從自身資源和能力出發，在自己擁有一定優勢的產業及其關聯產業進行多元化經營，從而避免受產業吸引力誘導而盲目地進入不相關產業進行經營。

海爾多元化經營戰略的脈絡是：首先堅持七年的冰箱專業化經營，在管理、品牌、銷售服務等方面形成自己的核心競爭能力，在行業佔領領頭羊位置。海爾92年開始，根據相關程度逐步從高度相關行業開始進入，然後向中度相關、無關行業展開。首先進入核心技術（製冷技術）同一、市場銷售管道同一、用戶類型同一的冰櫃和空調行業，逐步向家電與知識產業進軍。

因此，不論核心業務範圍是多元還是單一，在核心業務領域擁有獨一無二的實力是企業獲得持續發展的關鍵。許多忽略了這一原則的企業最終還是得削減企業規模並回歸核心業務。穩定而具有相當競爭優勢的主營業務，是企業利潤的主要源泉和企業生存的基礎。

企業應該透過保持和擴大企業自己所熟悉與擅長的主營業務，盡力擴展市場佔有率以求規模經濟效益最大化，要把增強企業的核心競爭能力作為第一目標，並視為企業的生命。在此基礎上兼顧多元化。因此，企業開展多元化經營，要以核心競爭力為基礎，重點發展2～3個具有一定規模和相當實力的項目，形成對主業的強大支援，形成戰略匹配和資源匹配，使主業與多元化經營協調發展。

3.「輕資產營運」與供應商管理

◎維持企業高度彈性

「輕資產」是利豐維持企業高度彈性的核心之一。傳統的企業一般都信奉「重資產營運」，過去許多管理學家和企業家都認為透過大量投資興建工廠和生產設備，可以提高企業的競爭力。

但現在很多例子證明，由於投資基礎不斷增加，投資收益率出現下降的趨勢。在現代的市場環境中，「重資產營運」戰略的缺陷在於過分強調規模效應，忽視靈活多變的營運模式，忽視市場和客戶有可能發生重大改變和缺乏創新的驅動力。故此，雖然資產龐大，但企業效率反而下降。

利豐集團則在商業實踐中，反其道而行，用輕資產策略維持了企業的高度發展和高效前進。利豐用最少的資本，生產最多的產品，以提高資金的回報率。策略是將資產性的投資減至最低，將有限的資金用於營運，著眼於創造利潤，以改善投資回報。

哈佛商學院曾對利豐的供應鏈體系進行研究，認為利豐的「輕資產的營運」模式是其成功的因素之一。利豐貿易的營運體現了輕資產的策略。這種營運模式的好處是不用將巨額資金投在廠房、機器等固定資產上，而把資金用於擴大營業規模，務求以最少的資源，做最多的生意，做最佳的投資。例如，把投資用於發展可以為客戶創造更高價值的資訊技術，或把投資用於員工培訓，使員工具備集團業務增長所需的技能和知識。

另外，輕資產的營運模式能更靈活地適應市場的經濟或政治環境轉變而調整經營策略，不會受固定生產設施的束縛而影響投資及經營決策。

◎共存共榮

利豐集團的供應商管理策略獨具特色，那麼，什麼是供應商管理呢？

供應商管理，是在新的物流與採購經濟形勢下，提出的管理機制。供應鏈環管理環境下的客戶關係是一種戰略性合作關係，提倡一種雙贏（*Win-Win*）機制。從傳統的非合作性競爭走向合作性競爭、合作與競爭並存是當今企業關係發展的一個趨勢。

利豐在長期的商業實踐中，在卓越領導人的領導下，總結出四點在供應商管理中至關重要的策略：

（1）控制訂單，使訂單量佔供應商產能的30%～70%。這樣，一方面可以使利豐成為供應商舉足輕重的客戶，另一方面又不致使供應商完全依賴利豐。

（2）協助供應商升級。因為利豐的客戶群廣泛，供應商與利豐合作，有機會從製造低檔產品升級到製造高級產品。

（3）提供金融及技術支援。利豐願意與供應商分擔責任，協助供應商解決其採購和生產的問題，必要時還會向供應商提供資訊技術及融資來推動生產。

（4）進行日常監控。利豐的質檢員經常直接進出工廠，檢查供應商是否嚴格按照利豐客戶的標準進行生產。利豐設立了一套供應商守則，其遍佈全球的認可供應商均須遵守。

需要強調的是，雖然上述對供應商的管理方法十分有效，但真正令供應商樂意與利豐合作，結成戰略聯盟的，則是利豐長期一貫的誠信經營及與夥伴共存共榮的精神。

【創富經】讓利供應商，使其員工具有靈活性

如何管理供應商？從理論上來講，可能和很多公司的外包做法是不一樣的。比如說瑪莎百貨，或沃爾瑪，它們相對來說是供應商比較少的，它們可能是希望盡可能從供應商那邊壓縮成本。

利豐的成本完全不一樣，「我們把自己看作在這樣一個鬆散連接的網路當中的中心位置，我們不會想拿走它們的*100%*，*30%*～*70%*就可以了。這樣供應商也可以開發出新的想法並不斷改進，不然那裡的員工也會失去靈活性。」馮國經分析道。

供應商管理指標體系包括七個方面：品質（*Quality*）、成本（*Cost*）、交貨（*Delivery*）、服務（*Service*）、技術（*Technology*）、資產（*Asset*）、員工與流程（*People and Process*），合稱*QCDSTAP*，即各英文單詞的第一個字母。前三個指標各行各業通用，相對易於統計，屬硬性指標，是供應商管理績效的直接表現；後三個指標相對難於量化，是軟性指標，但卻是保證前三個指標的根本。服務指標介於中間，是供應商增加價值的重要表現。前三個指標廣為接受並應用；對其餘指標的認知、理解則參差不齊，對其執行則能體現管理供應商的水準。

（*1*）品質指標

常用的是百萬次品率。優點是簡單易行，缺點是一個螺絲釘與一個價值*10000*元的發動機的比例一樣，品質問題出在哪裡都算一個次品。供應商可以透過操縱簡單、低值產品的合格率來提高總體合格率。在不同行業，標準大不相同。例如在採購品種很多、採購量很小的「多種少量」行業，百萬次品率能達到*3000*就是世界水準；但在大批量加工行業的零缺陷標準下，這樣品質水準的供應商八成屬於淘汰對象。

（*2*）成本指標

常用的有年度降價。要注意的是採購單價差與降價總量結合使用。例如年度降價*5%*，總成本節省*200*萬。在實際操作中採購價差的統計遠比看起來複雜，

相信經歷過的人有同感。例如新價格什麼時候生效：採購方按交貨期定，而供應商按下訂單的日期定——這些一定要與供應商事前商定。

（3）按時交貨率

按時交貨率與品質、成本並重。概念很簡單，但計算方法很多。例如按件、按訂單，按時交貨率都可能不同。一般用百分比。缺點與品質百萬次品率一樣：一個螺絲釘與一個發動機的比例相同。生產線上的人會說，缺了哪一個都沒法組裝產品。但從供應管理的角度來說，一個生產週期只有幾天的螺絲釘與採購前置期幾個月的發動機，還是不一樣。

（4）服務指標

服務無法直觀統計。但是，服務是供應商價值的重要一環。已故*IBM*首席採購官*Gene Richter*，三屆美國《採購》雜誌「採購金牌」得主，總結一生之經驗，有一點就是要肯定供應商的服務價值。服務在價格上看不出，價值上卻很明顯。例如同樣的供應商，一個有設計能力，能對採購方的設計提出合理化建議，另一個則只能按圖加工，哪一個價值大，不言而喻。

（5）技術指標

對於技術要求高的行業，供應商增加價值的關鍵是因為他們有獨到的技術。供應管理部門的任務之一是協助開發部門制定技術發展藍圖，尋找合適的供應商。這項任務對公司幾年後的成功至關重要，應該成為供應管理部門的一項指標，定期評價。不幸的是，供應管理部門往往忙於日常的催貨、品質、價格談判，對公司的技術開發沒精力或興趣，在選擇供應商方面隨隨便便，為日後的種種問題埋下禍根。

（6）資產管理

人們往往忽視供應商的資產管理。普遍想法是，只要供應商能按時交貨，我才不管他建多少庫存、欠多少錢。但問題是，供應商管理資產不善，成本必定

上升。羊毛出在羊身上：上升的成本要嘛轉嫁給客戶，要嘛就自己虧本而沒法保證績效。兩種結果都影響到採購方。在有些行業，換個供應商就行了，因為市場很透明，採購就像到超市買東西。但對更多的行業，換供應商會帶來很多問題和不確定因素，成本很高。所以敦促現有供應商整改達標往往是雙贏的做法。

（7）員工與流程

對供應管理部門來說，員工素質直接影響整個部門的績效，也是獲得其他部門尊重的關鍵。學校教育、專業培訓、工作經歷、部門輪換等都是提高員工素質的方法。相應地可建立指標，例如100%的員工每年接受一週的專業培訓、50%的員工透過專業採購經理認證、跳槽率低於2％等。

4 · 供應鏈管理核心——「無章節」

馮國經說過：「利豐於1906年成立的時候，我們只是客戶買賣的仲介商角色，後來幾十年，利豐演變成代理海外買家跨區域的採購公司，主要是希望建立廠家及買家長期夥伴的關係，而達到雙贏的局面。」

利豐有一個很重要的概念，就是無章節的生產。除了作為採購公司，利豐公司再發展進一步，成為無章節的採購管理及設計者，客戶會給利豐一個產品概念，比如說產品的設計、外形、顏色、品質等要求，再由利豐為客戶制訂一個完整的生產計畫，根據客戶市場及設計部門所提出的草案，利豐會進行市場調查，在各地方採購合適的配件，在生產過程中利豐也會對生產工序做出規劃以及控制，以確保產品的品質以及即時的效果。

在無章節的生產模式之下，利豐在香港從事如設計和品質控制、規劃等高附加值的業務，而將附加值降低的業務，例如生產工序分配到其他更適合的地方，使整個生產的程序及流程實現真正的全球化。

在無章節的基礎上，為了使供應鏈的運作更加有效以及通順，利豐開發出了更全面的供應鏈服務，除了負責一系列以產品為中心的工作之外，利豐還負責處理各項進出口清關手續和當地物流的安排。包括辦理進口文件和進關的手續，安排出口運輸和當地的運輸等等。利豐管理的供應鏈原動力，來自於客戶的訂單。

根據客戶的需求，利豐會針對每一份訂單定出最有效的供應鏈，為每一個客人提供無論是成本、品質或者是時間上，都具有競爭力的產品。在利豐的供應

鏈管理實踐中，有七個非常重要且又緊密聯繫的概念，值得每一位企業家深入體會：

第一，供應鏈很重視以顧客為中心，以市場需求動力為原動力。利豐貿易為世界各地的合作夥伴將一系列的製造程序組織起來，幫助他們選擇生產商和供應商，設計整個生產的計畫及流程，代為監督品質和生產的時間，處理各種各樣瑣碎的事項，直至產品裝運出口，這是新的貿易方式，貿易商不再是像過去一樣，而是提供各種計畫和協調，使各個環節獲得更多的利潤，是供應鏈的管理者。

第二，強調企業的核心業務和競爭力，並在供應鏈上進行定位，將非核心的業務外包。要快速的形成多元化的產品及保持企業的長勝。企業要以其核心業務在供應鏈上定位，將非核心的業務外包給其他專業的企業，生產出更符合經濟效益並減少企業的經濟管理成本，透過不斷的強化核心競爭力，企業可以在供應鏈上更好的進行規劃，提升核心競爭力。什麼是企業的核心業務，核心業務是要繼續保持的，非核心是要外包的。

第三，各企業一定要進行有效緊密的合作，如果有一個程序外包，你跟合作夥伴一定要有很好的合作關係，企業的核心業務必須透過其他企業獲得缺乏的能力，供應鏈管理需要企業有誠信有長久的合作關係，企業應該從追求整齊的競爭力和利益能力，減少環節上的浪費，共擔風險，共享利益，實現多贏。所以供應鏈管理的其中一個要點合作，透過共享資訊，在工作流程上要高度集中，達到生產和流通的均衡化和同步化，以及成本上的最優化。具體而言，供應鏈上各成員需要相互瞭解，以取得生產程序和能力，相互有利益，減少環節上的摩擦，使供應鏈有強大的競爭力。

第四，運用資訊技術優化供應鏈的運作，也就是怎樣運用*IT*。資訊流程是企業內部員工、客戶和供應商的溝通過程，利豐一直以來都非常重視科技的應

用，為了能做到協同規劃和區域生產等高增值生產的模式，利豐貿易建構了一個以內外部聯網為主的資訊系統架構，實行整合公司內外部的資訊，這樣利豐貿易就能與自己的業務夥伴，包括客戶、生產商、經銷商、物流公司以及政府等等，隨時保持聯繫與溝通，減少了時間及空間差異帶來的障礙。

第五，不斷改進供應鏈的各個流程，除了資訊系統之外，供應鏈的管理要將工作流程、事物流程、資金流程、資訊流程放在一起，進行整體的優化，配合企業內外部環境需要流程。

第六，產品要貼近市場，適應即時需求。生產實踐是業務成敗的另外一個關鍵，例如時尚服裝，一旦設計樣式過時了，零售價格就會很快下跌了。因此零售商的購買，要看市場上的潮流才決定，時裝行業避免降價就會帶來更大的利潤。利豐會將各個生產環節交給多個生產商同時運作，此外一些製造商事先只生產中間零部件，或者某個核心部件，待瞭解最終用戶的需求之後，再按照實際市場的需要進行組裝，完成生產的產品，以最快的回應顧客的需求。從前從訂貨到交貨期需要三個月，現在壓縮到四、五個星期，這都是新型貿易商為客戶帶來的增值。

第七，降低採購、庫存、運輸等環節上的成本，企業透過對供應鏈的分析，實施積極的管理和合作，從而降低在採購、庫存、運輸等環節上的成本，事實上傳統的業務也會有很多節約的空間，香港貨品編碼協會提出供應鏈管理的實行，能將存貨量平均減少25％，減少倉儲及貨運成本25％，資訊交流可削減環節上的成本20％，所以這是非常非常重要的。在競爭激烈、價格難以提升的市場上，這使成本的減少成為很多企業利潤的增長源。

【創富經】優化供應鏈

總而言之，供應鏈管理是整套經營概念的轉變，新型的企業無論是製造

商，或者是貿易商，都必須以客戶為中心，追求產品生產和流通的最高總體效率，將生產調配到最佳的工廠、最佳的地方，從而壓縮供貨的時間，縮小訂單規模，對市場需求迅速反應，並整合流程，用最少的成本完全定單。

隨著中國改革開放的步伐加快，國內外市場有了不少商機，但是也面臨很多新的挑戰。市場情況千變萬化，要在這全球大變局時代實現持續增長，不是一件很容易的事，利豐集團就是利用供應鏈管理的概念，由一家傳統的貿易商轉型成為全球的供應鏈管理者，從而達到急速增長的其中一個例子。

在日趨全球化的市場中，企業光靠本身的競爭力是不夠的，必須依靠整條供應鏈才會有真正的競爭力。供應鏈的管理者必須善於管理供應鏈，才可以保持競爭力，企業面臨需求日益增多的客戶，實在不能不做好供應鏈管理工作。

一個優秀的供應鏈管理者，必須清楚何為供應鏈，以及供應鏈管理的精神和手段。供應鏈由客戶需求開始，貫穿產品設計到最初原材料供應、生產、批發、零售等等過程，中間經過運輸和倉儲，將產品送到最終用戶各項業務的活動。

供應鏈管理就是將供應鏈優化，以最小的成本令供應鏈管理從採購開始，到滿足最終客戶所有的流程，均有效率的管理，比如說工作流程、事物流程、資金流程、資訊流程。利用供應鏈管理的方法有效的節約成本，供應鏈上有很多環節都存在節省成本的空間，有如各種交易的成本、物流成本等等，如果資訊流將共有設備降低，庫存手段可以減少佔用業務的資產，做到以更少的資源做更多的生意，使資源更為可觀。

5·資訊科技與供應鏈管理的結合

現今的採購業務已經不可能再是「左手交右手」的仲介人模式，而是應該在客戶與供應商之間做出合適的搭配，利用資訊科技去縮短訂單的完成時間、降低成本和增強靈活性。

要在最短時間內以最低成本為客戶採購，就需要擁有一套完善的管理運作機制，而以資訊科技推動之供應鏈管理就能夠令資訊流和物流更暢順，從而提升整體的供應鏈效率。

利豐貿易透過制定客戶供應鏈中的採購及生產流程，能將由接到訂單至產品出廠的時間從3個月縮短到5個星期。

利豐貿易專門為硬產品客戶開發了一個電子商貿應用軟體「*Import Direct*」，是利豐經營硬產品貿易部門的核心管理系統。*Import Direct*為供應商和客戶提供一個網上商務交易平台，不但為供應商提供一個產品推廣的介面，亦為客戶提供一個極方便的產品採購及追蹤工具。

供應商可把旗下產品的相片上傳到*Import Direct*，系統中的軟體便會把相片整理成一個個產品目錄（*catalogue*），供客戶查閱；客戶亦能夠在系統中查詢採購資料及提交訂單。*Import Direct*亦連接了利豐貿易的「訂單追蹤系統」（*Order Tracking System*或OTS）和出口貿易系統XTS-5。供應商、客戶和利豐貿易員工在互相交換資訊的同時，也可以即時於*Import Direct*系統裡進行產品訂購，形成一個資訊與商貿二為一的網路。

利豐貿易的資訊管理系統不僅可以整合公司的內外部資訊，亦能夠與公司

的業務夥伴，包括客戶、生產商和物流公司隨時保持聯繫與溝通，縮短了供應鏈成員的回饋時間，並藉著這些資訊與合作夥伴建立更緊密的關係。

【創富經】用資訊化提升效率

《世界是平的》作者湯瑪斯·佛里曼說，這個世界以前有很多不同的等級，有很多孤島，相互間沒有溝通。但是他舉了一些世界上重大的事件——從這些重大的事件看到全球整合性越來越強，就像一個地球村，比以前看到的更加扁平，東西的運送非常簡單。

馮國經指出：「所有大的活動都是資訊技術革新的一部分，我個人認為除此之外還是整個物流行業一個革新變化的很重要部分。資訊技術之外，如果沒有物流，或沒有能力來把握物流，那只能保證資訊和技術的流動，最後的問題還是沒有解決。」

日常工作需要全面的觀點。在分析問題的時候，要分析整個商品流動或者分析整個生產製造的過程。整個流程能夠做到優化，而不僅僅是供應鏈當中某個環節的優化，供應鏈理念的另一個要點就是——圍繞客戶來做組織。以客戶為中心只是一部分，為客戶做組織，供應鏈才是客戶整個生產運作的延伸。

整個利豐集團每年出口量是85億美元，有150個營運中心，每一個營運中心都側重於一類產品，或一小部分客戶。在整個工作方法裡面，完全和客戶整合的，利豐希望用IT技術來進行這樣一種又深又窄的關係，在各個不同的層次上能跟客戶深接觸，能夠增加和客戶之間的黏性，就是讓客戶被利豐黏住就甩不掉。

利豐大概只有300個客戶，但都非常大。運用資訊技術就是要加強和客戶之間的關係。利豐150個營運中心都能夠圍繞著這個客戶來做安排，把以客戶為中心這個口號再往深一步走，改變自己的組織架構來適應我們的客戶。

隨著世界越來越一體化，肯定會有更多的整合，今後可能向網路化時代發

展。但所有網路上的所有點必須是鬆散結合的，焊得太緊不可能持久，所以網路化的模式是每一個商貿企業未來的商業模式。

6・考慮生產環節，而不是產品

◎供應鏈生態

中國出口貿易持續飆升，讓中國在國際貿易中成了眾矢之的，中歐、中美之間經濟糾紛不斷，反傾銷訴訟更是屢見不鮮。

香港利豐集團主席馮國經博士提出「供應鏈生態論」，認為把貿易逆差的帳都算在中國頭上並不公平。在全球化的時代，生產概念和競爭模式已發生根本性變化，每一個地區，每一個經濟體系，每一個國家，不再考慮如何生產這個產品或那個產品，而是如何做好某個產品的某一個環節。

因此，一個產品標籤上寫著「中國製造」，只不過意味著其組裝在中國完成而已，其原料、技術以及生產線往往來自別的國家，以中國位於這一供應鏈的終端來指責中國傾銷，並不合理。

馮國經博士進一步指出，供應鏈覆蓋全球，「中國製造」的存亡與別國生產企業的命運攸戚相關。同一條供應鏈上的企業往往是一榮俱榮，一損俱損，當最終客戶選擇一件產品，整條供應鏈上的成員都會受惠；如果最終客戶不要這件產品，則整條供應鏈上的成員都會被淘汰。

新型的競爭模式已經不再是單個企業與企業之間的競爭，而是供應鏈與供應鏈之間的角逐。因而，「中國製造」給予供應鏈的，其實是每個環節的價值實現，只有這些產品能夠順利出售，那些上游的企業才能實現自己附加在這個產品之中的價值。

扼制中國這一環節，無疑是對整個供應鏈生態系統的破壞。中國製造業的生產技術設備大都來源於歐美，如果中國產品銷量好的話，歐美企業是最大的受益人。因而歐美設限壓制「中國製造」，究竟是在幫助自己國家的製造業重鑄輝煌，還是在自掘墳墓，尚是未知數。

◎取得國際貿易的主動權

馮國經強調，「考慮生產環節而不是產品」，這不僅對生產，而且對全球貿易競爭以及世貿條款，都是一項革命。因此，不論是中國還是歐美，不應該以國家為界限進行無謂的貿易保護，而是要做到相互配合，捍衛供應生態的平衡和高效，然後集整個鏈條之力來和其他供應鏈相抗衡。

自20世紀90年代而後，多樣化和按真實需求生產替代了標準化的大規模生產。消費者購買一件商品，是這件商品從零售流通，上溯至製造和原材料供應等各個環節內所有企業共同達成的銷售。因此，這件商品的競爭力並非單一企業能夠決定，而是由從原材料到產品完成並送到客戶手上的整個過程、也就是這件商品的整條供應鏈來決定。

因此，不論是中國還是歐美，首先要做到的是相互配合，捍衛供應生態的平衡和高效，然後集整個鏈條之力來和其他相抗衡，而不應該以國家為界限進行無謂的貿易保護。

【創富經】經商要統籌兼顧

馮國經認為，中國企業同樣要改變競爭觀念。在如今全球化背景下，中國企業再獨自孤軍奮戰的話，已經找不到出路。僅僅在生產成本上有優勢並不足以開拓國際市場，必須進一步降低交易成本，加強行銷能力，優化及提升產業的結構。中國企業若能將供應鏈理念運用自如，在世界各地進行低成本的採購及生

產，與外國企業形成合作關係，必然可以大為提高自身實力，在國際貿易中爭得主動權。

今天，商人的足跡遍佈四海，經營範圍、經營領域也涉及全球，他們視野開闊，善捕商機。在商者無域的背景下，成功經營必須在全球範圍內調動資源，整合力量，長袖善舞。

利用全球資源做生意，對今天的商人來說並不陌生。便捷的通訊和交通手段，讓商人如虎添翼，順應全球化發展趨勢，整合全球資源，做的是名副其實的大買賣。

有的商人是海外資源的利用者，利用國外資源在中國進行競爭；有些商人透過海外併購來強化其在中國市場和全球市場的競爭力；也有些商人則是全球市場的經營者，利用中國在資源和勞動力等方面的優勢進軍國外市場，利用全球資源在全球展開競爭。

商人有國籍，但生意無疆界。商品的比較價值和比較優勢是在商品的大跨度的流動中顯示出來。尤其是在國際貿易中，獨特的地域性資源、廉價的勞動力成本、新穎的創造性設計、令人信服的商品品質和獨一無二的售後服務，都能產生比較價值和比較優勢。

把蛋放在世界各地的籃子裡，既能從各個地區市場中分享利潤增長，也是為了分散蛋被打破的風險。

世界各地都有經濟週期、市場發展階段、行業競爭程度的區別。用全球化思維做生意，可以確保整體回報，分散投資風險。把生意做大，有了雄厚的資金，就要主動把整個世界市場當作一張地圖，在各個地區尋找自己的財富來源。

7・像大公司一樣思考，像小公司一樣行動

◎大象也能跳舞

國際市場環境快速多變，競爭激烈，要在國際市場佔據一席之地，企業必須既具備競爭規模，又要保持靈活有效的運作，才能不斷發展。

利豐從多年國際商貿的經驗，體會到一個成功的企業必須要「像大公司一樣思考，像小公司一樣行動」。利豐在公司組織架構方面，以規模較小的部門為基礎，並重視部門主管發揮他們的創業精神。每位部門主管都有很大的自主權，集中精力為一個或幾個客戶服務，他們像管理自己的公司一樣管理部門。

這些部門主管不會只坐在辦公室處理檔案，他們會積極地外出找生意或為客戶完成訂單。現時利豐有近200個部門，各部門都有充分的自主權，所有涉及為客戶進行生產的決定，如使用哪家工廠、招聘員工、產品定價、制訂不同的供應鏈、管理整個生產流程以滿足客戶需要、停止發貨還是繼續發貨等，都由部門經理決定。

部門經理還可以根據工作性質設置不同的專責小組（如：原材料採購、品質控制、運輸物流、追蹤訂單及資訊支援等），而利豐總部則提供後勤服務，如財務資源和資訊技術，令每個部門主管都可以專注於自己的業務。

從管理學的角度看，這種橫向綜合的「小團體」組織結構，具有高度的靈活性及競爭力，可以快速組合、解散或更換，迅速回應市場的變化。利豐將大公司和小公司的優點結合起來，它沒有大公司趨向官僚主義的缺點，卻享有小公司

能做到專業化的長處,而且小公司的背後,有了大公司的雄厚後勤資源。

◎打造核心競爭力

在不斷的發展及演進之下,利豐貿易至今已經發展成為一個全球商貿供應鏈的管理者,其網路已編布全球38個國家和地區,設有68個分公司和辦事處。現時利豐貿易的客戶包括歐美著名的品牌如*Gymboree*、*Abercrombie&Fitch*、玩具反斗城、華德迪士尼、*Kohl's*、*Avon*、*Reebok*、可口可樂、*Esprit*、*Debenhams*、*Adams*等等。

部分客戶如可口可樂和華德迪士尼都把其下部分採購業務外包給利豐貿易,這種做法體現了企業把非核心業務外包給專業產品公司的供應鏈管理概念,使得企業可以專注發展其核心業務,提升本身的競爭力。

簡單歸納,利豐為客戶提供的服務主要包括:

(1)從事各項市場調查來瞭解消費者的需求,為客戶提供主要市場的潮流資訊;

(2)研究與開發原材料,如布料、花邊和電子配件等,以及為客戶搜集最新的原材料資訊;

(3)根據市場最新的潮流趨勢,設計和開發符合市場需求的產品;

(4)根據客戶對於原材料的需求和不同地區的供應能力進行配對,與客戶共同選擇最佳的採購國家與地區及製造商,執行無疆界的生產,實現產品全球化的增值;

(5)監控採購、航運和配置原材料與配件到各國工廠;

(6)在工廠生產過程中我們亦會提供技術援助,確保產品的品質和各個生產環節都能遵循客戶的生產要求;

(7)為了做到快速反應的生產,不單監控主要生產原料的供應,而且策略性地管理庫存和適時適量地補充庫存;

（8）提供組裝運輸和航運送貨服務；

（9）最後，亦是其中最重要的一環，就是將資訊技術應用到產品開發及尋找新的供應商的環節中，並為境外重要買家客戶量身設計網頁以達到他們的個別要求。

【創富經】做生意就是做趨勢

在商業社會中，流傳著這樣一句話：「大生意做趨勢，中生意看形勢，小生意看態勢。」不管怎麼樣，這正說明了，任何一個商家，要生存、要發展、要取勝，首先要能審時度勢，充分掌握市場環境。馮國經看形勢能及時地把握時事的動向，搶佔先機。他一生中不僅可以在商場上大寫賺錢的數字神話。而且在國際競爭中也能上演翻手為雲，覆手為雨的好戲。

一個出色的生意人，要在環境「欲變未變」之時，見微波而知必有暗流，在順境中預見危機的端倪，在困難時看到勝利的曙光，駕駛著企業的大舟，機動靈活地繞過暗礁險灘，駛向勝利的彼岸。而且對於生意人來說，做出正確的決策，馬上行動，全力以赴，是至關重要的。

俗話說：「兵家之道，一張一弛。商家之道，進退自如。」在商業社會裡，進則取利，退則聚力；進必成，退亦得，有時退讓更能海闊天空。做大生意，不能只盯著眼前利益，更要看到未來的趨勢，甚至是十年、幾十年以後的商業態勢。正如香港首富李嘉誠說：「我的成功之道是：肯用心思去思考未來，當然成功機率較失敗的多，且能抓到重大趨勢，賺得巨利，便成大贏家。」

做生意，不管你願不願意，你都必須尊重市場規律，跟著「行情」走。敵變我變，關鍵在於一個「先」字，必須搶在敵人再次「變化」之前，改變已經「過時」的作戰計畫。同樣道理，市場行情發生了變化，你要比競爭對手更快變更經營項目，才能掌握經商的主動權，先發制人。你要研究「行情」，掌握「行情」

變化規律，抓住「行情」變化給你帶來的機會。從而靈活變更經營項目，把生意做活、做巧妙。

總之，做生意不全面瞭解市場，甚至一葉障目，決策就容易失誤，生意就容易虧本。所以，商人必須具有國際視野，能全景思維，有長遠眼光，時刻留心捕捉生意資訊並且加以全面科學的分析，是一個高明商人必須要修練的基本功。

8 · 在平坦的世界中競爭

中國加入世貿組織，意味著國內市場與國外市場接軌，國內企業將直接面對來自世界企業的激烈競爭，在同一個規則下爭做全球市場，在國際市場上內地企業在生產成本方面擁有優勢，但是正如很多經濟家和企業家所指出的，中國必須進一步降低交易成本，加強行銷能力，優化及提升產業的結構，才能更有競爭力，使世界各地的企業競爭，開拓國外市場。在全球化的競爭環境下，中國企業也需要在世界各地進行採購及生產，不但是國內國外的需要，並與外國企業組成合作的夥伴。

供應鏈管理的概念，提供了一套思考方法，讓國內企業清晰定位和優化其營運過程。作為世界工廠，中國內地擁有強大的製造能力和科研潛力，這是優勢，如能加上供應鏈管理的概念，將大大提升企業的競爭力，進一步開拓國外市場，創造更大的價值。

供應鏈分得越細，就能夠更加啟動整個供應鏈，或者說能夠讓它變得更加民主，也就是說那些中小企業現在可以參與全球的商業活動，特別是對發展中國家。所以整個模式的發展對全球來講都有非常深遠的意義。

有一個現象可以證明湯瑪斯·佛里曼關於「世界是平的」的論斷是對的——如果你問任何一個企業家或者商學院學生：你最近在看什麼書？他也許來自美國，也許來自歐洲，也許來自東亞，也許來自中東，他的回答很可能是一致的：我在看《世界是平的》。

利豐集團主席馮國經在演講中也多次提到了這本書，甚至他演講的主題也

是:「在平坦的世界中競爭」。在他看來,也許現在這個世界還沒有完全「扁平」,但確實在「變得扁平」,而推動力則是湯瑪斯·佛里曼所說的資訊技術、現代物流和外包等。

他領導的公司利豐集團則為這個論斷提供了最好的證明。利豐集團在過去十幾年的快速發展,正是歸功於資訊技術、現代物流和外包等讓世界變得扁平的方法,它們推動了利豐從一個傳統的貿易公司到「供應鏈管理者」的轉變,從而成為商學院的經典案例。

利豐並不是一家新公司,它的歷史可以追溯到1906年(當時還是清朝),馮國經的祖父創辦了這家貿易公司。馮國經想要證明的是,不僅只有微軟這樣的新興公司,像利豐這樣的「百年老店」也能成為技術創新的推動者和受益者,成為這個「扁平世界」的一部分。

馮國經本人的經歷也可以為「世界是平的」這個論斷作一個生動的註解。他曾先後在麻省理工學院和哈佛大學讀書,在哈佛大學拿到博士學位並教了四年書後,他回來香港執掌家業並推動利豐集團的轉型。他同時還是實業界、政界和學術界深具影響力的人。

【創富經】國際化離不開全球化視野

利豐在20世紀80年代早期就開始在這一平的世界中經營,在當時還沒有「平的世界」這種說法。如今利豐每年已可生產20多億件服裝、玩具和其他消費產品。利豐的客戶中有很多是世界知名品牌的服裝及日用消費品生產商,利豐的銷售額超過了80億美元。到2006年,利豐成立一百周年之際,該集團已成為世界上最大的採購公司,在過去的14年裡,每年以23%的複合增長率持續增長。

然而,利豐卻連一家工廠也沒有,它只是平的世界中的一員。利豐的歷史可以追溯到1906年(當時還是清朝),起初是一家貿易中間商,發跡於廣州,後

來轉型為以香港為基地的出口商，進而發展成為跨國企業。

最終，利豐因平的世界而改頭換面，將自身重塑為一個「網路協調員」的新角色，如今這位「網路協調員」的網路中有8300多家供應商，在超過40個國家和地區中有70個採購辦事處。利豐間接地在其供應商網路中提供了200多萬個就業機會，但利豐本身聘用的員工還不到這個數目的0.5%。在公司精益化運作結構下，每位員工的年銷售額達100萬美元，年股權收益率超過38%。

作為一個位於東西方文化融合處的家族企業，利豐的經營風格體現出傳統與現代相結合的特點。基於利豐在創新思維和技術應用方面的卓越表現，《連線》（Wired）雜誌在2005年「《連線》40強」中，將其與谷歌、蘋果、亞馬遜等公司共同列為企業新銳。

平的世界揭開了封於企業之上的蓋子，突破了國家和組織的傳統界線，對人們看待管理企業和國家的思維方式形成了挑戰。製造企業會發現這些思維方面的創新和改變有很強的實踐性，而其影響並非只限於製造企業或有境外業務的企業。網路協作原則與任何想充分利用平的世界中各種機會的組織和行業（包括服務業）都息息相關。

湯瑪斯·佛里曼在《世界是平的》一書中指出，技術、全球化和其他各種力量融匯在一起改變了我們的工作方式。印度、中國和其他許多國家正逐步成為全球製造業和服務業供應鏈中不可或缺的部分。地理位置不再是障礙，企業可以在全球延伸其製造、客戶服務和其他商業過程。如果我們對迎接這一挑戰做了充分準備，供應鏈的分散會為我們改變商業模式、改進組織結構設計和企業經營方式創造無數良機。

⑨·從公司內部發現CEO

◎限制薪酬不利於留住人才

最近管制部門認為公眾金融業報酬過高，華爾街金融業幾十家企業高級管理人員被限制薪酬，對此，馮國經認為，限制高管薪酬不利於留住人才。

馮國經說：「香港很多公司特別是公共公司是由所有人管理的，很多公司高管他們是公司的出資人，是公司的擁有人，這樣就可以將股東的利益和管理層的利益結合起來，作為一個公司的所有者，我當然希望我的高管能夠有很好的收入，否則我們就留不住他們。」

在馮國經看來，如果限制高管的薪酬，將會導致災難，因為一旦有跳槽機會的話，他們就離開公司了，所以很多時候是以現金支付的形式。對公司而言，希望盡可能擴大所有權，不僅僅是在公司，而且是在一個部門，能夠透過給股權留住人才，他認為這個問題是可以調和的，問題在於如何調和股東的利益和管理層的利益。

◎不接受「空降」

很多公司都會出現「空降」CEO的現象，比如新華都集團CEO唐駿便是空降兵之一，其之前任職於盛大，從未在新華都集團內部任職過。對於此種現象，馮國經表示他會在CEO層面上通過提升選擇候選人，不接受「空降」。

「我非常相信企業的長期戰略一致是非常重要的，從內部選一個CEO是很重要的，當然也不是說我們完全拒絕外界的影響，可以在其他管理層級上考慮外

部的，不一定在CEO層面上。」

馮國經說，一家公司應該有革新，想法應該不斷的更新，從內部有革命性的變化，不需要整個改變我們的管理環境，所以覺得文化的持續性、連續性是一個公司持續成長的重要部分，而且堅定的朝著一個方向發展是很重要的，他希望在CEO層面上透過提升選擇候選人。

【創富經】培養得力親信

繁衍後代，是為了讓生命延續下去；選擇接班人，是為了讓事業延續下去。李嘉誠能夠在現實的商業世界中縱橫馳騁，讓自己的事業延續下去，一個重要原因是有一批得力的幹將。更重要的是，這些人才大多是在李嘉誠一手扶持下成長起來的。

通常，選擇親信，人們喜歡在「同鄉」、「同學」、「同宗」、「同門」、「過去老同事」等「同」字輩選擇。一些私營公司則受到家族背景的影響，在親人中培養得力親信。

不過，馮國經卻不這麼看。他說：「如果你任人唯親的話，那麼企業就一定會受到挫敗。在我兩個兒子加入公司前，我的公司內並沒有聘用親屬，我認為，親人並不一定就是親信。」

在馮國經看來，「用人」首先要「識人」。培養人才，應該看他的貢獻和能力，看他能否跟自己同心同德。「如果是一個跟你共同工作過的人，工作過一段時間後，你覺得他的人生方向，對你的感情都是正面的，你交給他的每一項重要的工作，他都會做，這個人才可以做你的親信。」

馮國經還認為：「如果一個人有能力，但你要派三個人每天看著他，那麼這個企業怎麼做得好啊！忠誠猶如大廈的支柱，尤其是高級行政人員。在我公司服務的行政人員，無論是什麼國籍，只要在工作上有表現，對公司忠誠，有歸屬

感，經過一段時間的努力和考驗，就能成為公司的核心成員。」

　　商場上的競爭說到底是人才的較量。請到高明的人才，當然高興，這樣就能在競爭中佔據主動地位。而真正高明的領導人會從身邊培養人才，實現員工與企業的雙贏。

　　培養得力親信，其實是一件困難的事情。從某種意義上說，培養好了得力親信，就能在商業經營中把事情做好、做到位，並使生意做大。然而，現實世界的複雜多變往往讓人事與願違，這就需要把握好「識人」、「用人」這門藝術，加強對高層管理人才的開發和培養。

10 ·「企業內的企業家」

利豐公司的管理概念是把西方的優良之處與中國傳統哲學相結合。在利豐管理者眼中，管理是「人」的問題。利豐現任掌門人馮國經於1970年取得了哈佛大學經濟學博士學位，但他懂得自己雖然取得了經濟學博士學位，但純粹是理論知識，未在商務大海的實踐中暢游過。

為此，馮國經在讀完書後沒有立即回香港參與父親的經營，而留在美國再磨練幾年。他當了幾家公司的顧問，既可從理論和點子上幫這些公司工作，又可鍛鍊自己，並進一步熟悉美國市場，為今後工作打下基礎。1974年，他回香港加入利豐公司工作，與弟弟馮國綸協助父親管理公司。1981年，馮國經正式接替了父親的董事長職務，利豐公司已成為利豐集團。

馮國經在經營管理中繼承了父親的觀點：管理是一條雙程道——你照顧員工，員工自會照顧你。要管理一間地域上分隔甚遠的公司，關鍵是經常為員工提供優良的培訓，及保持緊密的聯繫和溝通。團隊合作相當重要，一家擁有五千三百名員工的公司，絕不可能只由一兩人制定所有決策。

馮國經以他多年從下到上的實踐歷程中醒悟到，絕大多數人都會有一個奮鬥目標，最終都希望能夠當上馳騁商場的老闆，以實現自己的人生價值。

為此馮國經實施了利豐集團的重組，為這些身懷抱負的管理層人士籌建了施展才華的平台，以迎合這些「企業內的企業家」，以滿足這些未來企業家的終極夢想。

重組後的利豐集團有一百三十個單位，各自組成盈利中心，由不同的企業

家管理他們擅長的範疇，利豐則提供各項基本建設、設施以及其他方面的支援，如資訊科技、人力資源、行政管理及經濟財務。總括來說，其目的是使他們「如虎添翼，翱翔天際」，充分發揮了每一個管理人才的中堅作用。

利豐集團操作40個國家內的67個辦事處，擁有超過6000多名員工，營業額達450億港元（2004年）。1995年，馮國綸獲商業週刊選為全球最佳25名經理之一。2000年，馮國綸獲商業週刊選為五十位「亞洲之星」之一，2000年，馮國綸與馮國經博士同獲*Euromoney*選為年度新興市場最佳首席執行長。

【創富經】人人是人才，處處有舞台

「沒有人能夠在所有的領域都成為專家，因此激發人的因素極其重要」。馮國經說。

對於業務比較集中的公司來說，利豐的經驗有一點很值得借鑑：就是要使員工圍繞企業目標，滿足個人目標，充分發揮潛能。

正如巴西著名企業家塞姆勒所說：「人們都說人是有惰性的，喜歡少做事多賺錢，但這在我們公司裡從不曾發生過。如果工人的尊嚴和自由得到高度的尊重，還有什麼理由不好好工作呢？」

在企業裡，員工做得好不好其實是次要的，主要的要看員工是否發自內心主動、自發地工作。西門子有這樣一個口號：員工是企業內的企業家。這句話不是空洞的。在西門子，員工有充分施展才華的機會，工作一段時間後，如果表現出色，都會被提升。優秀員工可以根據自己的能力和志向，設定自己的發展軌跡，一級一級地向前發展；對那些一時不能勝任工作的員工，西門子也不會將他們打入冷宮，而是在盡可能的情況下，換一個崗位，讓他們試一試。許多時候，不稱職的員工透過調整，找到了自己的位置，做得與別人一樣出色。

近年來，我國企業的發展經歷了翻天覆地的變化。隨著市場進程的不斷深

入，企業員工的組成結構、思想理念、價值觀念等都發生了深刻的變化。在新形勢下，如何讓企業員工表現出色、主動奉獻，不斷激發員工的主動性、積極性、創造性，發掘他們的工作智慧和創新潛力，促進企業持續健康穩定發展，最關鍵的是充分發揮員工的主體作用，堅持以人為本。

發揮員工的主體作用，就是要員工自主管理。自主管理的基本內涵是，在企業統一目標和共同價值規範的前提下，堅持以人為本的管理理念，充分尊重人的價值，注重發揮每一位員工的自主精神、創造潛能和主人翁責任感，鼓勵員工自我管理、自我規範，在溝通、協作、創新、競爭的工作平台上，合理使用自己的工作方法、技巧，主動追求最佳方法、最優效率和最高效益，進而達到企業與員工共同發展、共同成長、雙贏的目的。

讓員工成為企業內的企業家，就是要制訂所有員工高度認同的企業價值觀，只有價值觀高度認同了，才能使員工的個人價值追求與企業的理想、目標、使命和價值觀等達到高度的統一。所謂「主體」作用，就是以員工為先，讓他們作主。員工的命運與企業的發展緊緊的聯繫在一起，每個人都能在企業中找到自我價值存在、認同和實現的目標，就會激發員工「榮辱與共」的主人翁精神和意識，有效解決員工與企業「兩張皮」的現象。既然不是「外人」，員工對企業的一切就不會「袖手旁觀」。

要樹立「人人是人才、處處有舞台」的理念。這一點做起來其實很難，因為無論是管理者，還是普通大眾，都自然而然的會對「知識菁英」和「業務骨幹」格外關注，在企業管理中把所有員工真正當作人才的很少。菁英和骨幹的作用被充分激發，而佔大多數的普通員工的作用往往被動發揮甚至被忽略。承認全體員工並在實際的管理中體現「人人都是人才」的思想，肯定、重視和尊重員工在崗位上取得的點滴成績，對不是原則性的失誤多些理解和包容，無疑會激發起不同層次、不同身分員工的工作熱情、創新潛能。

第九章 「風流賭王」何鴻燊

——「無冕澳督」誰與爭鋒

在港澳，賭王名氣如雷貫耳，賭王霸業屹立數十年不倒！你只要說出「賭王」二字，人們就知道是指何鴻燊。

港澳十大富豪，澳門首富何鴻燊，現任澳門旅遊娛樂有限公司總經理，他控制的資產達5000億港元之巨，個人財富有700億港元。澳門人把賭王稱作「無冕澳督」和「米飯班主」，是澳門博彩史上權勢最大、獲利最多、名氣最響、在位最長的賭王。

叱吒風雲的澳門娛樂掌門人何鴻燊，不僅在博彩業獨佔鰲頭，而且其名下的香港信德集團業務深入航運、地產、酒店及娛樂等多領域。只要澳門說得上來的大企業，何鴻燊也都持有相當數量的股份，近年他還在香港、台灣、大陸投資，成為商界的巨人。

◇檔案

中文名：何鴻燊

出生地：香港

生卒年月：1921年11月25日---

畢業院校：大學肄業

主要成就：信德集團主席、新濠國際發展公司主席和香港地產商會會長。

◇**年譜**

*1921*年，出生於香港一個富商家庭。

*1934*年，父親何世光炒股票破產，逃亡越南，家道衰落。

*1941*年，被安排到香港英軍防空警報室當接線生，之後，經人介紹到澳門「聯昌」公司工作。

*1942*年，由「聯昌」的秘書成為「聯昌」合夥人，走上事業成功第一步。

*1943*年，「聯昌」給何鴻燊分紅一百萬元，掘得第一桶金。

*1947*年，與友人恆生銀行創辦人何善衡開辦「大美洋行」，從事紡織品配額生意；與友人梁基浩等在澳門合辦煤油提煉廠。

*1953*年，在香港創辦利安建築公司，從事地產和建築生意。

*1957*年，娶華人藍瓊纓為妻，為第二任太太。

*1959*年，到澳府的貿易局任供應部主任，與何賢（何厚鏵父親）共事。

*1961*年，與霍英東、葉漢、葉德利合作，競投澳門賭牌，一舉成功；在澳門投得「白鴿票」和「鋪票」的專營權。

*1962*年，經營的第一座賭場——「新花園」賭場正式開張。

*1964*年，從國外購進水翼船，在港澳海上開展水翼船客運服務；與政府簽訂專營「鋪票」與「白鴿票」的修訂合約。

*1969*年，斥資6000多萬元興建「葡京娛樂場」，一年後落成啟用。

*1972*年，在香港創建信德船務有限公司；與澳府修訂，簽署賭場專營10年合約。

*1973*年，自己控股的「信德」在香港掛牌上市。

*1976*年，獲澳門政府批准經營另一種彩票——「泵波拿」。

1980年，在澳門賭場開辦賭團，吸引大豪客。

1983年，透過娛樂公司收購澳門逸園狗場60%股權。

1984年，參加香港各界知名人士組成的觀禮團，到北京觀摩中國和英國領導人關於香港問題聯合聲明的簽署儀式。

1985年，斥資收購澳門迴力球場90%股份，出任迴力球企業董事長。

1986年，與澳府簽署搏彩合約補充合約，專營期延到2001年12月31日，跨越1999年。

1988年，聯合邱德根等商人，注資瀕臨倒閉的澳門電視台，他購入16%股權。

1989年，澳門國際機場專營公司成立，何鴻燊的娛樂公司佔三分之一股權。

1990年，斥資9800萬港元，購入「東茗」電子兩成股份。

1991年9月，領頭組建澳門南灣有限公司，開發澳門最龐大的工程——南灣人工湖發展計畫。

1993年，與鄭裕彤合作，共斥資2.4億加元，收購加拿大西岸石油公司。

1994年，投資近2億港元，在越南海防市開賭場。

2000年，為幼子何猷龍宴開百席迎娶新娘。同年，宣佈開辦「即時賭博」互聯網站。

2008年，擔任北京奧運會火炬手。

1·家道中落，世態炎涼

◎飽嘗人情冷暖

何鴻燊出身於香港赫赫有名的何東大家族。他的父親何世光是香港的著名富商，擔任渣甸洋行的買辦，還是立法局議員及華東三院主席。當年的何鴻燊，過著衣食無憂的少爺生活，就讀於香港最好的學校——皇仁書院，有花不完的錢，心思自然不在讀書上了，這是富家子弟的常見病，何鴻燊當時未能倖免，成績是很差的。

如果不是何鴻燊的父親一夜之間破產，家道破落，變得一貧如洗，可能就沒有今天苦苦奮鬥出來的何鴻燊。

家道沒落，何鴻燊嘗盡了世態炎涼。小時候，他的一顆牙蛀爛了個洞，痛得他吃不下飯，但他又沒錢補牙，強忍著痛又實在是受不了，怎麼辦呢？他想起自己有個姑表丈是牙醫，就去找他，沒想到姑表丈竟然不屑地對他說：「你沒錢，補什麼牙，拔掉算了。」

這件事給何鴻燊很大的刺激，使他從富家子弟的舊夢中徹底清醒過來。多年以後，成為巨富的何鴻燊回憶辛酸的往事，仍恨得咬牙切齒：

「想不到人窮，親戚便如此勢利。經過家境變故後，我們一家人都感覺到人情冷暖，母親更是終日以淚洗面。我於是下決心要爭一口氣！」

為了減輕母親的負擔，他在心中發誓一定要拿到獎學金，賺了錢讓母親過上好日子，看別人還小看自己不。何鴻燊終於在D班考得第一名並獲得了獎學

金，創下了皇仁書院D班學生考取獎學金的紀錄。之後，他又以優秀的成績考入香港大學，並獲得獎學金。

也許，正是這段家道中落的經歷才奠定了何鴻燊未來成功的基礎，如果他一直過著富家少爺的生活，就不會有「賭王」今日的風光。

◎年少不忘奮力拚搏

由於抗戰爆發，香港失守，何鴻燊於1941年香港大學理科學院肄業後，來到澳門，進入澳門聯昌貿易公司工作。因一口流利的英語，他在公司擔任了秘書職務。何鴻燊的記憶力非常出眾，當時澳門的兩千多個電話號碼他能倒背如流，再加上善於察言觀色，周旋四方，他很快成了這家公司的得力幹將，後又做起了押船工作，為公司立下汗馬功勞。

1943年，何鴻燊用他從聯昌公司分得的一百萬紅利獨立創辦了澳門火水（煤油）公司，後來他又轉道香港發展，與人合資創辦利安建築公司，到50年代中期，他已經成為香港赫赫有名的大亨了。1961年何鴻燊與葉漢、葉德利、霍英東等結成聯盟，競得澳門博彩專利權，創辦澳門旅遊娛樂有限公司，建成葡京大酒店，並在香港註冊信德公司，90年代又在澳門建立皇宮賭場。

有人曾向他打聽成功秘訣，何鴻燊說：「我沒有什麼秘訣，一是做事必須勤奮；二是鍥而不捨，有始有終；三是一定要有好幫手；四是待人忠實，做事雷厲風行。錢，千萬不要一個人獨吞，要讓別人也賺。做生意一定要懂得有取有捨，有的雖可獲一時之利，但無益於長遠之計，寧可捨棄，不可強求。勤勞努力，戰勝困難，才是最大的資本。沒有到收工鐘響已經洗乾淨手的人，一定是老闆最看不起的人，也是人生不會成功的人。」他說，他睡覺時一直都養成了一個習慣，就是在枕邊放一個本子、如果有什麼念頭，或者夢見什麼重要的事情，就會醒來先記下再睡。這就是何鴻燊經常說的要有「隔夜心」。

如今，何鴻燊在澳門的地位已不可動搖，他旗下的賭場，每年的投注在

1300億港幣，相當於澳門本地生產總值的*6倍*，每年上交給政府的賭稅超過*40億港幣*，佔澳門總財政收入的*50%*以上。有*30%*左右的澳門人直接或間接受雇、受益於他的公司。實際上，他是澳門相當一部分居民的「老闆」，就經濟上的影響力而言，何鴻燊可以說是澳門的無冕之王。

【創富經】把貧窮演化成一種賺大錢的野心

何鴻燊回憶道：「我發誓要成功，這是一種挑戰，但真的沒有報復的成分——發憤無論如何還是為自己好。我的意思是，無論如何，沒有人喜歡貧窮而無能的親友。」

孟子說過一句醒世恆言：「天將降大任於斯人也，必先苦其心志，勞其筋骨，餓其體膚，空乏其身，行拂亂其所為，所以動心忍性，增益其所不能。」何鴻燊當初一心要改變自己的命運，所以他特別能吃苦，可以付出比別人百倍的艱辛和努力。

逆境，對商人而言，就是不順利，有困難，有障礙。其實逆境是強者的進身之階，能人的無價之寶，弱者的無底深淵。置身逆境會讓你看清赤裸裸的自我，發現自己的不足之處，弱點，瑕疵，也會發現自己可造之處，及擁有什麼，讓自己有一個清醒的頭腦，清晰的思路，能正確的把握自己。.

商人在一無所有的時候，能夠看到未來，敢於拚搏進取，首先贏在心態。他們總是用積極的心態去面對自己的人生。這樣的人，在一切困難險阻面前，總是能夠用理智的思考、樂觀的精神、充實的靈魂和瀟灑的態度支配自己的人生。成功商人心態好，能夠不斷克服困難，所以能夠不斷走向成功。他們相信透過自己的努力能取得一定的成就，所以再苦也不怕，再累也值得。

2 · 富貴險中求，成功細中取

◎智勇逃脫

何鴻燊在聯昌公司做了一年職員，由於成績斐然，才幹出眾，被吸收為公司的合夥人。此時，何鴻燊的主要工作是押船。即把貨物運到海上，與貿易夥伴在海上交易。

押船是個把腦袋別在褲腰帶上的風險活，腦袋說掉就掉。那時沒有天氣預報，全憑水手的經驗，若遇颱風，一兩百噸的小船說翻就翻。海上日本軍艦橫行，海盜出沒無常，殺人越貨如家常便飯。何鴻燊心知肚明，合夥人中就他最年輕（20歲），他不幹誰幹？要想暴富，必走險路。

第一次押船，船上懸掛葡國旗，何鴻燊一聲號令，機船衝出碼頭。駛到公海，遠見日艦，急忙換上太陽旗。到西南海域，又換上中國旗。

三旗闖三關，平安無事回來。何鴻燊受到老闆的賞識。

第二次押船，不是以貨易貨，是以錢易貨。何鴻燊身揣30萬港元現金。這30萬港元，按幣值計，相當今日的幾千萬，數額驚人。

船在午夜駛抵交易海面，不見對方船隻。天上沒有月亮，黑浪翻捲，海天濛濛一片。一船人等到凌晨4點，才聽到馬達聲由遠而近。為慎重起見，何鴻燊叫胖水手過去驗船。胖水手說：「對方吃水這麼深，不會有詐。」

話音剛落，機關槍就橫掃過來，胖水手當場飲彈斃命。何鴻燊一夥本來也有槍，因對方火力兇猛，無法取槍，大家都趴著不動。

對方高喊：「繳槍不殺！」跳過來幾個海盜，把槍繳去。一個海盜摸胖水手的屍體說：「死了。」另幾個海盜用槍頂著聯昌船上的人，叫道：「統統把衣服脫了！」

衣服脫掉，30萬鉅款暴露出來。海盜從未見過這麼多錢，個個兩眼發直。一個海盜忍不住撲到錢堆上，被海盜老大喝住。老大命令一個海盜專門看住何鴻燊，把錢抱回海盜船點數，叫道：「姓何的，少了一文錢，老子要你的命！」

聽老大口氣，好像知道何鴻燊帶了多少錢。何鴻燊正納悶，被海盜推進駕駛艙。船艙上的水手全都赤身裸體，被海風吹得瑟瑟發抖。

海盜數完錢，沒再「追究」何鴻燊，馬上分贓，又吵又鬧。看守何鴻燊的海盜熬不住，也跳上海盜船去。

此時，海浪已把兩船分開。何鴻燊下令水手開船。馬達一響，對方的機槍就掃過來。有兩名水手受了傷，眾人趴著不動。海盜的目的是要錢，沒有追趕。聯昌的船很快就遠離了海盜船。

天微亮，大家鬆一口氣。突然，見日艦朝他們急駛而來，大家一時慌了手腳。太陽旗被海盜扔進了海裡，如不懸掛太陽旗，弄不好日軍就會格殺勿論。

何鴻燊急中生智，扯下夏布簾子，用紅漆畫了一團紅圈，高懸在手裡。日艦靠近，何鴻燊用日語嘰哩呱啦。日兵見一船人赤身裸體，不禁大笑，扔下兩件舊雨衣與乾糧罐頭，給「效忠天皇的良民」壓驚犒勞。

聯昌的老闆，見船未準時返港，知道事情不妙，從早晨候到中午。

船終於回港，只有何鴻燊和舵手穿著舊雨衣，其他水手皆赤身躲在艙底不敢露面。日商齊藤、梁基浩淚水潸然，抱著何鴻燊失聲痛哭。

從這件事可以看出何鴻燊的機智，冒險固然可取，但沒有機智，命都保不住了，冒險也就沒有了意義。

◎為抗日立功

聯昌的船遭劫後的第五天，聯昌又遇到麻煩，兩船貨船被日本海軍扣押。

聯昌雖然是中葡日三方合作經營，但在戰亂期間，政出多門，聯昌的海上交易時常遇到麻煩。日本海軍近來懷疑聯昌公司涉嫌走私違禁物質，並偷運過中英的情報人員。這次，聯昌的兩艘貨船在海上交易時，被日本海軍扣押了。當時，船上裝載的是桐油，另還有一些旅客。

誰知道旅客中有些什麼人呢？那時的客運航線和定時客船很少，貨船人貨混裝是常事，有的旅客往往要在海上駁換幾次貨船才能到達目的地。聯昌一向只管做生意賺錢，不問政治，如果日軍真的在聯昌貨船查到中英的情報人員，問題可大了！

何鴻燊剛脫險回來，老闆說好了讓他休息一段時間。現在急需人去跟日本海軍交涉，選來選去，找不到合適的人選。老闆只好請何鴻燊再次出馬。

何鴻燊乘坐的電船，滿載洋酒、洋菸等慰勞品。何鴻燊此行的目的是請求日本海軍立即放船、放人。萬一船上有日軍通緝的要犯，聯昌也可以「不知者不為罪」僥倖過關。

趕到被扣船隻的海域，日本海軍正在逐一審問船上的水手、聯昌職員以及隨船旅客，對旅客還要搜身。何鴻燊上船後，先送上洋酒洋菸等禮品，然後跟日本的艦長套交情，聲稱這兩船桐油對公司如何重要，齊藤先生領導的聯昌對「大東亞共榮」有如何重大的意義。不知是洋酒、洋菸發揮了作用，還是何鴻燊的出色口才征服了日軍艦長，艦長下令停止審問和搜查。

何鴻燊順利地把兩船貨物和旅客帶回了澳門港。聯昌的老闆設宴款待何鴻燊，祝賀他為聯昌立了大功。好些年後，何鴻燊自豪地說：「我是為抗日立了大功。」

【創富經】愛拚才會贏，唯冒險者生存

　　商業時代要有冒險精神。何鴻燊敢於拿自己的身家性命去冒險，沒有理由不成功。

　　敢於冒險才能成功。一個理性的人，就應該有充分的果斷和勇氣，凡是自己應做的事，不應有危險就退縮。

　　這是一個充滿機遇和誘惑的時代，富貴險中求。不少成功者正是敢於冒險，從而最終把握了商業的機會，獲得了巨大成功。

　　猶太人被世界公認是非常精明，但與此同時，他們也是敢於冒險的一族。有一個故事頗能說明問題，猶太人約瑟夫在1835年投資了一家小型保險公司，但是在他投資不久，紐約就發生了一場特大火災事故，很多同行心慌手亂，認為自己這次賠大了，紛紛低價轉讓自己的股份，這時約瑟夫劍走偏鋒，出人意料地買下了這所公司全部股東的股份。這真是一場大的賭博。

　　然而在完成理賠後，他公司的信譽突然增加了，雖然約瑟夫把保險金提高了一倍，但很多新的客戶卻很放心地在他這投保，約瑟夫由此也發了大財。在不少猶太人看來，每一次風險都隱藏著許多成功的機會，只有敢於冒險的人，才會贏得財富。

　　同樣，溫州人也是一個敢於冒險的群體，在全國的房地產市場上，我們到處都可以看到他們的影子，總是敢於在人們覺得有風險時先行進入，最終獲得了超額的回報。他們的成功印證了這樣一句話：唯冒險者生存。

　　進取心態最為根本。許多天才因缺乏勇氣而在這世界消失。每天，默默無聞的人們被送入墳墓，他們由於膽怯，從未嘗試著努力過；他們若能接受誘導起步，就很有可能功成名就。

3·賭業是澳門的「福祉」

戰時，由於長期戰亂，農田荒蕪，糧食匱乏，澳門人口激增，經常鬧米荒。澳府成立貿易局，就是為了解決澳門50萬人口的生計問題。

何鴻燊受梁基浩派遣，前往廣州採購大米。廣州的黑市米也很昂貴，何鴻燊憑著出色的外交才能，購得市政府囤積的平價「官糧」。

數天之後，何鴻燊率領4艘滿載大米的船隊回澳。航抵碼頭，上千澳民站在岸邊拍手歡迎，令何鴻燊激動不已。數十年後，身為澳門賭王的何鴻燊，對此情景仍記憶猶新，臉呈欣喜之色：「1944年澳門缺米最慘的時候，我上廣州，和廣州政府左右斡旋。他們開出一連串需的機器零件清單，我想盡辦法，好不容易湊齊，弄回四船米。米包運到下環街，滿街圍滿了人，掌聲歡呼聲震天響地，令人感動。所以我對澳門是真的有感情。人們歡迎我們，我從那時起開始意識到我與澳門的那種密不可分的關係，我是澳門的一分子，我覺得應該為澳門做一些事情。」

何鴻燊所說的「做一些事情」，是指博彩業。自有商業化的賭博以來，開賭場一直被人們普遍認為是偏門生意，因為它造成社會風氣敗壞，也製造了無數的人間悲劇。賭商日進萬金，被人們指責為昧著良心賺黑錢。

澳門賭場每年吸引了數百萬人聚賭，搜刮了數以億計的賭利，當然會有人指責澳門賭業的巨頭何鴻燊，認為他是製造那些悲劇的罪魁禍首。

儘管許多人指責賭博的種種罪過，何鴻燊堅持認為賭業是澳門的「福祉」，沒有賭博，就沒有澳門的繁榮。

「博彩稅對澳門政府來說，就像二次大戰鬧米荒那樣，人們盼望救命米。」
何鴻燊如此反擊別人的指責。

【創富經】敢於做首個吃螃蟹的人

後來，何鴻燊又與何善衡（港澳金融界巨頭，恆生指數編制人）合辦大美
洋行，優勢互補。何鴻燊利用官商的權利，爭取限額生意；何善衡融資方便，保
障資金正常周轉。大美洋行生意興隆，利錢滾滾。

我們從何鴻燊的早期史，可見他的發跡得官商蔭庇甚多。他熟諳官商的運
作與利益，這有助於他成為日後澳門最大的官商——全面壟斷澳門的賭牌。

不過，當時何鴻燊根本沒有想過日後要經營賭業。其時澳門賭場為老賭王
傅老榕所把持，何鴻燊對賭博毫無興趣，一次也沒有進賭場玩過。然而，何鴻燊
無意賭業，卻會依託賭業賺錢。

二次大戰結束，港澳間的聯繫日漸緊密，許多香港人來澳門賭錢，而海上
交通相對滯後。何鴻燊認為港澳客運大有可為，就與人合夥開辦一家船務公司，
投資購買了一艘載客300多人的「佛山號」客輪——為當時港澳間最大最先進的
客輪。投入營運後，乘客滿船，又是一項成功的生意。

二次大戰結束後，何鴻燊的財富增加到200萬港元。他的生意範圍逐步擴
大，除上面提到的，他還做拆船、金銀買賣、藥品代理、火柴製造等業務。何鴻
燊長袖善舞，是澳門屈指可數的大商家、大富翁。

何鴻燊說過，「我從來不認為開賭場是一種罪惡，我不認為自己應該負上
黑手黨之類的污名。這污名將隨著道德觀念和新法律的出現而消失；再者，人們
只會欽佩我的技能和天才，並充分發揮澳門賭博的潛質，使賭場成為他們賺錢的
最佳途徑和最好地方。」這對任何一個商人來說都有很大的啟示。

現代社會正處於高速發展期，市場千變萬化，充滿生機，做生意，永遠不

317

要怨天尤人，抱怨市場不好，真正要反思的是我們的商業頭腦、商業眼光。

做生意要拋棄面子，想發財要不怕羞，什麼生意都可以做，只要能賺到錢。何鴻燊對金錢不問出處，因此他的商業思想非常自由，絲毫不受世俗觀念的約束。什麼生意都可以做，什麼錢都可以賺，只要有錢賺，就是一門好買賣。做生意不應該有禁忌，不能給自己預先設定行業。

現實社會中，有的人做生意很挑剔，這也不做，那也不做，到頭來不知道自己適合做什麼，最終一事無成。海爾集團總裁張瑞敏曾說過：「只有淡季思想、沒有淡季市場，只有疲軟的思想、沒有疲軟的市場。做生意，首先要有商業頭腦、市場意識，不要戴著有色眼鏡看市場。如果你顧慮重重，先要解放思想。要大膽想、大膽做，突破禁忌，會發現遍地都是財富。市場永遠是充滿活力的，只要我們換個思路想問題，大膽嘗試，與形形色色的人接觸，瞭解各個行業的特點，體察商業世界中的人情冷暖，感悟、把握商業的真諦。

商人最大的優勢就是思想開放，能夠靈活適應形勢變化，從中發現並把握商機。在經濟全球化、資訊網路化時代，一個商人應該追隨著市場的趨勢行動，去贏利。如果抱著種種禁忌不放，對商人來說不但是可憐的、可悲的，也是危險的。

4·鏖戰香港，成就地產大亨

◎敗走澳門

1947年，何鴻燊與梁基浩、澳門老牌賭王傅老榕手下幹將鍾子光等人合作，開了一間煤油公司，何鴻燊擔任經理，主持日常經營。

當時，一些省港澳漁民手中囤積了不少當年日軍遺留的油渣、油青等石油副產品，何鴻燊從他們手中把這些混雜的油料低價收購過來，再提煉成煤油供應澳門等地，其中最大的買主是澳門電燈公司。他們用來發電的燃油，80%都要靠何鴻燊的公司提供，就這樣，一年下來，何鴻燊的身家又增添了100萬港元。

由於煉油廠油水豐厚，再加上何鴻燊年紀輕輕，就擁有如此巨額的財富，自然讓不少人眼紅和嫉恨。為此，「香港鬼佬」何鴻燊遭到了澳門黑勢力的迫害：他遭遇了幾次暗殺，但總算是有驚無險。甚至有一次，對方在光天化日之下，將手榴彈扔進他的煤油倉庫，以為貨倉一報廢，何鴻燊就難以東山再起。

也許是上天真的太眷顧何鴻燊了。當時貨倉之內，有很多工人，他們及時發現了險情，及時補救，才沒有釀成嚴重的後果。可是對方依然不肯死心，多次想方設法的排擠、陷害何鴻燊。因為對方在澳門也有一定的勢力，同時也是出於對家人的保護，何鴻燊決定，先離開澳門，回到香港，同時蓄積更大的力量。離開澳門時，何鴻燊緊緊握住了拳頭，大聲對自己說：「我絕不會認輸的，澳門，等著我吧，我一定會回來！」永不放棄，絕不言敗，這就是何鴻燊！

◎投身香港地產

何鴻燊被迫離開澳門，與其說是挫敗，不如說是邁向更大成功的契機；上帝又給了他一次機會。其時恰逢朝鮮戰爭結束，香港步入正常的經濟建設時期，並已顯出起飛的跡象。何鴻燊根據形勢的變化，立刻調整了經營方向，看準了房地產市場。香港土地資源有限，而人口增加很快，加上經濟發展，地產大有前途。

論起步之早，在20世紀50年代開始發跡的那一代裡，香港排名億萬富翁的名單中，最早進軍房地產的當推何鴻燊。自澳門返港的1953年，何鴻燊便與友人設立利安建築公司。

何鴻燊經營房地產，奉行「內外有別」的策略，即在香港收購地產或建築樓宇是為出售盈利，是「動產」方式；海外置業則為經營或出租，是「恆產」方式。一動一靜的方式，使自己的房地產事業在快速滾動中保持穩定的發展，以避風險。

1959年何鴻燊37歲，已成為香港少數擁有資產千萬的大實業家，在港澳商界成為頗有收購力的少壯派領袖人物。

在其成功的背後，何鴻燊過人的勤奮和超人的記憶力也令人擊節讚嘆。他一般不留隔夜公案，有事立決。倘有沒辦完的事或新的構想，必定寫在隨手攜帶的牛皮紙袋，翌日迅速付諸實施執行。

何鴻燊還有超人的記憶力。港澳公司與親友、客戶的電話，他可以記得2000個，幾乎不用看電話簿。

1960年，澳門第一次出版《澳門工商年鑑》，何鴻燊名列該年名人欄內。儘管這個名字令當年趕他離開澳門的那股黑社會勢力不悅，但他們已無力將何鴻燊剔除。

「君子報仇，十年不晚。」何鴻燊磨劍霍霍，只待時機一到便長劍出鞘，殺回澳門。

【創富經】在忍耐中發現商機

日本礦山大王古河市兵衛說：「我認為發財的秘方是在忍耐二字。能忍耐的人，能夠得到他所要的東西。忍耐，沒有一件東西能阻擋你前進。忍耐即是成功之路，忍耐才能轉敗為勝。」

何鴻燊如果當初一直在澳門與敵對之人對抗下去，可能的結果就是——殺敵一千，自損八百，一時的快意絕對無法換來以後的巨大成就。

在商戰中，起起落落是常有的事情，忍耐痛苦是經商的基本素養，對商人來說，忍耐痛苦是必須具備的品格。要想賺錢，就必須要有「忍」的精神。為了能賺錢，必須忍受種種痛苦：浪跡天涯、拋妻別子的思鄉之苦，髒活累活苦活全做的身體之苦，屢遭白眼與冷嘲熱諷的心理之苦等。

忍耐成長的痛苦，是創業者必修的一門功課。創業的過程，要面對發展危機、資金短缺，還要面對友情、愛情甚至親情的背叛。在痛苦面前是倒下還是繼續戰鬥？毋庸置疑，勇者選擇後者，把痛苦當作經驗而忍耐下來，才會贏得最後的成功。

在忍耐中發現商機，經商者，若沒有一定的耐力，就看不見其中的機遇，正是在忍耐的過程中，機遇才會顯露。困苦的時候，忍受一時，變動的市場會給你帶來轉機。

5·「回天得力」，扭虧為盈

◎凱悅新主

澳門的凱悅酒店原業主是沙烏地阿拉伯的「法勞恩」家族，80年代中期，沙烏地阿拉伯經濟不景氣，該家族的控股公司發生財務危機，加上子公司凱悅酒店本身經營不善，1986年度虧損960萬美元。解救家族困境的唯一途徑，就是賣盤套現。

由於凱悅是政府許可的合法兼營賭場的酒店，賣盤風聲一出，引來四家競購財團。他們的出價是1794～2179萬美元，阿拉伯大股東仍待價而沽。此時，何鴻燊邀請在香港發展的台灣商人黃周旋、香港富商鄭裕彤合組財團，以2520萬美元的超高價，力挫群雄，於1987年11月20日與原業主簽訂買賣合同，從而成為凱悅新主人。

三人的股權分配是：何鴻燊3成、鄭裕彤3成、黃周旋4成。酒店由黃周旋的僑福公司管理，何鴻燊承包其中的賭場。

新財團按照國際流行的度假式酒店進行改造，此類酒店與普通酒店不同處在於：前者是為遊客服務；後者主要是面向旅客。凱悅酒店在氹仔島北岸，又名海島酒店，是氹仔最好的酒店。氹仔已有葉漢興建的賽馬車場，還擬建大型娛樂場和海洋花園。凱悅以休閒娛樂為特色，賭博是其中之一。

有人問賭王：為什麼賭場開得這麼小？何鴻燊說：來氹仔的人都是賭馬的，賭場只供住客娛樂。他又說：若都來氹仔賭錢，不是淡了澳門（半島）的生

意。

賭王說得有道理，全澳門的賭場都是他包攬，此旺彼淡，等於身上各個口袋裝的錢多少不同而已。

◎慧眼識人

收購迴力球場，比收購凱悅還早。收購凱悅是比拚財力；而收購迴力球場，則是何鴻燊智慧的成果。

1974年6月5日澳門首場迴力球開賽，球員均來自西班牙，經營人為澳門迴力球企業有限公司，何鴻燊佔有9%的股份，股小權益少，實際上是別人的公司，何鴻燊對盈利不佳的迴力球公司並沒有過多的關注。

迴力球賽事不激烈，賭法又單調，自然難受歡迎，到1985年累計虧損已達7000萬元。迴力球場的母公司是彭國珍主持的嘉年集團，嘉年是香港的上市公司，在港澳都有資產，其持有70%的迴力球企業有限公司股票。

香港股壇有個奇人叫詹培忠，他正在股市尋寶，專找一些經營不善、負債累累，或股價偏低的上市公司，購殼後重整，最終實現盈利。他購買了一些嘉年股票，發現子公司背了7000萬債務，這對財力不雄厚的公司來說可是一筆大數目。它必然會把母公司拖垮，母公司想甩掉包袱，但接盤者也得接下它的債務，所以無人願接。

詹培忠當時財力有限。在澳門，若打上賭王的招牌什麼事都好辦。於是他就去找賭王。他說：你出1100萬，可得迴力球場7成股權，我自己留3成。何鴻燊說：你怎麼搞？詹氏說：你不用管。賭王說：你有沒有搞錯？有這麼便宜的東西？

何鴻燊到底還是信了詹培忠的鬼才，沒再細問，承諾可隨時兌付巨額現金。

詹氏打著賭王的旗號先跟澳府交涉，要求批准他們的專營權轉讓，澳府答

應了，但要繳清迴力球公司所欠的稅款550萬。這樣，詹氏手上的現錢僅剩550萬了。獲得專營合約，也就背上了迴力球公司所欠5間銀行約6000萬債款。

詹氏以迴力球公司的名義，一間一間銀行擊破。聲明要嘛「本公司」破產，你們就一分錢也得不到；要嘛你們把欠款當壞帳處理，我們還可付1成的現錢償債。結果，詹培忠只花了600萬（他自己也出了錢），就奇蹟般地還清了6000萬的債務。

迴力球公司，詹培忠佔3成股權，何鴻燊佔7成。1990年7月，何鴻燊停止迴力球賽，將場館改為大型豪華的迴力賭場，此番「回天得力」，一舉扭虧為盈，財源滾滾。

1993年，詹培忠會見《資本》雜誌記者時說：「迴力公司現在價值10億餘元。」

在何鴻燊一統博彩江山的數次行動中，收購迴力公司，是何鴻燊最合算、最富戲劇性的一次行動。

【創富經】審時度勢，大膽決策

科學決策有助於減少風險，是企業沿著正確軌跡發展的保證。何鴻燊指出：「當企業越來越壯大，投資經營的難度也會隨之增加。所以，作為企業的管理者，就要善於總結他人的經驗，採納合理的建議進行科學決策。」

審時度勢大膽決策是成功企業家的必備素質，在危急關頭，應禁忌那種當斷不斷猶豫不決的決策心態。

從一般的意義上講，科學投資決策的基本要素主要應包括四個方面的內容：即決策者、決策的原則、決策的程序和決策技術。

一名成功商人做出正確決策必須具備五種能力：提出問題的能力，分析問題的能力，解決問題的能力，檢查決策實施的能力，直覺判斷能力。

科學決策包括如下幾個方面：

（1）最重要的是應用系統理論進行決策。首先應貫徹「整體大於部分之和」的原理，統籌兼顧，全面安排，各要素的單個專案的發展要以整體目標最滿意為準繩。其次，強調系統內外各層次、各要素、各項目之間的相互關係要協調平衡配套。

（2）決策成功與否，與決策事件面臨的主、客觀條件密切相關。一個成功的決策不僅要考慮到需要，還應考慮到可能。有魄力的決策者既敢於承擔責任和風險，又不盲目冒險，他們通常在確認方案具有可行性時，才最後拍板。

（3）資訊是決策的物質基礎。在科學決策中，資訊工作的品質越高，決策的基礎就越堅實。企業應該有較廣泛的資訊源，增大資訊收集的容量，防止資訊通道的迂迴、阻塞，特別是對資訊的加工和分析，要使其準確、完整、及時，使之對決策有用。

（4）管理要盡量使決策達到最優化。由於決策者在認識能力、時間、經費、情報來源等方面的限制，人們在決策時，不能堅持要求最理想的解答，常常只能滿足於「足夠好的」或「令人滿意」的決策。

（5）堅持必要的決策制度。通常，科學合理的決策制度包括以下幾個原則：審議的人數以五人為理想；多數人贊成通過；有反對意見的主意才是珍貴的；當反對意見不被說服時最好慎重決定。

6·不賭錢財賭人才

◎人才是最大的賭本

作為澳門博彩業的龍頭老大，何鴻燊曾被對手嘲笑：開賭場的不會賭博。他也曾笑言：人們都稱我為「賭王」，其實我並不好賭。除了偶爾打打麻將和下下象棋外，從不上賭桌賭錢的何鴻燊是如何把他的賭業王國管理得井井有條如日中天呢？那是因為：他把人才當成了一生最大的「賭本」！

20世紀80年代入主澳門賭業以後，為打破前任賭王對人才的壟斷，何鴻燊大膽啟用年輕人和土生葡人。為讓這些「新人」迅速上手，何鴻燊實行「兩手抓」策略：一方面打破陳規，廢除了業內「學徒制」，此舉可謂「一石二鳥」，既防員工拉幫結派，同時也能讓員工接受各種訓練，聽受多位業師的傳授，掌握全面新的賭術知識。另一方面，他著手改善賭場人員的福利待遇，營造激勵機制。他於1983年實行新規，將「貼士」（即「賭場小費」）的70%按資歷分給賭場工作人員。

因為「貼士」佔了澳門賭場總收入的26%以上，何鴻燊此舉一下子就讓賭場工作成為澳門人眼中的「金飯碗」，也造就了一批澳門「資產階級」。據統計，澳門60%的新車是賭場「荷官」買的，40%的新樓為賭業人士擁有。何鴻燊還挑選有發展前途的管理層人員，為其提供獎學金，參加學習有關管理方面的培訓課程。

在何鴻燊這種大手筆開放式的管理之下，一些人才也脫穎而出，黃昭麟就

是其中傑出一位。他生長於星洲，起初是一名導遊，後到澳門發展，在何鴻燊關照下迅速崛起。後來他獨立創業，成為世紀集團董事長，最大手筆是投資2.3億元興建金域大酒店。

何鴻燊說過：「有飯大家吃，只要員工勤力一些，給我多賺些錢回來，多分一些給他們也無所謂。」為這樣的老闆工作，賺錢多多機會也多多，還不擔心輕易被「炒魷魚」，哪個員工不滿心歡喜呢？因此他們親切地稱何鴻燊為「米飯班主」。

◎親寫聘書請人

管理如此龐大的一個博彩王國，何鴻燊深知凡事不能事必躬親，要善於抓大放小，找一個賢明通達、精通業務的「管家」尤為重要。經過再三權衡考察，他鎖定了一個人——謝肇鴻。這謝肇鴻是一個難得的博彩業管理人才，50年代曾在香港經營夜總會，後到澳門經營賽狗場，把賽狗場辦得有聲有色，連港府的一些高官也時常就如何辦好賽狗、賽馬問題請教於他。

但謝肇鴻從來都是自己當老闆，自己的生意也是做得風生水起，如何叫他「屈尊」給別人打工？何鴻燊使出了「撒手鐧」，親自寫下聘書送到謝肇鴻府上，據說這是賭王有生以來第一次也是最後一次親自寫聘書請人。受到大名鼎鼎的賭王如此盛情厚遇，謝肇鴻當即欣然赴葡京上任。

謝肇鴻上任後燒的「第一把火」就震撼了全球博彩業，也為賭場奠定了長盛不衰的基礎，那就是他發明了「泥碼（籌碼）輸完才算完成交易」的方法，將「賭團」配發的「泥碼」統統限定為死碼，永遠只能投注不能向賭場兌回現金，直到輸給賭場，由賭場收回為止。這一「狠招」在澳門賭場首推後，世界各地的賭場都先後效仿。

如此厲害的謝肇鴻長期心甘情願地為何鴻燊「看家護院」，顯然不主要是為了錢財，而是他覺得和賭王之間有一種「高山流水遇知音」的緣分，他自己就

一語道出天機：「何先生有眼光，我佩服他看中我。」

【創富經】善用「兵」，也善用「將」

何鴻燊多次表示：希望透過發展博彩業，尋求博彩商、政府、社會共贏的局面。如何實現這一目的呢？就是在人際關係上要善於造勢，在中、葡、港、澳四方之間，編織一張籠罩著各方各派勢力人士的關係網。

正是憑藉這張關係網，何鴻燊在用人上不僅能淘到管理菁英，還能從政界挖出企業的「金字招牌」，說明何鴻燊既善用「兵」，也善用「將」。

薛民信原是澳府的政務司首長，地位顯要。1989年3月，何鴻燊得知他將要辭職的內幕消息後，就私下裡頻頻向其「暗送秋波」。沒過幾個月，薛民信正式掛冠後，果然就來到澳門旅遊娛樂公司，當起何鴻燊的私人顧問。

就在這個節骨眼上，正值澳門娛樂公司斥資全面收購澳門誠興銀行，薛民信當即表示「支持」。薛民信雖已離職，但仍然是澳督文禮治的法律、財經顧問，同時還代表葡國國家投資參與從事在澳門的一切業務，在葡國和澳門均具有一定的影響力。他僅僅一句表態，其分量可想而知。非但如此，薛民信還向何鴻燊表露出對銀行管理的興趣，他擬出一個銀行改組方案，將銀行股本增加，並把誠興銀行這家小型金融機構改組為一間發展銀行。

美國五星上將布雷德利評價越戰時曾說過：「美國是在錯誤的時間錯誤的地點，和錯誤的敵人打了一場錯誤的戰爭。」套用這一句話，何鴻燊的成功之處，是他在恰當的時間恰當的地點，用了最恰當的人，做了最恰當不過的一件事。

「海納百川，有容乃大」，那些善於集眾人之智慧於一身的人，更易於成就大事。一個人的強大不僅在於提升自身智慧，凝聚眾人智慧更重要。如果我們能夠總是抱著一顆坦誠謙虛之心，積累人才，善納忠言，凡人也可能成為超人。

7·「無冕澳督」與「米飯班主」

◎無冕澳督、米飯班主

賭王是澳門最大的贏家，他旗下有兩大集團公司，一是經營賭博的娛樂公司，二是以經營港澳海上客運為主的信德集團。

娛樂公司是非上市公司，它的市值多少，長期是一個謎。*1992年娛樂公司股東董事葉德利將自己所持的1成股權套現6億港元，那麼娛樂公司的總市值約60億港元，高峰期估計有100億港元。*

信德集團是香港股市的「藍籌股」之一，著名的恆生指數就是依據「藍籌股」價格的漲跌編制的。*據1994年3月底資料，信德集團的市場價值高達120億港元。*這僅僅是股值，還未計算豐厚的董事袍金和紅利。

除了在澳門的一系列龐大的資產外，賭王在香港、加拿大、葡萄牙、澳大利亞、美國等國家和地區擁有大量的酒店、物業、餐館、海鮮舫、建築公司、連鎖店、成衣製造、服裝、電腦公司、電子製造、賭場等資產。

不可否認，何鴻燊是澳門有史以來最成功的賭王，這個在澳門歷史上在位最長的賭牌持有人，不但是澳門首富，香港十大富豪，他甚至還掌握著澳門的經濟命脈。

何鴻燊旗下的賭場，每年的投注在1300億港幣以上，相當於澳門本地生產總值的六倍，每年上交給政府的賭稅超過40億港幣，佔澳門總財政收入的50%以上。他也是澳門相當一部分居民的「老闆」，有30%左右的澳門人直接或間接受

雇、受益於他的公司。

就經濟上的影響力而言，何鴻燊可以說是澳門的「無冕之王」。因此，在統領澳門賭業江山的日子裡，除了「賭王」之稱外，人們還稱他「無冕澳督」、「米飯班主」。

◎王中之王

1987年中葡聯合聲明在北京草簽，明確了澳門的資本主義制度50年不變。

1993年通過的《澳門特別行政區基本法》第118條規定：「澳門特別行政區根據本地整體利益，自行制定旅遊娛樂業的政策。」

2000年初，澳門特區政府提出將澳門賭權「一開三」的構想：博彩專營將分為澳門本土、路環和氹仔三個專營區，本土（指澳門半島）的賭場將繼續由何鴻燊的澳門旅遊娛樂公司經營，其他兩地將以「特許經營方式開設分店」，公開招標競投。

澳門特首何厚鏵表示，澳門博彩業應該引進外國財團，藉此將澳門博彩業的經營提高到國際水準。

這意味著，何鴻燊及他的娛樂公司獨霸澳門賭業江山的現狀將成為歷史。

面臨著對己不利的未來新格局，何鴻燊將作何打算？

到*2000年中*，賭王擬定了*4個*計畫：

一是到公海開賭。以前，公海賭博會衝擊澳門賭場生意，到*2001年*後澳門賭場不再是賭王的獨家生意，所以他不怕攤薄澳門賭場生意。何鴻燊計畫購置一個龐大的賭船隊，吃盡公海賭博的生意。

二是守住馬會牌照。盡可能透過現代傳播手段，把澳門賽馬影響到香港、台灣，擴大電話投注的範圍。*1999年*澳門賽馬的投注額有半數為電話投注，其中*80%*為香港人。今後，要把電話投注的比例再提高，使澳門賽馬成為香港、台灣馬迷的盛事。

三是開辦網上賭博公司。這個線上賭博公司與一般的網際網路賭博公司不同,其虛擬賭場可透過視像鏡頭和三D影像即時運作,給你親臨賭場的感覺。據說,全球任何禁賭的國家,只要開放網際網路,人們就可以坐在家裡參與賭博。如能像他預期的那麼美妙,何鴻燊就不僅是澳門賭王,還是世界賭王。

四是興建漁人碼頭娛樂城。該項目是四項計畫中最宏偉的一個,是美國賭城拉斯維加斯漁人碼頭的翻版。整個計畫投資6億港元,包括賭場、商業中心、演出廳、一系列主題餐廳、酒吧,可供4000人狂歡的迪斯可舞廳、仿製的中世紀城堡、長350米的防波堤,以及最具吸引力的人造火山。該工程於2000年底開始。屆時,人造火山將成為娛樂城的標誌,亦是澳門著名景觀,將可吸引大量遊客。

我們可以預見,在未來的一段時期內,已經佔據澳門半島優勢的何鴻燊,仍然是眾賭商中的王中王。

【創富經】遵守商業倫理道德,讓企業走得更遠

經商謀利,要堅持有利於整個社會的行事原則,不與大家的公共利益相衝突,成為一個值得信賴的組織。堅持這樣一種倫理價值,企業才會有更大的發展機會。

一個組織的生命力取決於它的價值觀、視野,就像一個人不但要獨善其身,還要兼濟天下。資本的原始積累欲望不能保證企業獲得不竭的發展動力,而商業倫理基礎上的崇高使命感和道德感,不但可以成為組織發展的商業靈魂,更可以在激烈的競爭中讓企業走得更遠。何鴻燊之所以霸業不倒,概括起來,以下幾點奠定了他事業的發展基礎:

(1)經營階層的穩定度——企業頻繁更換重要領導人,對業務發展、人心穩定都會帶來不利影響,最終影響到經營業績的提高;

（2）高層主管的認真度——認真做事，才會有專注和敬業精神，帶來高效的執行，這是贏得成功的關鍵。

（3）全球化的平衡度——當世界成為平的，企業的各種資源都會在全球化的趨勢下發揮作用，全球化能力是企業的一種競爭力；

（4）經營決策的速度——高效的運行速度，首先來自高效的決策，令行禁止、言出必行的團隊才有快速行動的能力；

（5）員工利益緊密度——激發團隊成員積極性，需要完備的激勵措施和制度保證；

（6）客戶的分散度——在市場多元化的背景下，發展多層次的客戶與產品，才能適應市場的需求；

（7）技術的掌握度——擁有核心的技術和專利，能夠追蹤前沿市場趨勢，企業才能在競爭中保持領先地位，獲得先發優勢；

（8）團隊的合作度——組織設計科學、有效率，在工作中才能實現協作、合作，產生強大的行動力。

8·別處風景同樣美麗

◎賭王的經營哲學

賭場必須附設於酒店內，讓賭客可以足不出戶，就獲得吃喝玩樂的便利，這就是賭王的經營哲學。酒店的設施及服務一定要第一流，但收費絕對要低廉。讓遊客及賭客成為回頭客，再度光臨。

於是一幢幢高樓拔地而起，附設賭場的酒店也紛紛林立。僅1983年，賭王旗下的酒店便落成了三家——凱悅酒店、新皇都酒店、東方酒店。同年，何鴻燊和其他財團合資，在新口岸迴力球場前又建造了一家名為「迴力」的賭場酒店，耗資7億元，擁有1000個客房，規模比葡京更大。此外，坐落在路環的假日酒店也在該年接近完工階段。

20世紀80年代，澳門旅遊娛樂有限公司已擁有五家賭場，共開賭桌近百餘張和千餘架吃角子老虎機，各種遊戲設施的品質足以媲美拉斯維加斯。五花八門的賭局日夜開動，好像是個採之不盡的金礦，為公司賺進滾滾財源。

何鴻燊根據港澳亞熱帶氣候及擴大賭客層的經營需要，還制訂了賭場平民化的措施。它與拉斯維加斯、蒙地卡羅等賭場最大的不同點，是賭客無須穿正式禮服，大門24小時敞開，不收門票，任人自由進出。

賭場內禁止拍照，對顧客的資料完全保密。賭場宗旨之一，是不希望顧客輸得太多；理由很簡單，如果顧客都輸得一乾二淨，賭場也就沒有生意了。但賭王的算盤打得很精，賭客贏得鉅款時，應將贏得賭金的10%贈予東家作為佣酬。

不過這些豪客，無論輸贏，皆能獲得葡京等酒店的特別「優待」，發給金卡一張，可以享受免費的食宿和交通。

也許，正是如此「貼心」的服務，才能引來無數的賭客光顧，才成就了賭王三十年的霸業。

◎海陸空三軍總司令

如果「賭王」之名讓何鴻燊賭名遠播的話，那麼在其他產業，特別是在信德集團上的長袖善舞則讓其贏得更多的聲譽。

信德集團是何鴻燊在信德船務的基礎上創建的，成立之初是一個單元化經營的企業。1973年，它改名為信德企業有限公司，在香港股市正式掛牌上市，並立即定下了向海陸空三個方向發展的戰略決策。

「海」當然是指船舶業務。信德企業1980年開始自建船廠，不僅保證了供應自身船隻及檢修的需要，而且面向市場，成為一個盈利可觀的企業。「賭王」還將一些淘汰的船平價賣掉或改成載人到公海賭錢的賭船及供遊客吃玩樂的海鮮船。他在風景秀麗的香港仔避風塘建造了世界上最大的海上食府——珍寶、太白及海上皇宮三艘海鮮舫，已成為遊客必到之地。

1989年及1990年，信德企業分別從夏威夷和雪梨購入兩艘舊海鮮舫，翻修後在東南亞經營海鮮業務，獲利頗豐。香港回歸祖國後，賭王與香港中旅國際投資有限公司合併船務業務，組成合資公司。何鴻燊持有新合資公司——信德中旅船務投資有限公司71%的權益。新公司旗下的波音快船已有32艘之多，另有許多客輪，年載客量可達2000萬人次以上，已控制了港澳與中國內地之間大部分的海上客運業務。

世紀之末，何鴻燊老驥伏櫪，志在千里，直接把旗下的海鮮舫開到馬尼拉灣，在2000年的元月30日正式開業，準備經營海鮮飲食兼賭業。雖然賭王的這一大動作遭到菲律賓部分政客及宗教團體的反彈，但何鴻燊絕不會輕易變更他的

跨世紀戰略。

「陸」當然是指房地產。20世紀50年代，「賭王」已有相當成功的房地產經營紀錄。隨著70年代賭業王國的確立，何鴻燊在80年代開始騰出一隻自由的手，搞起房地產，按照「人棄我取」的道理，進行了幾次漂亮的大出擊。

80年代中期，何鴻燊繼霍英東之後出任了香港地產建築商會會長。1989年後，香港房地產價格暴跌不止，「賭王」看到如此千載難逢的良機，於是逆水行舟，大肆出擊，展開一連串強勢的房地產收購行動。隨著90年代初期香港局勢漸趨穩定，特別是1992年鄧小平南巡講話的效應，香港股市、房地產價格大幅反彈、上升，賺得賭王荷包滿滿。

「空」是指航空業。何鴻燊在一次考察拉斯維加斯和大西洋賭城時，看到許多賭客都乘坐私人小飛機和直升機去賭場玩，觸動其在澳門建造直升機場，開闢直升機航線的靈感。

1990年11月，何鴻燊與日本財團合夥辦起直升機公司，開闢了港澳直升機客運服務的航線，機場設於澳門新口岸「新港澳碼頭」平台，每日自澳飛港12個航班，航程只需16分鐘。

辦了直升機，賭王轉身又投資20多億港幣，興建澳門「國際機場」，是僅次於澳門政府的機場專營公司第二大股東。該機場已開通20多條航線，將賭客和觀光客滿載而來，他們多數都會把脹鼓鼓的荷包掏空才打道回府。

載具越快越好，客人越多越賺。「工欲善其事，必先利其器」。「賭王」的投資哲學，就是贏的哲學。1989年，賭王以收購華民航空股為其「進軍海陸空」戰略劃下一個完美的階段性句號。

1990年，信德企業有限公司易名為信德有限公司，成為一個多元化集團。

1998年，信德集團已是一個擁有資產總值達140多億港元，附屬或聯營公司百餘家，港澳員工1400多人的跨國多元化集團。

何鴻燊的辦公室設於中環信德中心39樓，可俯瞰整個維多利亞港海景及他旗下的波音船隊、港澳碼頭和觀賞藍天中飛行的刻有「華民」字號的波音飛機。

「賭王」的另一個頭銜是「海陸空三軍總司令」。

【創富經】商人要主動跟隨市場趨勢求變

生意沒有永遠長久的時候，顧客的需求，整個市場的競爭態勢都是持續變化的。變是一定要變的，這個世界本來就是豐富多彩、千變萬化的，重要的是商家必須隨機應變。

何鴻燊的成功，是隨時應變的結果。商戰中要想取勝，須對時勢有著極其敏銳的觀察力和判斷力，因為形勢是不斷變化的過程，必須對其深入細緻的分析，並採取有效的應對之策，才能在做出正確的判斷之後，採取相應的手段來順應它。

經商過程中，會有各式各樣的機遇。一旦出現，就應該果斷而行，義無反顧。坐失良機，可以說是人生的最大遺憾。商人要主動求變，跟隨市場趨勢進步，而不是被動適應市場環境的改變。

現代商業經營和企業運轉錯綜複雜，千變萬化，因而果敢的決斷更顯重要。企業經營者必須意志堅定、態度堅決、充滿信心、有毫不猶豫地做出決斷的魄力。

如果說，商業世界的奧秘用一個字來概括，那就是「變」。當經商環境發生變化，當競爭對手的戰略有了調整，你必須注意到這種改變，並採取有針對性的舉措，才可以因地制宜地把握商機，實現盈利的目標。

勝利往往屬於勇於決斷有魅力的經營者，而優柔寡斷，怯於決斷者則往往貽誤商機，導致事業的失敗。因此，在變化面前，要有果斷而正確的決斷力。

9 · 富貴聚散無常，唯學問終生受用

何鴻燊既是賺錢的行家，也以豪爽捐贈而聞名。多年來，他身體力行，參與了不少公益事務，他以個人或公司名義，每年捐資社會基建、慈善福利、文康體育、醫療教育，受惠團體多不勝數，包括：澳門明愛、澳門街坊會聯合總會、澳門大學、澳門天主教福利會、澳門特殊奧運會、澳門鏡湖醫院、澳門母親會、同善堂等。

在眾多捐資項目中，何鴻燊對文教事業尤其鍾愛。少年時代家道中落，不但激發了他對讀書的熱愛與渴求，也啟發了日後對教育事業的承擔。為此，他常常告誡後輩：「富貴聚散無常，唯學問終生受用。」

何鴻燊對內地更是情有獨鍾。早在1990年，何鴻燊就出資成立了「何鴻燊航太科技人才培訓基金會」，還於1993年在河北省廊坊市建造「何鴻燊培訓樓」，用作培訓航太科技人才。1999年3月，何鴻燊率先出資300萬美元，支持北京興建中華世紀壇，表達對新世紀來臨的祝願。北京申奧成功後，何鴻燊更是數度出資支持奧運場館的建設。2008年，當奧運聖火在澳門傳遞時，86歲高齡的何鴻燊擔任了第二棒火炬手，也是澳門120名火炬手中年紀最大的。

事實上，何鴻燊最大的貢獻是他先後於2003年和2007年斥鉅資搶救回了流失海外達143年、147年的北京圓明園大水閥豬首銅像和馬首銅像，並無償捐獻給國家。

2003年，何鴻燊與中國搶救流失海外文物專項基金取得了聯繫，並在當年的9月，向該專項基金捐款人民幣600餘萬元，終於將豬首銅像購回，並無償地捐

贈給保利藝術博物館收藏。

2007年9月初，蘇富比拍賣公司發佈消息稱，將以「八國聯軍圓明園遺物」專拍之名拍賣馬首銅像。得知要拍賣馬首銅像的消息後，何鴻燊立即透過香港蘇富比拍賣公司聯繫到了那位台灣收藏家，並在拍賣會舉行之前以6910萬港幣購得馬首銅像，並宣佈要將其捐贈給國家。在購得馬首銅像後，何鴻燊先是將其在香港展出，隨後又轉往澳門展出。其中的託管、運輸、展出、安保等所有費用，都是他一人承擔的。他要讓香港和澳門人民都能親眼目睹國寶的「芳容」，同時牢記國家曾經遭受的屈辱！

展覽結束後，何鴻燊將馬首運回北京，贈交國家博物館保存。看到馬、虎、猴、牛、豬等獸首銅像得以「團聚」，何鴻燊再次為之落淚。

何鴻燊坦率地說：「6900多萬港元確實是貴了一些，但為了讓國寶回歸祖國，貴點也值了。」話語樸實，卻體現了一位耄耋老人濃濃的桑梓情懷和拳拳的愛國情感。

【創富經】建立自我，追求無我

「建立自我，追求無我」，這句話的意思就是讓自己強大起來，要建立自我。同時，要追求無我，把自己融入到生活和社會當中，不要給大家壓力，讓大家感覺不到你的存在，來接納你、喜歡你。何鴻燊就做到了這一點。

凡是成功的商人，都善於把自己的姿態放得很低，給別人面子，尊敬別人。現實生活中，經常看到這樣一些人，有一點小小的成功，就會傲氣十足，目中無人，唯我獨尊，自私自利，讓別人不舒服，不懂得怎麼尊重別人，他的存在讓人感到壓力，行為讓人感到羞恥，言論讓人感到渺小，財富讓人感到噁心，最後他的自我使別人避之唯恐不及。而李嘉誠卻不一樣，他建立自我同時要追求無我。這是一種生活的態度，對錢的看法，對人生，對周圍世界怎麼相處。

錢之外的一個重要能力是做人的能力。做人，即做人的姿態。這就是對自己及別人要非常謙恭、謙虛、謙卑。李嘉誠的生活態度給了我們更多的啟示，有自信的同時也要學會尊重他人，只有學會了尊重他人，才能得到別人的尊重。其實，道理人人都懂，但做起來就不是那麼容易了。李嘉誠的行為做好一次容易，但做好一輩子就不容易了，這也許就是他成功的一個重要因素吧。

所以，對生活的和外在世界的看法，代表了一個人的人生觀、世界觀。尊重別人就等於尊重自己的人生，輕視別人就等於輕視自己的人生。

GE前總裁威爾許說：「一個首席執行長的任務，就是一隻手抓一把種子，另一隻手拿一杯水和化肥，讓這些種子生根發芽，茁壯成長。讓你周圍的人不斷地成長、發展，不斷地創新，而不是控制你身邊的人。你要選擇那些精力旺盛、能夠用熱情感染別人並且具有決斷和執行能力的人才。把公司的創始人當成一個皇帝，從長遠來說這個公司是絕對不會成功的，因為它沒有可持續性。」

10 · 賭王家訓：不可投機賭博

◎成功的秘訣

何鴻燊所擁有的一切，都是他親手創造的。征戰賭業多年，家財數以百億計，是否考慮過退下火線享清福呢？賭王在回答媒體提問時豪氣干雲地說：「有競爭我怎麼會退休呢？我這人最喜歡競爭，我要做出一些成績給他們（外資賭場）看，等他們服氣了再考慮退休。」

有人曾向他打聽成功秘訣，何鴻燊說：「我沒什麼秘訣，一是做事必須勤奮；二是鍥而不捨，有始有終。錢，千萬不要一個人獨吞，要讓別人也賺。做生意一定要懂得有取有捨，有的雖可獲一時之利，但無益於長遠之計，寧可捨棄，不可強求。勤勞努力，戰勝困難，才是最大的資本。沒到收工鐘響就洗乾淨手的人，一定是老闆最看不起的人，也是人生不會成功的人。」

◎子承父業

2001年5月間，何家父子又引起了傳媒的關注，一是何鴻燊年僅24歲的兒子何猷龍與維他奶食品集團創辦人羅桂祥的孫女羅秀茵完婚；二是年近八旬的老賭王放出話來，除在澳門的賭業外，集團內的每一項業務，都歡迎兒子接掌。誰接賭王的班，成了人們熱衷的話題。

子承父業，在華人社會是天經地義的。何鴻燊當年79歲，有4位太太，11個女兒，6個兒子，除何猷龍當時已24歲之外，其他的兒子年歲尚幼，所以，外界也就自然將何猷龍視為接班人。

賭王雖然以賭業起家，但給兒子的第一條家訓，卻是不可投機賭博。因為，兒時的何鴻燊正是投機賭博的受害者。他的父親因炒賣股票失利而遠走越南，留下他和母親艱難生活，原本富蔭三代的家庭一朝敗落。他和母親寄人籬下，幾乎天天跑當鋪，嘗盡了世態炎涼。而在這種情況下，與他同出一宗的香港首富何東家族不但不施予援手，反而改姓「何東」，以示涇渭有別。何鴻燊對此經歷刻骨銘心，也因此，他在相當一段時期都不鼓勵兒子接手賭業。

至於何猷龍，他表示自己對賭業沒有特別興趣，但也並不抗拒，他認為管理賭業，和做其他生意沒有什麼區別。

何猷龍9歲移居加拿大，1999年大學畢業後回香港，加入怡富證券行工作。何猷龍說，從小父親就不時地教授他做生意的技巧，訓練他成為高級行政人員，所以，他從小就有創業情結。在怡富取經一年之後，何猷龍於2000年入股網上金融交易服務供應商i-Asia（數位亞洲公司），並出任董事。他說，在決定了自行創業後，共收到了147份邀請加盟的建議書。這次何鴻燊親自出任了該公司的主席。

老父多次勸他回家打理家族生意，何猷龍也不是一點不動心，但一切需要時間，他說：「現在最重要的是，我自己要學會做生意，做好這個公司。」

有人問他會在該公司待多久？何時會子承父業？何猷龍說：「我加入公司不足一年，就談論這個問題，那不是很沒誠意嗎？」他說：「有一天，人家看到我的照片說，他是何猷龍，而不是說，他是何鴻燊的兒子，那就是成功。」

【創富經】儲備內部接班人

對於接班人的問題，現在管理學家們普遍推崇IBM的「長板凳計畫」，企業界豔羨GE的「新人」計畫。但是，別忘了，讓IBM這頭大象跳舞的郭士納與「長板凳計畫」毫不相關，在成為IBM掌門人前，郭士納甚至不是IT業人士。

　　而*GE*歷時7年挑選威爾許，威爾許又歷時7年挑選出接班人伊梅爾特，7年時間，同樣阻斷了多數企業的生命週期的極限。更讓只有二十多年「公司史」的多數中國企業望塵莫及。

　　目前中國的大多數民企正在經歷掌門人接班，也確實碰到了不小的難題。李嘉誠把大權交給了長子李澤鉅，但仍在不停指導；柳傳志把聯想拆分，交給楊元慶和郭為分管；倪潤峰兩選接班人，不適合自己不得已復出；宗慶后的接班人也是一團謎。

　　中國的企業家應該慎重的選擇接班人，不能沿襲中國「富不過三代」的傳統。針對目前我國企業的狀況，選接班人有兩種基本途徑，那就是自己培養與外部引進。

　　內生還是引進，主要考慮三大類因素：一是外部環境、市場狀況、技術發展、競爭態勢；二是考慮企業現實發展情況、如戰略制訂與實施、發展階段與方向、管理體制與機制；三是內生接班人與引進接班人比較。

　　無論是內生還是引進，有一點相同的是，企業必須做好內部培養接班人的計畫和工作，儲備內部接班人。這將對企業的發展產生巨大而深遠的影響。如果說是致命的，那也絲毫不為過。

第十章 「世界船王」包玉剛

——「海龍王」鏖戰香江

他是一位叱吒政商兩界的風雲人物，是一位名副其實的海陸空「三軍總司令」；他作風豪爽，交遊遍天下；他頻頻奔走於中港英之間，為香港前途問題進行斡旋，並參與起草《基本法》，發揮了巨大的影響力。這就是雄踞世界十大船王之首，號稱「海龍王」的包玉剛。

包玉剛，世界上擁有10億美元以上資產的12位華人富豪之一，世人公推的華人世界船王。對於包玉剛來說，他與英國前首相柴契爾夫人私交甚密，不但可以隨時通電話，而且還能自由出入唐寧街五號的首相官邸；他的電話可以直接通到白宮，隨時與美國總統對話；他每出訪一個國家，該國的首腦或政府要員都要和他會面，並聽取他對該國以及世界經濟形勢的分析。

在包玉剛盛名的背後，是一部白手起家的創業史，他的成功歷程，堪稱一部波瀾壯闊的史詩，足以讓每一個中國人自豪驕傲、熱血沸騰，也足以令每一個外國人瞠目結舌，嘆為觀止！美國《財富》和《新聞週刊》兩雜誌分別稱包玉剛為「海上的統治者」和「海上之王」。

◇檔案

中文名：包玉剛

出生地：浙江寧波鎮海

生卒年月：1918年11月10日--1991年9月23日

畢業院校：中學畢業

主要成就：雄踞世界十大船王之首

◇年譜

1918年10月，出生於浙江寧波鎮海。

1926年9月，在葉氏中興學校入學。

1931年，從學校畢業後來到漢口跟父親學做生意。

1938年，到上海加入了中央信託局。

1942年，任中央信託局衡陽辦事處保險部主任，中國工礦銀行衡陽分行副經理。

1945年，就任上海市銀行營業部經理和副總經理。

1948年，移居香港。此後，從事與內地的進出口貿易。

1955年，買下第一艘英國造舊船，創建了環球航運公司。

1965年，獲得了亞洲航運業的控股權和國際石油海運市場中可觀的份額。

1966年，創辦了環球海員訓練學校。

1973年，環球集團簽訂了第一百五十艘新造貨船訂購合同。

1974年，他的第一百艘新造油輪交貨，環球航運集團船總噸位超過了1000萬載重噸。

1976年，被英國女王封為爵士。

1978年，自己的海上王國達到了頂峰，穩坐世界十大船王的第一把交椅，香港十大財團之一，創立了「環球航運集團」。

1991年，病逝於香港寓所。

1·行船跑馬三分險

◎與海結緣

諸多的華人企業家中，從事海運的可謂少之又少，畢竟中國不是海的國度，在陸地上生長出來的人，喜歡土地那種厚實、安穩的感覺，提到大海，第一個感覺就是波詭雲譎，難以捉摸，本來商海就很變化莫測了，更何況是海上商戰，其中的變數誰也無法預料，有「人和」已經難能可貴，更何況還得看老天的臉色，可是竟真的有這樣的冒險家、這樣的成功者，而他就是舉世聞名的華人船王——包玉剛！

*1918*年，包玉剛出生在浙江寧波一個小商人家庭，父親包兆龍是一個商人，常年在漢口經商，他給剛剛出生的次子取名「起然」，字「玉剛」。「起」字是包家的輩號，有「永不停頓」之意，「然」字通「燃」，表示火在燃燒，寓意小傢伙像一團火那樣越燒越旺，「玉剛」則寓意孩子長大成人後潔身自愛，剛直不阿。

包兆龍儘管事務繁忙，但對子女卻非常嚴格。由於家境還算富裕，他決定讓子女接受當地最好的教育。

寧波地處東海之濱，是浙江省最大的港口城市，是鴉片戰爭後「五口通商」的口岸之一，有著悠久的商業傳統，形成了歷史上著名的商幫——寧波幫。包玉剛家所在的村落，離海不遠，但自從跟其父到鎮海後，他念念不忘那無邊的大海和海上的商船，他上學時最喜歡的就是去看海，去看船，似乎廣闊的大海裡

寄託了他一生的夢想。

◎看到背後的機會

13歲那年，父親送包玉剛到上海求學。到上海不久包玉剛就一頭栽進吳淞船舶學校學起了船舶。抗戰爆發後，又輾轉到了重慶。在這裡，包玉剛沒有按照父親的意願繼續進大學深造，而是自作主張跑到一家銀行當了一名小職員。憑著自己的努力和在銀行裡積累的經驗，在7年短短的時間裡，包玉剛就從普通職員升到了衡陽銀行經理、重慶分行經理，直到最後的上海市銀行副總經理，前面的路途可謂一帆風順。

1949年3月，已在上海市銀行任副總經理的包玉剛，向時任上海市長的吳國楨請辭，攜妻女來到香港。此前，包玉剛的父親包兆龍已於1948年下半年賣掉了民豐造紙廠，偕同家人先期從上海來到香港。

正是這次香港之行，包玉剛迎來他人生的重要轉折。

初到香港，家人團聚，包玉剛心中十分喜悅，但很快便有一種「被流放的感覺」，因為發現「已沒有機會回去了」。行走在香港這個「彈丸之地」，包玉剛不得不從長計議。他曾想到過自己擅長的「銀行業」，但香港銀行業早已被匯豐、渣打和大通三大英資銀行壟斷，中國人很難邁進大門。

以後幹什麼好呢？包兆龍傾向經營房地產，他是個老式的商人，相信「無地不富」是真理。可是包玉剛卻以自己的眼光，認為當時香港房地產業坐收地租，是保守的投資，去炒地皮，萬一被人吃掉了，就什麼也沒有了。

1954年，包玉剛提出一個大膽的想法——搞航運，對船生意一無所知的包玉剛的提議也招來全家人的反對，因為航運業是一個風險極大的行業。母親勸他，「行船跑馬三分險」，搞海運等於把全部資產都當成賭注，稍有不慎，就會破產。父親認為，香港的航運業已經十分發達，競爭相當激烈，而包玉剛對航運完全是門外漢，憑什麼經營航運？但包玉剛主意已定，矢志在海洋運輸業謀求發

展。

「香港有極好的港口，而且是個自由港，經營航運有得天獨厚的條件。」包玉剛看到的是背後的機會，他又對父親說：「航運是世界性的業務，資產可以移動，範圍涉及財物、科技、保險、經濟、政治、貿易，幾乎無所不包！」這也就是說，航運業如果時局太平，可用來賺錢；一旦風雲變幻，則可一走了之。

1955年春節後，父親包兆龍終於同意他去訂購第一條船。包玉剛終於可以一圓自己的海上之夢了！雖然這個路程十分艱難，而當時他已經37歲。

【創富經】苦難的生活是最好的鍛鍊

許多商人成功之前，往往是最貧困的人，一無所有。他們在生活中遭受了非人的困苦，對「貧窮」有了切身體會，而後義無反顧的投身商海，力圖擺脫貧困的命運和生存的壓力。一無所有，既讓他們飽嘗了生活的艱辛，也造就了他們的自立精神。

包玉剛從一無所有，到富可敵國，這種過程離不開志向、知識與恆心。其實，這是任何一位白手起家的商人成功的秘訣。

比如，英皇鐘錶集團主席楊受成，也是自立自強的典範。12歲那年，他目睹了父親一夜間傾家蕩產的慘景。當時，債主臨門，一家人受盡了百般羞辱。這件事使楊受成一下子長大了，也懂事了，他立志以後一定要出人頭地，替父親爭口氣。中學還沒畢業，楊受成就幫助父親做生意，走上了經商之路，並摸索出一套賺錢的絕技。

無數商人的創業故事，都印證了確立志向、學習專業知識經驗，進而持之以恆的成功路徑，是不可逾越的。概括起來，經商的過程中要有這樣的認知：

（1）一無所有的時候，也是最容易放手一搏的時刻。

許多人選擇創業、經商，最初的動力來自於生存壓力，他們渴望改變自己

的命運，掌握未來的生活，所以義無反顧地投身商海。因此，生活中一無所有，甚至面臨巨大生活壓力的時候，完全可以把這種壓力轉化為動力，冷靜下來分析對策，一定會找到一條生路。

（2）任何時候都不放棄對美好生活的嚮往。

大多數人的人生目標是為了生活得更好——包括對財富、社會地位的渴求和「實現自我」。很可惜，許多人在生活壓力面前，拋棄了曾經的熱情，甚至自暴自棄。事實上，人最大的敵人是自己，只要你不放棄，沒有人可以逼迫你妥協。因此，無論任何時候都要堅持自己的理想，都要對財富抱有一份渴望，並盡早付諸行動。

2 · 初出茅廬的「傻瓜」

◎金安號起航

開發航運，第一步就是要買船，在海裡航行的船，可不是小舢板，要投入大筆資金。包家當初從內地到香港雖然也帶了些資金，但即便是買一條舊船也不夠。

包玉剛專程去了一趟英國，想向一個很談得來的朋友借錢。可是那個朋友一聽說他要借錢買船，就變得像個陌生人一樣。不肯幫忙也就罷了，他還抖了一下包玉剛的襯衣，譏刺地說：「玉剛兄，你年紀還輕，對航運一無所知，小心別連襯衣都賠進去！」這大大地刺傷了包玉剛的自尊心，他暗暗發誓一定要幹出番大事業來。

兩手空空回到香港後，包玉剛又去匯豐銀行申請貸款，又碰了一個釘子。無奈之下，包家開始向親戚朋友籌集資金，最後總算湊足了20萬英鎊。拿著20萬英鎊的現金，包玉剛在倫敦貨比三家，從威廉森公司買下了一條20年代造的已經有27年船齡、載重8700噸的燒煤船，給它起名「金安號」。

包玉剛說，這個名字，象徵著他對經營航運業的設想和構思：「金」字表示要賺錢，而「安」字表示要穩中求勝。

1955年7月30日，「金安號」正式起航，未來船王開始了意味深長的處女航。「金安號」駛向香港，途經印度洋時，包玉剛已辦好兩件事，一是成立「環球航運集團有限公司」，二是與日本一家船舶公司談妥，將「金安號」轉租給這

家公司，從印度運煤到日本。包兆龍看著兒子坐在香港的沙發中，就安排好了這一切，也不能不佩服兒子的能耐。這艘他還沒見過模樣的船，就已經開始為包家賺錢了！

◎最好的經營策略

當時航運業傳統做法，是「計程租」，亦叫散租，根據貨主的需要把貨物運到某地，然後根據這一個航次結算運費，不僅運費收入高，且「現得利」。在航運業繁榮的時期，甚至跑一個航次就可賺回船隻造價的 1/3。聞名世界的希臘船王歐納西斯、美國船王路德威克，以及老一代香港船王董浩雲，都是這樣做的。

不過，「金安號」第一次租船就是「長租」，且租期是9個月，包玉剛的做法立即就遭到業界的嘲諷——都譏笑他為「門外漢」，「一個初出茅廬的小傻瓜」！

許多人都在嗤笑這個不自量力，不懂規矩的小孩子，但包玉剛自有他的打算，他曾對人說：「我的座右銘是，寧可少賺錢，也不去冒險。」他謀求的是長期而穩定的收入，這是放眼未來的一種經營方法。而短期出租就要承擔一定的風險。事實上，就是這種穩紮穩打的方式讓包玉剛區別於其他的船主，最後坐上了世界船王的寶座。

包玉剛的「運氣」也不錯，1956年，中東戰爭爆發。埃及關閉蘇伊士運河，貨物積壓嚴重，國際運價猛增，「金安號」正好租期屆滿，便以高得多的租費續訂了租約，包玉剛用這筆錢又購買了一艘舊船。

這時，包玉剛的銀行家本色發揮作用了，他利用船租信用證獲得銀行貸款，再去買船，於是接著是第三條、第四條——簡直是以幾何級數猛增……到1957年，投身航運僅2年，包玉剛便已經是7艘船的船主了。1957年的下半年，航運業出現蕭條，運價跌到最低點，那些做短期出租的船主，每天都要賠老本，只有包玉剛卻可以憑著合約穩收租金。

這次低潮過去後，不少人都學包玉剛的辦法，開始買舊船長期出租。可是包玉剛又改變了方針，將新船長期租給人家，舊船留著自己經營。因為，新船出租，租金自然比舊船高；而舊船自己用，效果則與新船一樣。

事實證明他這個「門外漢」的經營策略是最好的經營策略。人們不得不承認，包玉剛的運氣和眼光都是一流的！

1976年3月，美國《新聞週刊》以海上之王為題，在封面刊登了他的照片，從此包玉剛正式贏得了船王的美名。1981年，包玉剛的船有200多艘，總噸位達到2100萬噸，比美國和前蘇聯的國家所屬船隊總噸位還要大，成了名副其實的世界船王，距他最初從事航運業，只有短短25年。

【創富經】待機而發，順勢而為

包玉剛在事業巔峰時接受採訪時稱，「做生意不是一種藝術，也不是一種科學，而是一種高深莫測令人入迷的興趣。」

進入21世紀，商業環境已發生了翻天覆地的變化，以前是「大魚吃小魚，小魚吃蝦米」，現在則是「快魚吃慢魚，慢魚被淘汰」。公司創立以後，一旦進入了一個行業，就要明瞭自己的優勢所在，並迅速塑造自己的競爭優勢。只有這樣，公司才能生存和發展下來。

英國經濟學家和教育家約翰·凱（John Kay）說：「競爭優勢並不取決於你能做別人已經做得很好的事情，而是取決於你能做別人做不了的事情。」

3・一場「空對空」的爭鬥

◎知己知彼，方能百戰不殆

俗話說：「知己知彼，方能百戰不殆。」包玉剛在經營方式上選擇長期出租的同時，也在思考另一個問題，在銀行做事的經驗讓他明白資金對一個企業的重要性，要使自己的航運事業迅速發展，光靠自己是不行的，必須得到銀行的支援。

包玉剛找到了匯豐銀行的高級職員桑達士，憑著一口流利的英語，更憑著他對銀行業務的熟悉，很快就贏得了桑達士的信任。桑達士瞭解了包玉剛的長租經營方式和收入狀況後，當即拍板同意向包玉剛提供數額不大的低息貸款。

有一次，包玉剛有機會以100萬美元購買一艘7200噸的新船，並把它租給一家日本航運公司，雙方議定租期為5年。日本航運公司急於用船，所以願意出面請它的銀行資助包玉剛買船。包玉剛算了一下帳，航運公司應該付給他的第一年租金是75萬美元，那麼，由日方銀行開給他一張75萬美元的信用狀該是沒有問題的。於是，包玉剛就去找桑達士，希望匯豐銀行貸款100萬美元給他買船，他說他可以用75萬美元的信用狀作擔保，匯豐銀行不會有什麼風險。

100萬美元可不是個小數字，謹慎的桑達士不會輕易相信任何人。他毫不客氣地說：「包先生，你不是在向一個小孩子說你會發財吧？」包玉剛不慌不忙地反問：「桑達士先生，如果我拿到信用狀，你能不能貸款給我？」

桑達士乾脆地回答：「貸！只要你有信用狀，我馬上貸給你。」

　　桑達士相信自己的經驗：你包玉剛船還沒有買，就要人家租你的船？還要人家請銀行給你開信用狀？這不等於是人家出錢讓你買船了嗎？！世界上哪會有這樣的好事！他認定包玉剛是在說笑話。

　　包玉剛一點也不含糊，他到家就打點行李上東京，他對那家日本航運公司說：「我是來拿信用狀的。因為我買船的錢還差一點，只要把信用狀開給我，我保證在3天之內就把船交給你們。你們信得過我，就先把信用狀給我吧。」

　　當包玉剛拿著那張銀行信用狀再次走進桑達士的辦公室時，這位金髮碧眼的英國紳士難以置信地睜大了眼睛。一個毫無背景、航運經驗不算豐富的中國人，居然能在短短的幾天裡，拿到一張貨真價實的由日本客戶銀行開出來的信用狀，這看來似乎是天方夜譚，然而，現在卻真的變成了現實，驚訝之餘，桑達士再次被這位中國商人的非凡能力所深深折服，並立即給包玉剛審批了貸款。

　　在這場「空對空」的爭鬥中，包玉剛的良好信用成了最有力的武器。結果，桑達士不但實踐諾言貸給包玉剛100萬美元，而且還從此確定了與包玉剛的長期合作關係。在後來的無數次借貸合作中，包玉剛以誠信為本，取得了銀行的信任和支持，使自己事業的發展有了一個雄厚的資金來源。

　　◎亞洲第一人

　　從此以後，包玉剛、桑達士、匯豐三者之間便建立了無法割斷的千絲萬縷的聯繫，匯豐既然已參股到包玉剛的環球船運，勢必不會讓它垮台，而包玉剛憑藉匯豐的雄厚財勢，在航運界大展拳腳。

　　包玉剛透過銀行貸款，在二手貨輪市場上大量購買船隻，短短幾年內，就擁有了40多艘巨型遠洋貨輪。從此，他的事業蒸蒸日上，資金也像滾雪球一樣越滾越大。

　　包玉剛初涉航運界的時候，由於資金的關係，購置的都是一些舊貨船，船齡也較長。就在包玉剛為舊船經常需要修理，對資金和經營管理造成不小的浪費

和困難而煩惱不已的時候，恰逢日本政府著手復興本國的造船業，國外企業向日本船廠訂購船隻，可享受低息貸款。

有此機遇，包玉剛當然不會錯過，於是，他便以較少的資金，淘汰舊船，更換新船。*1962年11月，包玉剛訂購的16000噸的「東方櫻花號」在日本船塢下水，標誌著船隊更舊換新的開始。*

在此之後，匯豐銀行又和包玉剛合作，成立了「環球船運投資有限公司」，而包玉剛在匯豐的地位也穩步上升。後來，包玉剛更是榮任匯豐銀行的副董事長，成為匯豐銀行歷史上首位華人董事，同時也是亞洲的第一人。

【創富經】與銀行建立千絲萬縷的聯繫

企業，特別是中小企業，處理好與銀行的關係，是企業發展過程中至關重要的一個環節。當前，面對金融危機的餘波，企業處於不利的經濟環境下，應當與銀行建立什麼樣的關係？怎樣才能實現互利共贏？

企業作為經濟發展的基礎，要在發展中求生存、創效益，資金需求是最大的難題，如何爭取銀行的支援，力爭以最小的資金投入獲取最大產出，應積極做到「三個正確」。

（1）正確認知信用問題

信用不是任意借貸，而是有條件的借貸行為，即借貸雙方都有願意的真實表示，借款方必須償還本金和支付利息。銀行和企業同是信用關係的兩個主體，二者之間的信用關係是以等價交換為原則的，是一種協調、信任、互利的關係。銀行作為信用主體之一，透過借貸方式供應企業資金，企業對資金有使用權，但所有權仍然屬於銀行；企業作為信用另一主體，也必須遵守信用，按期歸還貸款並支付一定的利息。企業不能強要貸款，也不能賴帳不還，否則二者之間的信用關係將難以維繫。

（2）正確看待資金需求

企業的生存和發展離不開資金。可以說，資金能夠使一個效益好的企業如虎添翼，也可以使一個效益不好的企業起死回生。但是，資金的投入必須以是否產生效益為前提，看似資金供應不足，缺口大，實際是生產成本高，銷售不理想，資金佔壓過多，不是真正的有效資金需求。因此，企業要算好資金需求帳，加快資金周轉，提高資金使用效益。銀行對資金需求的供應，要服從國家政策，要考慮投入效益，也要根據自身資金實力決定。在銀行投入不能完全滿足資金需求的情況下，企業要能理解，絕不能從事非法集資活動。

（3）正確維護銀企關係

銀企關係是一種魚水關係，實際上也是一種對稱關係。這種關係以信用為基礎，以互惠互利為目的，靠雙方共同維護。企業要靠銀行的信用支持，銀行也要靠企業的信用支撐；銀行應該支援企業，企業也應該維護銀行的債權。企業借款時要真實反映有關問題，貸款後要按時還本付息，並主動接受銀行對其財務和借款的監督。

4 ·「海龍王」成就世界船王

◎世界船王

包玉剛的第二步就是改變當時大多數船員抱著「混口飯吃」上船的認知，他開辦了「環球海員訓練學校」，免費訓練海員。經過培訓，包玉剛的船隊裡產生了一批有學識、有技能、有士氣、有歸屬感的「子弟兵」，包玉剛的船隊為租船商提供了「最佳服務」。

包玉剛對所屬船隊實行分權管理，每一條船就如同一家獨立的公司，這樣既可以節省管理成本，激發每條船的積極性，又可在一條船虧損時不致影響其他船隻公司。

在分權管理的基礎上，各船公司的秘書和會計業務則集中由管理公司管理，管理公司向各船公司收取一定的管理費用。透過這種分散與集中緊密結合的管理方法，包玉剛有效地控制著他的船隊。

1956年，以埃戰爭爆發，由於蘇伊士運河關閉，貨物積壓嚴重，海運業務十分興旺，別人勸包玉剛趁此機會大賺一筆。但獨具慧眼的包玉剛仍然按照舊的租金為東南亞的老雇主運貨，以避免與實力雄厚的西方船主直接競爭。

果然，十幾年後，以埃休戰，西方大批商船無事可幹，還要耗費驚人的費用去維修、管理。而包玉剛的船仍然穩紮穩打地立足於東南亞，業務蒸蒸日上。

60年代初期，包玉剛想把他的租船業務擴展到英美石油公司，雖然這些大公司把價格壓得很低，但因為時間長，看起來好像很吃虧，其實中間有著很大利

潤，就這樣，包玉剛穩中求勝，在海運這個充滿風險的行業中脫穎而出。

有了雄厚的資金來源，有了良好的經營方式，環球公司的船隊迅速壯大，1974年，聞名世界的希臘船王歐納西斯在美國曾拜訪了包玉剛，風趣地對他說：「搞船隊雖然我比你早，但與你相比，我只是一粒花生米。」

1975年，包玉剛的船隊噸位躍居世界首位。1977年，包玉剛船隊的噸位遙遙領先，達到1347萬噸。1980年，環球達到巔峰，船數達到200多艘，總噸位達2000萬噸。

當時，國外媒體上都以大量篇幅介紹包玉剛，用的標題是《比歐納西斯和尼亞科斯都大——香港包爵士》。第二年，包玉剛的船隊總噸位達到2100萬噸，比美國和蘇聯的國家所屬船隊的總噸位還要大，成了名副其實的「世界船王」，創造了華人商業史上的奇蹟。

◎腳踏實地工作，身體力行做事

有多大的成功，就會付出多大的辛苦，和一切成功的人一樣，包玉剛之所以能夠稱王於海上，是因為他刻苦鑽研、勤奮不已，有極強的事業心和責任心。海運是一門綜合性很強的學科，需要千頭萬緒的航運經營知識。

包玉剛又是半路出家，如何變成了專家？包玉剛的回答很簡單：「看看書嘛。」僅僅幾個字，看似輕描淡寫，寓意卻是十分深刻的。包玉剛好學不倦是出了名的，就是靠這種精神，永不疲倦，永不停滯，他才有了今天的成就。

香港現在擁有船舶450多萬噸，僅次於美國，成為世界航運中心之一，而這些發展是與包玉剛對航運事業的貢獻密不可分的。由於他在國際船運中的地位，受到各國首腦和大企業家的關注和讚賞。英國女王伊莉莎白封他為爵士，比利時國王、巴拿馬總統、巴西總統、日本天皇都曾授予他高級勳章。

這是世界上任何大企業家都未曾獲得過的殊榮。英國前首相希斯曾特地邀請他到別墅赴宴，詳細詢問他的經營方法。1981年，美國總統雷根舉行就職典禮

時，特邀包玉剛作為貴賓參加。他的電話可直通白宮，隨時可與美國總統對話。

包玉剛自己也開玩笑說：「我不願意知道自己到底有多少財產，因為害怕由於不知所措而引起心臟停止跳動。」

儘管這樣，他卻是一個樸實無華的人，一個勤儉節約的人，他從來不允許自己和親屬的生活過分奢侈。他每年只准許家屬在夏威夷度假10天，他的女兒們一次只能買一雙鞋，他從不讓孩子參加香港「富翁環球遊覽團」……他一直遵循著父親的教誨：「腳踏實地地工作，平易近人地待人，身體力行地做事。」

【創富經】腦袋決定錢袋

美國經濟學家，諾貝獎得主布坎南說：「對21世紀的商人而言，頭腦是最大的資本，因為，做對的事情遠比把事情做對更重要。」

比爾・蓋茲說：「我從來都是戴著望遠鏡看世界的。」人是看多遠而走多遠，而不是走多遠看多遠，在商場上，誰有眼光，誰能夠看到趨勢，誰能夠高瞻遠矚，誰就能「早富」、「大富」。

領導者是引領團隊前進、組織發展的人，是群龍之首。因此，成為一名稱職的領導人，首要的條件就是以身作則，成為眾人的表率。領導人以身作則，不能只是樹立自己的權威，發號施令，還應該與員工打成一片，讓他們時刻感受到你的存在，體會到你與他們同舟共濟的誠意。因此，領導人應該多深入第一線。

但是，以身作則要拿捏好分寸，「帥」如果把「卒」的事做了，不僅讓屬下無所適從，還會令他們疑惑，挫傷工作積極性。所以美國劇作家米勒說：「真正的領導不是要事必躬親，而在於他要指出路來。」

領導的藝術在於，遊刃有餘，高明的領導人在工作中應是善於抓大放小——抓工作的重點、關鍵，對下屬放手、放權、放心，淡泊名利，用人不疑，充分激勵下屬的積極性。這樣的領導人才會在工作中真正做到揮灑自如。

5・智勇雙全的「陸地王者」

◎把船隊開進避風港

藍色的海洋上，包玉剛憑藉著銀行家的睿智與敏銳以及高超的商業手腕成就了自己的霸業。可是到了20世紀70年代，他卻逐漸把重心轉移到陸地上來，是什麼促使這位「世界船王」做出如此重大的「轉型」呢？

20世紀70年代，一場因中東戰爭而引發的石油危機席捲全球，導致了航運市場的空前繁榮，在很多人眼裡，作為全球航運業「龍頭老大」的包玉剛勢必是最大的獲利者，但是包玉剛卻像海燕似地嗅到大蕭條風暴的氣息，在他看來，航運市場的情況必定會越來越糟。

其實，當時很多從事航運業的船主都意識到了這點，但是，他們卻天真地認為，「船到橋頭自然直」，抱著一種聽天由命、順其自然的心態。可是如果船到橋頭直不了，那麼等待他們的就是「船翻人亡」的悲慘下場。

而包玉剛有著十分接近市場的感知力，他以銀行家的敏銳與睿智，實業家的大膽與魄力，在航運低潮來臨之前，大刀闊斧的對集團戰略做出重大調整。最初，包玉剛是把資金多元化運用，逐步將賺得的部分資金投於越來越紅火的房地產、酒店及交通運輸業上，這使得他在接下來爆發的聲勢浩大的全球經濟大風暴中，不但逃過劫難，而且財富大為增加。

緊接著，包玉剛又做出了一個令世界為之震驚的決策──減少船隻，準備登陸！事實證明，包玉剛的做法是十分具有前瞻性的，當世界航運業的大蕭條像

颶風海嘯般襲來時，包玉剛已把他的船隊穩穩地開進了「避風港」！

◎與李嘉誠密謀

20世紀80年代，包玉剛已經逐步將麾下船隊從過去的200艘削減為96艘。人們不由得紛紛猜測，船隊大大「縮水」的船王，接下來又將何去何從？過去在海上縱橫馳騁、翻雲覆雨的「蛟龍」，能否在陸地上也獨霸一方呢？

接下來，包玉剛向整個香港，乃至全世界證明了自己不但是當之無愧的「海上霸主」，更是智勇雙全的「陸地王者」。他登陸的首役，便是和實力雄厚的英資怡和洋行進行的一場驚心動魄的爭鬥，這就是震驚世界的「九龍倉閃電戰」。

九龍倉是香港最大的碼頭，擁有資產18億港元，其產業包括九龍尖沙咀、新界和香港島上的一些碼頭、倉庫、酒店、大廈、有軌電車及天星小輪，是香港的一塊風水寶地。誰掌握九龍倉，誰就掌握了香港大部分的貨物裝卸、儲運業務。它當時的主人，就是香港四大英資財團之一的怡和。不過，怡和集團雖然控制九龍倉，但持股比例不到20%，若誰佔據20%的股份，就可與之公開競購九龍倉。

最先盯上九龍倉這塊「肥肉」的，是有著「香港地王」稱號的李嘉誠。為了避免驚動怡和，與其發生正面衝突，李嘉誠早已不顯山不露水地採取分散戶頭暗購的方式，悄悄地買下了2000萬股九龍倉股票。

在李嘉誠看來，最想得到九龍倉的，應該是「船王」包玉剛。如果把2000萬股以每股30港元的價格轉讓給包玉剛，不僅自己能夠獲得5000多萬港元的利潤，還能透過包玉剛的關係在匯豐銀行承接和記黃埔9000萬股的股票。這樣，他既可穩穩入主和記黃埔，又可避免華資之間的「窩裡鬥」，這絕對是一個交了朋友、打了英資、獲得大利的一箭三鵰的絕招。

1978年夏日的一天，在中環文華酒店一間幽密的客廳裡，李嘉誠悄然約見

「船王」包玉剛，提出了上述構想。包玉剛投身航運20多年，縱橫四海，卻一直苦於沒有自己的碼頭，長期以來，他龐大的船隊總是使用別人的碼頭和倉庫，頗有寄人籬下之感，大量的利潤也白白流失了。

因此，他對擁有自己碼頭的重要性的感受比誰都深切。他也確實早就盯上了九龍倉，而且也買下了不少股票，但尚未達到與怡和競購的份額，現在有此「空檔」，豈能無所作為，讓到了眼前的良機白白溜走？當然，包玉剛也非等閒之輩，在赴約之前他就已經揣摩到李嘉誠的想法。

對於眼前這位比自己年輕十歲，風頭正旺，而且實力和成就與自己不相上下的「地產大王」，包玉剛一直頗為欣賞，他對李嘉誠的這個一箭三鵰的妙招、絕招連聲稱讚。兩人一拍即合，當場成交，同時約定不向新聞界透露任何風聲。

就這樣，在李嘉誠的幫助下，包玉剛宣佈他以及其家族已買入了15%～20%的九龍倉股份，九龍倉集團也不得不正式對外宣佈，包玉剛加入九龍倉董事局。

【創富經】生於憂患，死於安樂

如果你面對的是一家在幾年乃至十幾年的經營歷程中一帆風順，從來就沒有遇到過挫折和失敗的企業，那麼，要嘛它是上帝格外垂青的異類，要嘛它根本就是一個自欺欺人的泡沫。

經濟學家魏傑曾經下過一個預言：「這是一個大浪淘沙的階段，非常痛苦，我估計再過十年，現在民營企業200個中間有一個生存下來就不簡單，垮台的垮台，成長的成長。」

為什麼中國企業的平均生命週期只有8年？為什麼當年名噪一時的「孔府家酒」、「三株」、「秦池古酒」等品牌都已煙消雲散，退出歷史舞台？為什麼IBM、通用等國際企業的CEO們經常充電、考察？一切源於危機感！來自外界的

危機感！自身的危機意識！

　　企業的危機意識說到底就是企業管理者與員工的危機意識。在談到微軟時，比爾·蓋茲認為「微軟離破產永遠只有18個月」絕對是告誡自己管理層的警戒。海爾的領軍統帥張瑞敏對自己的形容是「如履薄冰」，目的在於鞭策自己勤奮，保有制定戰略的警惕性，讓海爾的企業文化中滲透著「積極向上，奮勇向前」的精神。

6·「閃電戰」氣吞九龍倉

◎氣吞九龍倉

持有九龍倉股票20%的包玉剛，在進入九龍倉董事局之後，又購入了大量「九龍倉」股票。1980年4月，包玉剛屬下的隆豐國際有限公司宣佈，已控制3900萬股九龍倉股票，約佔總數的30%。英國人慌了，因為他們只掌握20%的九龍倉股票，這就意味著董事長大權要交給包玉剛了，怡和集團將失去九龍倉。

就在包玉剛赴巴黎主持國際油輪會議期間，怡和核心成員召開秘密會議。6月20日，香港各大報章刊出怡和與置地的巨幅廣告——怡和系將以兩股置地公司的新股與75‧6港元面值10厘週息的債券，合計市值100港元的價格，換取一股九龍倉股票，使他們持股比例達到49%，超過包玉剛的30%。

怡和財團不愧為盤踞香港一百多年身經百戰的商場老手，這次反擊如此突然、如此迅速、如此周密，簡直是雷霆一擊。然而，他們卻忽視了自己的對手是大名鼎鼎的包玉剛，他們太低估這位「船王」的智慧和能量了！

一向辦事謹慎的包玉剛，立刻聯繫了匯豐和其他的幾家金融機構，在憑藉良好信譽獲得資金保證之後，登上了返回香港的飛機，而此時，這位62歲的老人已經整整20個小時沒有合眼了。

也許，這就是所謂「兵不厭詐」、「兵貴神速」，還真的應了那句老話——商場如戰場！星期日上午，包玉剛回到香港，悄悄地住進平時很少去的希爾頓酒店，並在那裡秘密約見自己的財務經理。財務經理認為，怡和提出的所謂100港

元收購一股,是用股票和債券作交換,不能馬上見到實惠。而他們出現金,即使報價90港元,也有成功的把握。

但是包玉剛要的是百分百的成功,要的是速戰速決,讓怡和完全沒有反收購的機會!

「如果我們出價每股105元,那麼對手絕對無法還擊!」財務經理提出了這樣的結論。

包玉剛認為,該出手時就要出手,雖然這樣做要多付出三億港元。但這是根據對手的底牌確定的,可以穩操勝券。於是他毫不猶豫,一錘定音:「105元一股,就這樣定了!」

當天晚上,包玉剛召開了記者招待會。宣佈以個人和家族的名義,開出105港元一股的高價,現金收購九龍倉股票2000萬股,把所持股份提高至49%。收購期限只在週一、週二兩天,但不買入怡和及置地手上的九龍倉股份。同時,他也在各大報紙上刊登大幅廣告,宣佈這場氣勢恢宏的反收購行動的開始。

怡和還沒有等到清醒過來的時候,就已收到包玉剛送來的請帖了:邀請二股東怡和「置地」董事出席包氏召開的第一次新九龍倉股份有限公司的董事會議!包要在會上宣佈九龍倉主權已歸己有,說明自己將在這片地上描繪新的藍圖!

這是香港有史以來最大的一場收購戰,也是一場典型的「閃電戰」。從正式開始至收購結束,只用了一個多小時,包玉剛就拿到了49%的九龍倉股權,一躍成為九龍倉的第一位華人主席。

這一戰真可謂是勢如破竹,乾淨俐落,把怡和洋行與置地公司打得毫無還手之力,更顯示了包玉剛令人震撼的戰鬥力和非凡的魄力。這次戰役轟動了整個香江,狠狠地打擊了英資財團的囂張氣焰,大長了華人志氣,包玉剛在談笑之間,調集了21億港元的壯舉,也成為香港商戰史上的一個傳奇。

當時不知有多少人在感嘆：我的天，*21億*，要*2100個*百萬富翁湊起來，才能有這麼多的錢哪！

◎再接再厲

1985年2月，包玉剛又以*5億*新加坡幣奪得英資集團會德豐的控股權，成為繼李嘉誠入主和記黃埔之後，奪得英資四大洋行的第二個香港人。

1986年初春，包玉剛耗資*2億*港元，收購了港龍航空公司*30%*股權，出任港龍航空有限公司董事局主席。

同年*8月*，包玉剛又以迅雷不及掩耳的驚人速度，集鉅資大舉購入香港另一個發鈔銀行渣打銀行*14.5%*的股份，成為該行最大的個人股東，迫使萊斯銀行收購渣打的計畫宣告破滅。

包玉剛的「登陸」創造了又一個奇蹟。至此，包玉剛的「王國」版圖從海洋擴充到了陸地和天空，投資遍佈世界各地，業務涉及地產、運輸、酒店、通訊、百貨、電腦科技和傳媒等領域。

【創富經】具備輕視金錢的氣魄

眾多商人，包括包玉剛在內，基本上都是白手起家的，他們憑著自己的幹勁和信心，最終為自己賺回一個體面的家當來。但這些白手興家的第一代，具有一切成就事業的條件，但他們欠缺一樣先天的東西，就是輕視金錢的氣魄。這就是為什麼有的人能夠創業卻不能守業的原因。

一個人的價值不在於他擁有多少，而在於他為什麼付出了什麼。著名的世界右腦教育專家七田真在享譽世界的名作《超右腦革命》一書中說：「人活著為了什麼？為了喚醒真正的自己。人所追求的最終目的，不是金錢，不是名聲，不是知識，不是權力，也不是為了滿足自己欲望的實現。人所追求的最終目的，是

回歸到自己原來的形態。」

對商人來說，這正說明了一點就是，商人不管怎麼樣，最後都要回歸社會，為社會是否真正承諾了什麼，做了什麼，這才是作為生意人的價值所在。

從包玉剛輝煌的一生，我們可以看出：他在自己數十年的經營過程中，往往使出的都是大手筆，數千萬、數億的投資，幾十億、幾十億的收入，正是因為這種投資者的豪氣和膽量才使得他有了今天的輝煌，才體現了他的價值所在，才受到億萬華人的尊重。

7 · 寧可少賺錢，也要盡量少風險

◎長期而穩定的收入

包玉剛說：「許多船隻的薄利，終究比一艘船的暴利更多。」他在經營中盡可能避免風險，不為高額利潤鋌而走險。正像他自己所說的「我的座右銘就是寧可少賺錢，也不去冒風險」，他所謀求的正是別人不大注意的長期而穩定的「較低收入」。

1955年，包玉剛將剛買的燒煤舊船起名為「金安」號。此時單程散租最能賺取高額利潤。挪威船王瑞克斯坦的超級油輪，從波斯灣跑一趟歐洲，一次便淨賺500萬美元。

某君租了包玉剛的第二條船，租期滿時，適時正值蘇伊士運河封鎖，船隻須繞過好望角，一時運費行情飛升，達到空前的最高峰。此君重金送禮，託人講情，再三懇請包玉剛延長租期。為達目的，他還主動把租費提高了整整一倍，其他船東分外眼紅。如果同意續租，包玉剛明顯有厚利可圖，公司上下皆大歡喜。

但包玉剛不肯，竟把「金安」號長租給日本一家公司，租期一年，租息不變，所獲租金與市場價相比，低得可憐。而香港幾乎每個船東都蜂擁而上爭先恐後把自己的船租給此君。這樣一來包玉剛成了被取笑的對象，名字一時在航運界盛傳。有航運經驗人士對他嗤之以鼻：「這個年輕人難道瘋了？他莫非害怕發財？」

就這樣，包玉剛當了兩年的「傻瓜」。1957年，那位想以高租價向他續租船

約而遭到拒絕的某君，終因蘇伊士運河恢復通航，運費猛跌而宣告破產。幾乎每個香港船東都因有船租給他而遭受重大損失，此時被眾人譏笑為「傻瓜」的包玉剛，在第一艘「金安」號輪船起航一年半中，又增加了六艘海輪。

其實，包玉剛拒絕租給某君有他充分的理由。他瞭解到某君沒有基本貨物合同，歷來從事投機性的租船；而且私生活上嗜賭如命，極不可靠。而日本這家公司有名氣，有信譽，足以信賴。

包玉剛有自己的辦航運宗旨：「逐步穩健發展，既不要聳人聽聞的利潤數字，也不要在市場不景氣時突然有資金周轉不靈的威脅。航運市場情況瞬息萬變，在市場情況最興旺而使人陶醉時即應該未雨綢繆，以防萬一。作為船東，隨時會遭遇許多誘惑，應該冷靜，不可被這種誘惑所動。」

就是靠著這樣的紮實穩健，包玉剛在創業初期掘到了好幾桶金，奠定了往後的事業。

【創富經】謹慎投資，精打細算

敢於冒險，才能把生意做大；同時，生意人又要避免風險上身，保持穩健的發展步伐。這才是從商最可貴的地方。

自古以來，商業競爭都是十分激烈的。要想成功戰勝競爭對手，僅僅靠著一時的勇猛是不夠的，思慮周全、保持理性才是正確決策的關鍵。做生意的第一目標不是賺錢，而是避免風險，不虧本。做到了這一點，才能保住翻盤的機會，正所謂「留得青山在，不怕沒柴燒」。

（1）沒摸準行情，切莫貿然涉足新領域。

進入一個陌生領域投資，關鍵在於摸清基本規律。有效防止由於行業變化而引起的風險，就要對行業的狀況有詳細的瞭解，正所謂「知己知彼，百戰不殆」。

（2）始終保持前瞻的眼光

商局中變幻迭出，各種情勢接踵而至，把握此間的情勢自是必須的，而能「大風臨於前而不動」，鎮定如常地翻覆風雲，則是需要一些氣魄的。事後控制不如事中控制，事中控制不如事前控制，可惜大多數的事業經營者均未能體會到這一點，等到錯誤的決策造成了重大的損失才尋求彌補。

（3）明確自己的優勢和劣勢，揚長避短

市場大無邊，各領風騷在一方。在尋找和開拓市場的過程中，要明確自己的優勢和劣勢，做到揚長避短，才能在市場上搶佔商機，決勝千里。揚長避短，選擇自己熟悉的、在行的業務，更容易把生意做好做大。

（4）任何時候都要給自己留條後路

做生意可能會失敗，失敗不可怕，可怕的是倒下以後就起不來了。因此，要給自己留條後路，有重整旗鼓的機會。有一條後路，就有東山再起的機會，這是一個商人最後的救命稻草。

8 · 信譽是「簽訂在心上的合同」

◎我們最尊貴的主顧

包玉剛的第一條船「金安」號就是得到日本銀行的貸款購買的，可能正因為此，包玉剛與日本商界的關係很深。包玉剛90%以上的船是在日本造的，他的船85%又租給日本的客戶。

日本人非常樂意和包玉剛做生意。日本的航運公司認為租用環球公司的船隻租金最低廉，信譽最可靠，因此，他們更樂於租用包玉剛的船隻，而不是自己買新船，這似乎也形成了一種不成文的默契。

日本造船商人還稱包玉剛為「我們最尊貴的主顧」。1970年，航運業興旺的時候，各國的船東都爭相在日本造船。1971年，航運業市況不振時，船東們都不再惠顧日本船廠了，但包玉剛卻在這時一連訂了六艘巨型遠洋貨輪，總噸位超過150萬噸。

包玉剛也因此被日本的造船廠視為「最值得尊敬和最信任的主顧」，常常是要包玉剛「先把船開走，再慢慢付款」。後來生意興旺，船東爭得頭破血流也要在日本造船，造船商忙不過來，不肯接單，但只要是包玉剛訂的船，船商二話不說，立即命令船廠動工，為其造船。

◎信譽是最大的商業財富

包玉剛有句名言：「在這個國際社會裡，生活方式、行動和從前不一樣，到商業道德這上頭，還是老傳統好，要有信譽，有信用才行，這裡面關係很大。」

這句話幾乎被所有描寫關於包玉剛的文章所引用。

他把信譽比喻成「簽訂在心上的合同」。他說：「簽訂合同是一種必不可少的慣例手續，紙上的合同可以撕毀，但簽訂在心上的合同撕不毀。人與人之間的友誼建立在互相信任上。」

包玉剛說：「你老老實實做生意、講實話，做事規規矩矩，別人對你就有信心。」恪守信用，言必信，行必果，使包玉剛在商海中如魚得水。正如美國《新聞週刊》在那篇以「海上之王」為題的文章中所講「包玉剛傳奇般的勤奮和極好的經營信譽是他最大的商業財富」。

【創富經】一個「誠」字贏天下

誠實有巨大的人格感召力。說話誠實，做事誠實，內心誠實，就會令人信服。企業經營者要以誠對待顧客和員工。以誠待人，才能得到友誼和真情，得到別人的信任和尊敬。對於商人來說，老老實實經商是生意做大的根本。誠然，商人以謀利為目的，有些商人為了在短時間內謀取到更大的利益，便可能採取了一些不誠實、不道德的方法，但是這些做法很快就會被揭穿，很多客戶就會離你遠去。

俗話說：「沙地裡長出的樹再怎麼扶也扶不起來。」李嘉誠曾在公開場合說自己不是做生意的料，那是因為他不符合中國人所說的無商不奸的標準，從小就養成了誠實說話，遵守信用，誠懇待人的習慣。正是因為這些，他才做出了全亞洲獨一無二的大生意，成為華人首富。因此，做生意，誠實是做人和經商的根本，誰違背了這個最基本的原則，誰就受到市場無情的懲罰。反之，事業就會蒸蒸日上。

誠信是一個人的立世之本，是商人發家的秘笈。真正的成功者是以誠實為做人之道，懂得誠實是獲得彼此信任的基石。道理雖然簡單，但是真正能做到的

又有幾人呢？許多人把誠信與精明對立起來，認為誠信的人不精明，精明的人不誠信，其實這是一種片面、極端的看法。

（1）不要太過於精明

對於一個商人來說，學會分析市場趨勢、掌握投資技巧，都要求盡可能精明一點，這是無可厚非的；但是，在與別人合作時，不要過於精明，太精明而不誠信，會招人討厭，遭人離棄，失去合作夥伴和優秀員工，什麼事也做不成。

（2）重視諾言，會帶來利潤回報。

商場如戰場，充滿投機取巧和激烈的競爭，使盡各種「你死我活」的手段。但必須堅持誠信原則，誰先悟出這個道理，誰就先得到；誰違背了它，市場就先懲罰它。李嘉誠在回憶自己創業歲月時說：「我深刻感受到：資金是企業的血液，是企業生命的源泉；信譽、誠實也是生命，有時比自己的生命還重要！」因此，對生意人來說，守「信」才能生存，才能獲得利潤回報。

（3）用真實的行動打動客戶

對於每一個商人來說，信用都是很重要的。在與別人合作時，我們必須以真實的行動來打動客戶，經受客戶的考察和考驗。如果採取坑蒙拐騙的伎倆做生意，這種目光短淺的做法勢必讓我們有朝一日進退維谷，在商場上失去立足之地。此外，我們還應以長遠的眼光看問題。比如，有時候，原料漲價，產業跟著漲價就行了，但是這會讓你失去一些客戶。相反，眼光長遠一點，通過降低成本等手段度過難關，客戶會更信賴你，以後的日子會更好過。這是守「信」帶來的好處。

⑨·鄧小平親接「燙手」支票

◎一手打造兆龍飯店

1981年7月6日，包玉剛與父親包兆龍一起訪問北京，一起受到了鄧小平接見。邀請並陪同包玉剛的是他的表兄弟、外經貿部顧問盧緒章。

在北京，包玉剛向盧緒章提出，他想為國家做點實事，第一件事不是造船，而是要捐1000萬美元給北京造一座像模像樣的大飯店。他不要求任何回報，只提出一個條件：飯店以他80多歲的老父親的名字命名，叫「兆龍飯店」。

*1000萬美元，在1981年*是個天文數字。然而這張沉甸甸的支票卻沒人敢接，這件事在北京的各個部門也一直通不過。持反對意見的人發言說：「一個『海外資本家』，不過出了點錢，就想在我們社會主義國家的首都永久留名，這怎麼行？」

儘管當時已經開過十一屆三中全會了，但是遇到了這樣具體的問題，為了解決現實困難，能不能突破以往慣例和傳統思維？如何對待海外人士、資本家態度的問題，誰心裡都沒底。

這件事，最後報到了鄧小平那裡。鄧小平說：「為什麼不同意？人家捐款，那是出於一片好心，留個名不過是個形式而已，沒什麼大不了嘛！這張支票，你們不敢接，我來接！」拍板以後，鄧小平親自給兆龍飯店題寫店名，親自出席了簽約儀式，親手接過了這張支票，又親手為兆龍飯店剪綵。

◎香港基本法的功臣

由於包玉剛在香港社會的重要地位和他與英國方面的良好關係，鄧小平十分重視他在香港回歸中的作用。1978年，在第一次與鄧小平會面後，包玉剛便與鄧小平一見如故，從公開的報導中看到，1981～1984年間，鄧小平會見包玉剛便達到7次，他也是鄧小平會見最多的香港商人。包玉剛也被鄧小平「一國兩制」的偉大構想深深震撼。

於是，包玉剛經常奔波於北京、倫敦和香港之間，與各方頻繁接觸聯絡。當時，許多人紛紛將資金外撤，逃離香港。作為香港舉足輕重的人物，包玉剛在記者招待會上的一番話，表明他對香港的巨大信心，他表示會變賣船隻投資香港本土，在香港引起巨大震撼。

1984年12月19日，《中英聯合聲明》在北京簽署，正式確認中華人民共和國將在1997年7月1日起對香港恢復行使主權。包玉剛作為嘉賓應邀參加在人民大會堂舉行的簽字儀式，成為這一重大歷史時刻的見證人，他的身分是《中英聯合聲明》基本起草委員會成員。

《中英聯合聲明》簽訂後，接下來就要起草基本法。包玉剛當上了基本法起草委員會副主任和諮詢委員會召集人。他主動把屬下的中環連佛大廈八樓一層讓出來給基本法諮詢委員會作會址使用，並與李嘉誠等人一起為諮委會籌集活動經費。時任基本法草委會副秘書長的魯平說：「香港基本法記載著包玉剛先生一份不可磨滅的功勞。」

【創富經】深諳政商之間的奧妙

企業家想要成功，政治因素無疑能產生巨大的推動作用，以至於雄心勃勃的企業家在政治面前從來不掩飾他們的熱情。遺憾的是，其中的一些人在野蠻生長的過程中，掉進了毀滅性的陷阱當中——官商勾結、金權交易……所有這些被稱為「企業原罪」的因素，往往使一個即將興起的企業，在千夫所指中黯然退

場。

　　並不是每一個企業家都能夠實現包玉剛那樣的事業，不僅充分利用自己與政府的關係促進了企業的發展，而且又透過經濟的發展帶動政治的前進。但是，不管如何企業都不應該投機取巧，希望透過鑽市場的漏洞做出有悖市場規則的事情，這樣的企業是經不起市場檢驗的，遲早會被淘汰。

　　但凡成功的企業家無不深諳政商之間的奧妙，在我國歷史上「紅頂商人」歷朝歷代都大有人在。時至今日，對於企業家特別是港澳台的企業家來說，如何充分利用政商之間微妙的關係，適時的發揮自己的作用，做出順應歷史潮流的事情，不僅能夠實現事業的繁榮，而且能夠為民族為國家貢獻自己的力量。

10 ‧ 長風破浪會有時，直掛雲帆濟滄海

*1975*年，包玉剛登上了世界船王的寶座，他的環球集團所屬運油船和乾貨船達*84*艘，贏得了「東方歐納西斯」的稱號。一位香港記者問他：「包先生，您作為一個中國出生的人，在國際航運界和金融界做出了世人矚目的成就，您有何感想？」

包玉剛微微一笑，意味深長地回答：「我們中國人在世界上以勤勞、誠實、厚道聞名於世。我作為一個中國人，過去在國外創業所遇到的困難，往往比其他國籍的人多，不信任和白眼都時常碰到。要想做出卓越的成績，只有靠我們自己埋頭苦幹，用我們的勤勞戰勝困難，用我們的誠實取信於人，那種依賴外國政府給你資助或給你津貼的幻想是不現實的。一旦我們的事業順利時，卻不可妄自尊大；當事業不順利時，也絕不卑躬屈膝。人應該始終保持他的尊嚴和自信心。」

人生七十古來稀。當包玉剛年近*70*歲時，仍是耳聰目明，身板筆挺，皮膚紅潤，肌肉富有彈性，而且精力充沛，思維敏捷，膽魄驚人，做事雷厲風行。這就是運動所賦予他的青春活力。這種青春活力給他帶來了事業的興旺發達。

喜好書法的包玉剛，在練習書法的時候，經常會寫到李白的這句詩：「長風破浪會有時，直掛雲帆濟滄海。」這是包玉剛年輕時的志向，同時也是他年長時的成就。包玉剛身上具備的這種「乘長風破萬里浪」的精神，幫助他創立了畢生輝煌的事業。

*1991*年*9*月*23*日，香港深水灣道，包氏別墅。這是一個不尋常的日子。包玉剛家中從來沒有出現過這麼多的人，大家都在忙碌著，只除了一個人——包玉

剛。他已經永遠閉上了雙眼。包玉剛的老朋友鄧小平、江澤民、楊尚昆發來了唁電。日本首相海部俊樹、英國首相梅傑、新加坡總理吳作棟發來了唁電。美國總統布希寫來了親筆慰問信。

為他扶靈的有：李嘉誠、邵逸夫、浦偉士（匯豐集團前主席）、桑達士（匯豐集團前總經理）、池浦喜三郎（日本銀行家）等。25位港島各大寺院的高僧為他超度。這一切他都看不到了。正如佛門認為，一切皆空，世界船王、包玉剛爵士之類的浮名不過是過眼雲煙，隨著斯人的逝去而消逝。但是包玉剛畢竟留下了一些比他的生命更為久遠的事業。

他遺下了市值達500億港元的上市公司，由他特別喜愛的三女婿吳光正打理。這對他的後代意味著是財富，對於港府是一筆可觀的稅收，對於香港人是數萬個就業機會。

包玉剛的遺體，被安葬在美國檀香山北部，距市區約五、六十公里的一個名叫「神殿之谷」的地方。墓園幾乎佔了整整一座山丘，園內滿眼翠綠，風景旖旎。在墓園內的一座實木搭建的方亭裡，安放著黑色的大理石墓碑，上面刻著：包玉剛，生於1918年11月10日，卒於1991年9月23日。沒有生前那一長串令人眩目的頭銜和那頂名聞四海的桂冠。

包玉剛就靜靜地躺在這裡，面對著他的人生大舞台無邊的大海。在黑色的墓台上，鐫刻著這位世界航運奇蹟創造者的治家格言：「持恆健身，勤儉建業。」

【創富經】打造有魅力的企業領袖

包玉剛的身上，始終散發著自信所帶來的人格魅力。由於自信，他才敢於力排眾議，毅然決定涉足航運業；由於自信，他才敢於在囊中羞澀的情況下，靠融資購買舊船，邁出艱難的第一步；也正是由於自信，他才敢於一反航運業的慣

常套路，以自己獨特的經營方式，奪得世界船王的寶座。

有人說，「無商不奸」，但包玉剛在這個大染缸裡縱橫馳騁，卻沒有受到一點污染。在他身上，傳統美德與現代經營方法獲得了圓滿的結合。他的信譽、顧客的支持是他的事業蓬勃發展的一大法寶。

自信果敢是作為一個企業家的魅力所在，其為海上帝國的建立提供了堅實的支援。企業家的魅力來自於歷史的積澱，由於在企業的發展歷史中，發生過一連串的歷史事件，人們在這些歷史事件中獲得了深刻的心理體驗，對企業家的作用產生了共識，於是企業家也就產生了魅力。

（1）有魅力的企業領袖一般都對自己的企業充滿熱情，心中時時刻刻都想著企業的發展，不停地勾畫著企業未來的藍圖。

這種對企業的熱情能夠感染許許多多原來只帶著打工心態前來工作的員工，使他們也從內心深處願意為企業的成長和發展做出貢獻。因此，有魅力的領導人能夠昇華員工對工作的看法，使他們在認同領導人的同時認同企業。

（2）有魅力的企業領袖還善於思考善於學習，不斷總結不斷提升自己的認知。

（3）有魅力的企業領袖都充滿自信，但同時並不張揚。他們在與人交流的時候總是不急不躁，沉穩耐心，顯得底氣很足。這種自信，尤其在企業面臨危機之時，能夠給員工強大的安全感，使大家對企業充滿信心。

（4）有魅力的企業領袖也是慧眼識才者，並且能夠捨得為培養企業的管理者投資。在這樣的領導者手下，員工能夠學到新的知識技能，能夠學到溝通管理的技巧，也能夠有不斷成長發展的空間。

文經閣　圖書目錄　典藏中國：

01	三國志--限量精裝版	秦漢唐	定價：199元
02	三十六計--限量精裝版	秦漢唐	定價：199元
03	資治通鑑的故事--限量精裝版	秦漢唐	定價：249元
04	史記的故事--限量精裝版	秦漢唐	定價：249元
05	大話孫子兵法--中國第一智慧書	黃樸民	定價：249元
06	速讀--二十四史--上下	汪高鑫李傳印	定價：720元
08	速讀--資治通鑑	汪高鑫李傳印	定價：380元
09	速讀中國古代文學名著	汪龍麟主編	定價：450元
10	速讀世界文學名著	楊坤　主編	定價：380元
11	易經的人生64個感悟	魯衛賓	定價：280元
12	心經心得	曾琦雲	定價：280元
13	淺讀《金剛經》	夏春芬	定價：200元
14	讀《三國演義》悟人生大智慧	王　峰	定價：240元
15	生命的箴言《菜根譚》	秦漢唐	定價：168元
16	讀孔孟老莊悟人生智慧	張永生	定價：220元
17	厚黑學全集【壹】絕處逢生	李宗吾	定價：300元
18	厚黑學全集【貳】舌燦蓮花	李宗吾	定價：300元
19	論語的人生64個感悟	馮麗莎	定價：280元
20	老子的人生64個感悟	馮麗莎	定價：280元
21	讀墨學法家悟人生智慧	張永生	定價：220元
22	左傳的故事	秦漢唐	定價：240元
23	歷代經典絕句三百首	張曉清 張笑吟	定價：260元
24	商用生活版《現代36計》	耿文國	定價：240元
25	禪話・禪音・禪心禪宗經典智慧故事全集	李偉楠	定價：280元

商海巨擘

01	台灣首富郭台銘生意經	穆志濱	定價：280元
02	投資大師巴菲特生意經	王寶瑩	定價：280元
03	企業教父柳傳志生意經	王福振	定價：280元
04	華人首富李嘉誠生意經	禾　田	定價：280元
05	贏在中國李開復生意經	喬政輝	定價：280元
06	阿里巴巴馬　雲生意經	林雪花	定價：280元
07	海爾巨人張瑞敏生意經	田　文	定價：280元
08	中國地產大鱷潘石屹生意經	王寶瑩	定價：280元

國家圖書館出版品預行編目資料

香港十大企業家創富傳奇 / 穆志濱 柴娜 編著一 版.
-- 臺北市：廣達文化, 2011.01
; 公分. -- （文經閣）（文經書海 56）
ISBN 978-957-713-458-5(平裝)
1. 企業家 2. 傳記 3. 香港特別行政區
490.9928   99021968

香港十大企業家創富傳奇

榮譽出版：文經閣

叢書別：文經書海 56

作者：穆志濱 柴娜 編著
出版者：廣達文化事業有限公司
Quanta Association Cultural Enterprises Co. Ltd
發行所：臺北市信義區中坡南路路 287 號 4 樓
電話：27283588　傳真：27264126　　E-mail：*siraviko@seed.net.tw*
劃撥帳戶：廣達文化事業有限公司　帳號：19805170

印　刷：卡樂印刷排版公司　　　　　裝　訂：秉成裝訂有限公司

代理行銷：創智文化有限公司
台北縣土城市忠承路 89 號 6 樓　　電話：02-2268-3489　傳真：02-2269-6560

一版一刷：2011 年 1 月

定　價：280 元

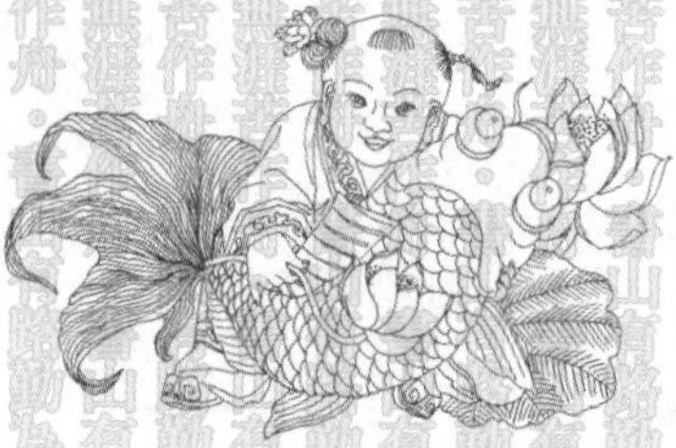

書山有路勤為徑，學海無涯苦作舟。

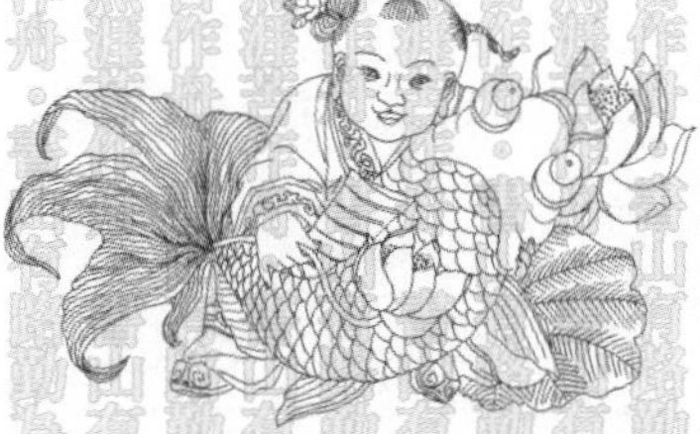